Magnetismus und Elektrizität

mit Rücksicht

auf die Bedürfnisse der Praxis.

Von

Dr. Gustav Benischke.

_____

Mit 202 Figuren im Text.

_____

Berlin.   1896.   **München.**

Julius Springer.   R. Oldenbourg.

Vorrede.

Das vorliegende Buch verdankt seine Entstehung einer Reihe von Vorträgen, die ich über Aufforderung der Leitung des technischen Klubs in Innsbruck den Migliedern desselben während des Winters 1893—1894 gehalten habe. Es unterscheidet sich aber insofern wesentlich von diesen Vorträgen, als nebst einer bedeutenden Erweiterung des Inhaltes eine Trennung der Grundlehren und der Anwendungen stattgefunden hat, und erstere nun unter dem vorstehenden Titel als selbständiges Buch erscheinen, während die Anwendungen in einem zweiten, ebenfalls selbständigen Buch in Aussicht genommen sind. Der Entschluß zu dieser Teilung hat seinen Grund einerseits darin, daß ich Wiederholungen, die bei einer gemischten Behandlung nicht zu umgehen sind, vermeiden wollte, anderseits darin, daß vielfach nur ein Bedürfnis nach dem einen oder dem andern Teil vorhanden sein dürfte.

Der Grundsatz, der mich bei der Auswahl des aufzunehmenden Stoffes leitete, war der, allen jenen, die sich mit der Elektrizität und ihrer Anwendung befassen wollen, eine gründliche allgemeine Kenntnis dieses Gegenstandes so weit zu vermitteln, daß sie ohne Schwierigkeit sich auch in einen besonderen Zweig dieses umfangreichen Gebietes einarbeiten können.

Der vorliegende erste Teil des geplanten Werkes soll insbesondere jenes Maß von theoretischen Kenntnissen zu vermitteln in der Lage sein, als notwendig ist, um alle Erscheinungen auf dem Gebiete der Elektrizität verstehen zu können. Er ist demnach ein Lehrbuch des Magnetismus und der Elektrizität für jeden, der sich mit diesem Zweige der Naturwissenschaft und Technik näher beschäftigen will und bereits über die Anfangsgründe der Physik und der höheren Mathematik verfügt. Auch im letzten Kapitel,

*

das die Meſskunde behandelt, habe ich mich bemüht, diesen Plan
einzuhalten. Es konnte daher nicht meine Aufgabe sein, eine
Beschreibung aller Meſsinstrumente und eine vollständige Anleitung
zur Durchführung von Messungen zu geben — abgesehen davon,
daſs darüber ohnehin eine Reihe ausgezeichneter Bücher, wie die
von Kohlrausch, Heydweiller, Kittler, Grawinkel &
Strecker, der Kalender von Uppenborn u. a., vorhanden sind.
Ich war vielmehr darauf bedacht, das zu bieten, was nach meinen
als Assistent eines physikalischen Institutes gemachten Erfahrungen
häufig fehlt, nämlich eine genaue Kenntnis jener Grundsätze, auf
denen die gebräuchlichsten Meſsinstrumente und Meſsmethoden
beruhen. Wer die besitzt, wird sich dann auch leicht in jeder
neuen Methode zurechtfinden und nicht in den Fehler verfallen,
bei den Messungen rezept- oder kochbuchmäſsig vorzugehen.

Was die Darstellung anbelangt, so bemerke ich, daſs ich mich
nicht entschlieſsen konnte, die vom Elektrotechniker-Kongreſs in
Chicago vorgeschlagenen einheitlichen Bezeichnungen aufzunehmen;
hauptsächlich darum, weil dabei zwischen geraden und schrägen,
zwischen fett gedruckten und gewöhnlichen Buchstaben unter-
schieden werden muſs. Es dürfte wohl auch kaum noch jemand,
der selbst rechnet, sich dieser Bezeichnungsart bedient haben.
Von groſser Wichtigkeit erschien es mir, zwischen Gröſsen die
leicht verwechselt werden können, genau zu unterscheiden; damit
meine ich insbesondere die bei den periodischen Strömen vorkommenden verschiedenen Bedeutungen von Spannung und Stromstärke. Ich bezeichne daher die Augenblickswerte mit e und i,
die gröſsten Werte (Amplituden) mit $\mathfrak{E}$ und $\mathfrak{J}$ (§ 108), die wahren
Mittelwerte mit E_{mi} und J_{mi} (§ 112) und die sogenannten
quadratischen Mittelwerte (§ 113) mit E und J. Die
letzteren nenne ich dort, wo eine Unterscheidung notwendig ist,
·gemessene Spannung und gemessene Stromstärke; wo dies
nicht notwendig ist, Spannung und Stromstärke kurzweg, so
wie bei den konstanten Strömen. Diese Werte werden in der Regel
effektive genannt; mir schien der Ausdruck gemessene Werte
zutreffender, weil sie von den Meſsinstrumenten angegeben werden.
Daſs eine strenge Unterscheidung zwischen den oben angegebenen
Bedeutungen notwendig ist, beweist mir das Buch von C. P. Feldmann über Wechselstrom-Transformatoren. Dort unterläuft dem
gewiſs rühmlich bekannten Verfasser der Fehler, daſs er sagt,

bei einer Stromverzweigung könne der resultierende Strom in einem bestimmten A u g e n b l i c k e sowohl gröfser als auch kleiner sein als die Summe der Komponenten (Seite 63), und dies auch zu beweisen versucht. Dieser Irrtum entspringt offenbar nur einer Verwechselung der Augenblickswerte mit den gröfsten Werten, für welch letztere das Kirchhoff'sche Gesetz freilich nicht gilt, während es für erstere zu jeder Zeit gelten mufs.

Was die Ausdrucksweise anbelangt, so habe ich mich bemüht, mit den einfachsten Mitteln auszukommen und die möglichste Kürze zu erreichen. Ob ich dabei auch immer die gewünschte Glätte erreicht habe, vermag ich selbst nicht zu beurteilen, sondern mufs die Meinung der sachverständigen Leser abwarten.

In der jüngsten Zeit sind einige so grofsartige sprachliche Leistungen auf dem Gebiete der Elektrotechnik aufgetaucht, dafs ich nicht umhin kann, auf dieselben hinzuweisen. So finden sich in einigen Abhandlungen folgende Ausdrücke: R e s i s t a n z, K o n - d u k t a n z, R e a k t a n z, I n d u k t a n z, I m p e d a n z, A d m i t t a n z. Ganz abgesehen davon, dafs es höchst ungeschickt ist, eine Reihe so ähnlich klingender Wörter einzuführen, ist doch auch nicht der geringste Grund vorhanden, einerseits deutsche Ausdrücke, die jedem geläufig sind, durch solche Mifsbildungen zu ersetzen, anderer- seits den scheinbaren Widerstand durch besondere Bezeichnungen zu unterscheiden, je nachdem ob er Widerstand und Selbstinduktion oder Widerstand und Kapazität enthält. Dafs im ersten Falle der Strom zurückbleibt, im zweiten hingegen voreilt, ist nicht wesent- lich genug, um eine besondere Benennung notwendig zu machen; das ergibt sich daraus, dafs bei gleichzeitigem Vorhandensein von Selbstinduktion und Kapazität beide Fälle möglich sind. Es bliebe also nichts anderes übrig, als dafür noch einen neuen Namen zu erfinden. Endlich wären dann neue Namen auch nötig für die verschiedenen Kombinationen von Selbstinduktion und Kapazität bei Stromverzweigung je nachdem der Gesamtstrom vor- oder nacheilt. Demgegenüber ist der allgemeine Ausdruck »s c h e i n b a r e r W i d e r s t a n d« für alle Fälle brauchbar und be- zeichnet auch das Wesentliche an der Sache, nämlich eine in Ohm auszudrückende Gröfse, die bei Wechselströmen im Ohm'schen Gesetze an Stelle des Widerstands steht. Man bedenke, wohin man gelangen würde, wenn eine ähnliche Namengebung wie die ange- führte in allen Kapiteln der Elektrizitätslehre Platz greifen würde.

Ich glaube daher, dafs man nicht früh genug eine derartige Ausdrucksweise, die Herr Uppenborn letzthin sehr treffend als »elektrotechnisches Kauderwälsch« bezeichnet hat, ankämpfen kann.

Das Streben nach Vereinfachung hat mich auch bewogen, die Einheit der Stromstärke nicht »Ampère«, sondern »Amper« zu schreiben. Ich weifs im voraus, dafs viele dies mifsbilligen und eine Verstümmelung nennen werden. Dazu bemerke ich, dafs, auch »Volt« und »Farad« Verstümmelungen sind. Diese Bezeichnungen besitzen aber überhaupt nicht mehr den Charakter von Eigennamen, und daher darf man sie wohl auch der deutschen Schreibweise anpassen, wie dies bei anderen Völkern in Bezug auf ihre Sprache geschieht. Damit werden namentlich jene nicht einverstanden sein, die gerne von internationaler Wissenschaft und Technik sprechen. Ich würde einen solchen Zustand, wenn er wirklich einst eintreten sollte, für gefährlich halten; denn unbeschadet eines lebhaften Ideen-Austausches zwischen den Völkern vermag ich einen wahren Fortschritt nur in der Individualisierung und dem daraus entstehenden Wettbewerb im besten Sinne des Wortes zu erblicken. Das gilt für Völker ebenso wie für einzelne Menschen. Zum Glück haben die Schlagworte von internationaler Wissenschaft und Technik noch keine über Tischreden hinausgehende Bedeutung erlangt.

Berlin, im März 1896.

Dr. Gustav Benischke.

Inhalt.

Erstes Kapitel.
Allgemeine Grundgesetze über Magnetismus und Elektrizität.

Seite

1. Anschauungen über das Wesen des Magnetismus u. der Elektrizität   1
2. Das Coulombsche Gesetz   2
3. Kraftfeld   3
4. Stärke, Richtung und Gestalt eines Kraftfeldes. Kraftlinien .   3
5. Bildliche Darstellung magnetischer und elektrischer Kraftfelder   4
6. Einige besondere Fälle von Kraftfeldern   5
7. Zu- und Abnahme der Kraft. Homogene Felder   7
8. Anzahl der Kraftlinien   9
9. Zusammensetzung von Kraftfeldern   12
10. Magnetisches Moment   12
11. Das magnetische Feld der Erde   13
12. Beispiele für die Berechnung von Kraftfeldern   15
13. Potential; mathematische und physikalische Bedeutung desselben   16
14. Potential mehrerer Massen   18
15. Bewegungsrichtung und Potential   18

Zweites Kapitel.
Grundgesetze der Elektrostatik.

16. Pontential auf sich selbst   19
17. Verteilung der elektrischen Ladung auf einen Leiter   20
18. Potential einer Kugel   20
19. Kapazität   20
20. Potential und Kapazität der Erde   21
21. Einfluß eines benachbarten mit der Erde verbundenen Leiters. Kondensatoren   21
22. Plattenkondensator   23
23. Das Dielektrikum   24

Drittes Kapitel.
Grundgesetze der strömenden Elektrizität.

Seite

24. Das Zustandekommen eines elektrischen Stromes 25
25. Stromquellen 26
26. Begriff der Stromstärke 27
27. Das Ohmsche Gesetz 27
28. Leitungswiderstand 29
29. Leitungsvermögen 29
30. Abhängigkeit des Widerstandes von der Temperatur 30
31. Abhängigkeit des Widerstandes von der physikalischen Be-
    schaffenheit 30
32. Weitere Bemerkungen zu dem Ohmschen Gesetze 31
33. Klemmenspannung 32
34. Mehrere elektromotorische Kräfte in einem Stromkreise . . . 33
35. Ableitung zur Erde 34
36. Die Kirchhoffschen Sätze über Stromverzweigung 34
37. Nebeneinander- oder Parallelschaltung 36
38. Arbeit und Leistung eines Stromes 37
39. Stromwärme. Joule'sches Gesetz 38
40. Das Glühlicht 38
41. Das Bogenlicht 39

Viertes Kapitel.
Die chemischen Wirkungen des Stromes.

42. Nichtleiter, metallische Leiter, Elektrolyte 40
43. Die Elektrolyse und ihre Benennungen 42
44. Sekundäre Prozesse 42
45. Wasserzersetzung 43
46. Faradays Gesetze der Elektrolyse 44
47. Theorie der Elektrolyse 45
48. Polarisation 46

Fünftes Kapitel.
Galvanische Zellen.

49. Allgemeines 47
50. Die wichtigsten konstanten Zellen . . . . : 49
51. Normalelemente 50
52. Trockenelemente 50
53. Ladungssäulen 51
54. Berechnung der elektromotorischen Kraft aus der Verbindungs-
    wärme 51
55. Sammler 53

Sechstes Kapitel.
Magnetische Wirkungen des Stromes.

Seite

56. Ampèresche Regel. Das magnetische Feld des Stromes . . . 54
57. Bewegungsvorrichtungen 55
58. Das Auslöschen des Lichtbogens in einem magnetischem Felde 56
59. Magnetisches Feld einer geschlossenen Stromfigur 56
60. Magnetisches Feld eines Solenoides 57
61. Stärke des magnetischen Feldes eines Stromes 58
62. Feldstärke eines unendlich langen Stromes 59
63. Feldstärke eines Kreisstromes 59
64. Magnetische Schale 60
65. Potential einer geschlossenen Stromfigur 61
66. Feldstärke eines Solenoides 62

Siebentes Kapitel.
Magnetische Induktion.

67. Magnetisierungsstärke 64
68. Magnetisierung durch Verteilung oder Induktion 64
69. Magnetische Schirmwirkung 67
70. Stärke der Induktion 68
71. Aufnahmevermögen und Durchlässigkeit 68
72. Paramagnetische und diamagnetische Stoffe 69
73. Magnetisierungskurve. Magnetische Sättigung 70
74. Remanenter Magnetismus. Koerzitivkraft 71
75. Einfluſs der Gestalt. Entmagnetisierende Kraft 72
76. Induktionskurve 73
77. Hysteresis 75
78. Magnetische Verzögerung 76
79. Magnetisierungs-Formeln 77
80. Magnetisierungsarbeit 77
81. Arbeitsverlust infolge der Hysteresis 78
82. Arbeitsverlust durch Hysteresis bei einem Kreisprozess . . . 79
83. Gröſse des Arbeitsverlustes in Eisen 79
84. Einfluſs der Temperatur auf die Magnetisirung 81
85. Der magnetische Kreis 81
86. Der magnetische Widerstand bei Hinter- und Nebeneinander-
    schaltung 83
87. Magnetische Streuung 84
88. Magnetischer Widerstand von Luftschichten 87
89. Praktische Anwendungen 88
90. Elektromagnete 91
91. Die Tragkraft der Magnete 92

Achtes Kapitel.
Elektrodynamik.

Seite

92. Die Kraftwirkung zweier Ströme 93
93. Arbeitswert zweier Ströme 95
94. Spezielle Fälle 96
95. Arbeitswert eines Stromes in Bezug auf sich selbst; Koeffizient
   der Selbstinduktion 97
96. Spezielle Fälle 98
97. Verhältnis zwischen dem Koëffizienten der gegenseitigen und
   der Selbstinduktion 99

Neuntes Kapitel.
Elektrische Induktion.

98. Das Wesen der elektrischen Induktion 100
99. Gröfse der induzierten elektromotorischen Kraft . . . 101
100. Die Richtung der induzierten E M K. Die Gesetze von Lenz
    und Fleming 103
101. Andere Form des Induktionsgesetzes für geschlossene Strom-
    kreise 104
102. Die induzierte Stromstärke, Spannungsgleichung 104
103. Richtungswechsel der induzierten E M K 105
104. Graphische Darstellung einer induzierten E M K 106
105. Phasenverschiebung zwischen der E M K und dem erzeugenden
    magnetischen Felde 108
106. Stromstärke und Arbeit, wenn keine Selbstinduktion vor- 109
    handen ist 110
107. Elektromotorische Kraft der Selbstinduktion 111
108. Berechnung der Stromstärke; scheinbarer Widerstand; Phasen-
    verschiebung 112
109. Diagramm der elektromotorischen Kräfte; elektromotorische
    Nutzkraft 113
110. Zusammensetzung beliebig vieler elektromotorischer Kräfte . 115
111. Die Elektrizitätsmenge eines veränderlichen Stromes . . . 116
112. Mittelwert der Stromstärke und E M K 117
113. Mittelwert eines Stromes in Bezug auf Arbeitsleistung . . 118
114. Mittelwert der Arbeit 119
115. Beispiel für einen Wechselstrom mit Selbstinduktion . . . 121
116. Vergleich der Selbstinduktion mit der Trägheit 122
117. Beginn und Ende eines Stromes 123
118. Gegenseitige Induktion 125
119. Lösung für einen besonderen Fall 126

Inhalt.

Seite
120. Scheinbarer Widerstand bei Hintereinanderschaltung 130
121. Drosselspule 132
122. Verzweigung eines veränderlichen Stromes 132
123. Scheinbarer Widerstand einer Verzweigung 134
124. Graphische Darstellung der Stromverzweigung 136
125. Erweiterung des Vorigen 137
126. Stromverzweigung mit gegenseitiger Induktion 137
127. Wirbelströme 137
128. Einfluſs der Wirbelströme auf die Magnetisierung. 140
129. Ungleichmäſsige Verteilung des Wechselstromes über den
     Leiterquerschnitt 143
130. Wechselstrom-Elektromagnete 145
131. Die magnetische Arbeit des Stromes 153
132. Das Prinzip der kleinsten magnetischen Arbeit 155
133. Elektrodynamische Schirmwirkung 157
134. Scheinbarer Widerstand eines Kondensators 158
135. Vergleich mit der Hydrodynamik 162
136. Ladungsenergie eines Kondensators 163
137. Widerstand, Selbstinduktion und Kapazität in Hintereinander-
     schaltung 164
138. Allgemeine Resultate 167
139. Die periodischen Ströme bei Entladungen 168
140. Selbstinduktion und Kapazität in Nebeneinanderschaltung . 170
141. Kondensator-Umformer 172
142. Gegenseitige Vernichtung von Selbstinduktion und Kapazität
     bei Nebeneinanderschaltung 173
143. Herstellung bestimmter Phasenunterschiede 173
144. Gleichmäſsig verteilte Kapazität 174
145. Idealer Umformer 175
146. Die magnetische Induktion im Kern des Umformers 178
147. Wirkungsgrad eines idealen Umformers 182
148. Selbstregulierung. Neben- und Hintereinanderschaltung . . 182
149. Beispiel eines idealen Umformers 184
150. Verhalten des Umformers bei geringer Belastung und bei Leerlauf 186
151. Einfluſs der magnetischen Streuung, Abweichungen vom Um-
     setzungsverhältnis 186
152. Einfluſs von Hysteresis und Wirbelströmen 187

Zehntes Kapitel.

**Die Erscheinungen bei Wechselströmen von sehr groſser
Periodenzahl.**

153. Allgemeines 192
154. Blitz und Blitzableiter 194

Seite
155. Blitzschutzvorrichtungen 195
156. Die Versuche von Hertz 198
157 Die Versuche von Tesla 199

Elftes Kapitel.
Die elektrische Kraftübertragung.

158. Energieverlust in Fernleitungen 201
159. Gleichstrom und Wechselstrom 202
160. Das Prinzip der Mehrphasentriebmaschinen 203
161. Die periodischen Ströme der Praxis 208

Zwölftes Kapitel.
Das absolute Maßsystem.

162. Die Grundeinheiten 211
163. Geometrische Einheiten 212
164. Mechanische Einheiten . . . . : . . 212
165. Magnetische und elektrostatische Einheiten 214
166. Das elektromagnetische Maßsystem 215
167. Die praktischen Einheiten 216
168. Beziehung zwischen dem elektrostatischen und elektromagneti-
     schen Maßsystem 219
169. Verwendung der Dimensionen zur Rechnungskontrole . . . 220

Dreizehntes Kapitel.
Meßinstrumente und Messkunde.

Strom- und Spannungsmessung bei Gleichstrom.

170. Arten der Strommessung 221
171. Voltameter 221
172. Die Tangentenbussole 223
173. Gewöhnliche Galvanometer 224
174. Galvanometer mit beweglicher Spule 228
175. Torsionsgalvanometer 229
176. Elektro-Dynamometer 230
177. Stromwage 231
178. Strommessung mit Nebenschluß 232
179. Indirekte Strommessung 233
180. Aufstellung der Meßapparate. Ablesung des Winkels . . . 234
181. Das Quadranten-Elektrometer 235
182. Thomsons Spannungszeiger für hohe Spannungen 238
183. Galvanometrische Spannungsmessung 239

Inhalt. **XIII**

Seite

184. Hitzdraht Instrumente 241
185. Strom- und Spannungsmesser beruhend auf der Anziehung
    oder Ablenkung weicher Eisenkörper im Felde des Stromes 242
186. Die Aichung der Meßinstrumente 244
187. Messung eines kurz dauernden Stromes und einer Elektrizitäts-
    menge 247

Widerstandsmessung.

188. Allgemeines 249
189. Widerstandsmessung durch Vertauschung, Isolationsmessung . 250
190. Die Wheatstonesche Brücke 251
191. Messung sehr kleiner Widerstände 253
192. Widerstandsmessung von Elektrolyten und galvanischen Zellen 254
193. Messung der elektrischen Leistung 255

Wechselstrommessung.

194. Strom- und Spannungsmessung bei Wechselstrom 257
195. Scheinbarer Widerstand, Selbstinduktion, Kapazität 258
196. Die Bestimmung der gegenseitigen Induktion 261
197. Die Bestimmung von Phasenunterschieden 262
198. Die Bestimmung der Periodenzahl eines Wechselstromes . . 263

Magnetische Messungen.

199. Die Messung magnetischer Felder 264
200. Die Bestimmung der magnetischen Eigenschaften des Eisens 266
201. Die Messung periodisch wechselnder magnetischer Felder . . 267
202. Die Bestimmung der magnetischen Streuung 268

Berichtigung.

Seite 64: In der Überschrift des § 68 soll »oder« statt »der« stehen.

Seite 117: In der vorletzten Formel soll $\mathfrak{C}$ statt $\mathfrak{J}$ stehen.

Seite 178: In Figur 113 sind die Buchstaben $\mathfrak{C}'$ und $\mathfrak{K}'$, ferner δ und α miteinander zu vertauschen.

Verlag von **Julius Springer** in **Berlin** und **R. Oldenbourg** in **München**.

Elektrotechnische Zeitschrift.

(Centralblatt für Elektrotechnik.)

Organ des Elektrotechnischen Vereins und des Verbandes deutscher Elektrotechniker.

Verlag von Julius Springer in Berlin und R. Oldenbourg in München.

Expedition nur in Berlin N 24, Monbijouplatz 3.

Die Elektrotechnische Zeitschrift erscheint — seit dem Jahre 1890 vereinigt mit dem bisher in München erschienenen Centralblatt für Elektrotechnik — in wöchentlichen Heften und berichtet, unterstützt von den hervorragendsten Fachleuten, über alle das Gesammtgebiet der angewandten Elektricität betreffenden Vorkommnisse und Fragen in Originalberichten, Rundschauen, Korrespondenzen aus den Mittelpunkten der Wissenschaft, der Technik und des Verkehrs, in Auszügen aus den in Betracht kommenden fremden Zeitschriften, Patentberichten etc. etc.

Die Elektrotechnische Zeitschrift kann durch den Buchhandel, die Post (Post-Zeitungs-Preisliste für 1896 No. 2139) zum Preise von M. 20,— (M. 25,— *bei portofreier Versendung nach dem Auslande*) für den Jahrgang bezogen werden.

Die älteren Jahrgänge der Elektrotechnischen Zeitschrift sind sämmtlich erhältlich bis auf die Jahrgänge XI und XII (1890 und 1891), die vollständig vergriffen sind. Jahrgang I bis X (1880 bis 1889) werden, auf einmal bestellt, zum Preise von M. 100,— geliefert.

E. Arnold.

Die Ankerwicklungen und Ankerkonstruktionen der Gleichstrom-Dynamomaschinen. Zweite Auflage. Mit 335 Figuren im Text.

geb. in Leinwd. M. 12,—.

Bedell-Crehore.

Theorie der Wechselströme. Aurorisirte deutsche Ausgabe bearbeitet von Alfred H. Bucherer, Ithaca, N.Y. geb. in Leinwd. M. 7,—.

Thomas H. Blakesley.

Die elektrischen Wechselströme. Zum Gebrauche für Ingenieure und Studirende. Aus dem Englischen übersetzt von Clarence P. Feldmann. Mit 31 in den Text gedruckten Figuren. geb. in Leinwd. M. 4,—.

H. du Bois.

Magnetische Kreise, deren Theorie und Anwendung. Mit 94 in den Text gedruckten Abbildungen. geb. in Leinwd. M. 10,—.

M. Corsepius.

Theoretische und praktische Untersuchungen zur Konstruktion magnetischer Maschinen. Mit 13 Textfiguren und 2 lithographirten Tafeln. M. 6,—.

Leitfaden zur Konstruktion von Dynamomaschinen und zur Berechnung von elektrischen Leitungen. Zweite Auflage. Mit 23 in den Text gedruckten Figuren und einer Tabelle. M. 3,—.

=== **Zu beziehen durch jede Buchhandlung.** ===

Erstes Kapitel.

Allgemeine Grundgesetze über Magnetismus und Elektrizität.

1. Anschauungen über das Wesen des Magnetismus und der Elektrizität.

Magnetismus und Elektrizität sind uns ihrem eigentlichen Wesen nach unbekannt, und zwar auch dann noch, wenn wir sie als schwingende Bewegungen eines uns unbekannten schwerlosen Stoffes, des Äthers, betrachten, da Äther vorläufig noch immer ein Wort ohne bestimmte Begriffe ist. Bekannt sind und werden uns nur die Wirkungen des Magnetismus und der Elektrizität, und diese sind wir auch imstande durch Versuche zu verfolgen und rechnerisch zu bestimmen. Für den praktischen Physiker und Techniker ist es auch gleichgültig, welche Anschauungen und Vorstellungen wir uns von dem Wesen dieser Natur-kräfte bilden, wenn uns dieselben nur eine leichte und einheitliche Erklärung aller Erscheinungen ermöglichen.

Da wir wissen, daſs sowohl Magnetismus als auch Elektrizität in zwei derartig verschiedenen Zuständen auftreten, daſs sie sich gegenseitig in ihren Wirkungen aufheben, so erklären wir uns dieselben durch die Annahme eines positiven und eines negativen Stoffes oder Fluidums; und je nachdem das eine oder das andere auf einem Körper im Überschuſs vorhanden ist, nennen wir ihn positiv oder negativ magnetisch bezw. elektrisch.

Nun zeigt sich aber schon ein Unterschied zwischen Magnetismus und Elektrizität. Denn während ein elektrisierter Körper in seiner ganzen Ausdehnung bloſs positiv oder negativ elektrisch sein kann, enthält ein magnetisierter Körper immer gleiche Mengen positiven und negativen Fluidums, die örtlich von einander getrennt sind. Selbst wenn man einen Magneten in der Mitte zerbricht, so hat doch jede der beiden Hälften ein positives und ein negatives Ende. Die Elektrizität kann ferner von einem Körper auf einen anderen übergehen, der Magnetismus nicht; das elektrische Fluidum kann sich also auf seinem Träger fortbewegen, strömen, das magnetische ist immer an denselben gebunden. Aus einem unelektrischen Körper kann man durch Induktion unbegrenzte Mengen Elektrizität erhalten; die Magnetisierung eines Körpers aber hat eine Grenze, den Sättigungspunkt. Man muſs daher die magnetische Masse in jedem Körper von vornherein gegeben betrachten in der Form von »Molekularmagneten«, die beim unmagnetischen Zustande so unregelmäſsig gelagert sind, daſs ihre Gesamtwirkung nach auſsen Null ist. Bei der Magnetisierung findet eine regelmäſsige Lagerung statt, in der Art, daſs die positiven Enden der Molekularmagnete nach der einen, die negativen nach der anderen Seite gerichtet sind.

Je stärker die Magnetisierung, desto gröſser ist die Anzahl der geordneten Moleküle gegenüber den ungeordneten. Der Sättigungspunkt ist erreicht, wenn alle gleich gerichtet sind. Die Gesamtwirkung nach auſsen scheint von einem einzigen Punkte am Ende jeder Hälfte auszugehen, den wir den positiven oder negatigen Pol nennen. In diesem Sinne können wir nun ebenso wie bei der Elektrizität punktförmige magnetische Massen betrachten.

2. Das Coulombsche Gesetz.

Zwei gleichnamige magnetische oder elektrische Massen m und m', die sich in der Entfernung r von einander befinden, stoſsen sich mit einer Kraft ab, welche proportional ist dem Produkte dieser Massen und verkehrt proportional dem Quadrate ihrer Entfernung, also mit einer Kraft $k = c\,\dfrac{m \cdot m'}{r^2}$. Haben wir ungleichnamige Massen $+ m$ und $- m$, so ziehen sie sich an mit einer Kraft $k = -\,c\,\dfrac{m \cdot m'}{r^2}$. Man sieht daraus, daſs der mathematische Ausdruck für abstoſsende Kräfte positiv, für anziehende negativ ist.

Dieses Gesetz lautet ebenso wie das Newtonsche Gravitationsgesetz und wurde von Coulomb mittels der von ihm erfundenen Drehwage entdeckt. Der Wert des Proportionalitätsfaktors c hängt ab von der Wahl des Maſssystems, nach welchem

m und m' gemessen sind, und von dem Medium, in dem sich diese Massen befinden. Das magnetische und das elektrostatische Maßsystem sind so gewählt, daß für Luft $c = 1$ ist. Für diese Maßsysteme ist also

$$k = \frac{m \, m'}{r^2}. \qquad 1)$$

Daraus gewinnen wir den Begriff der magnetischen und der elektrischen Masseneinheit, indem wir festsetzen, daß jene magnetische bezw. elektriscche Masse als E i n h e i t angenommen wird, welche auf eine gleich große, 1 cm entfernte Masse die Krafteinheit ausübt. Dann ist $k = 1 = \frac{1^2}{1^2}$. Die absolute Krafteinheit ist angenähert gleich dem Gewichte eines Milligramms (§ 164).

3. Kraftfeld.

Würden wir um die Masse m mehrere andere Massen beliebig verteilen, so würde zwischen jeder von diesen und der Masse m eine Kraft k bestehen. Die Wirkung der Masse m erstreckt sich also über den ganzen umgebenden Raum, und diesen nennt man daher das K r a f t f e l d und zwar entweder magnetisches oder elektrisches Kraftfeld.

4. Stärke, Richtung und Gestalt eines Kraftfeldes. Kraftlinien.

Die magnetischen und elektrischen Kräfte sind ebenso wie die mechanischen durch zwei Stücke, G r ö ß e und R i c h t u n g, bestimmt. Es besitzt demnach auch das magnetische und elektrische Kraftfeld an jeder Stelle eine bestimmte Stärke und Richtung.

D i e S t ä r k e d e s F e l d e s a n e i n e r g e w i s s e n S t e l l e i s t b e s t i m m t d u r c h d i e G r ö ß e d e r K r a f t, w e l c h e d i e d a s F e l d e r z e u g e n d e M a s s e a u f e i n e a n d i e s e r S t e l l e b e- f i n d l i c h e M a s s e E i n s a u s ü b e n w ü r d e.

Demnach ist die S t ä r k e des Feldes einer punktförmigen Masse m in der Entfernung r

$$\mathfrak{H} = \frac{m}{r^2}. \qquad 2)$$

Die Masse 1 erzeugt also in der Entfernung 1 die Feldstärke 1. Befindet sich statt der Masse Eins an dieser Stelle die Masse m', so ist die Kraft

1 *

$$k = \frac{m\,m'}{r^2} = \mathfrak{H}\,m\,m',$$

d. h. die Kraft zwischen diesen zwei Massen ist gleich
der Stärke des von der einen Masse erzeugten Feldes
multipliziert mit der an dem betreffenden Orte befindlichen zweiten Masse.

Die Richtung des Kraftfeldes an irgend einer Stelle ist
bestimmt durch jene Bewegungsrichtung, welche eine positive Probemasse an jener Stelle einschlagen würde. Ist die das
Feld erzeugende Masse positiv, so wird sich, wenn wir von jedem
Bewegungshindernis und anderen Massen absehen, jene Probemasse von dem Pole weg auf einer gewissen Bahn bis ins Unendliche fortbewegen; das ist die positive Richtung des Feldes.
Rührt das Feld von einer negativen Masse her, so würde sich
jene Probemasse aus unendlicher Entfernung auf derselben Bahn
bis in unmittelbare Nähe dieses Poles bewegen; das ist die negative Richtung des Feldes.

Man nennt diese Bahnen Kraftlinien. Der Inbegriff aller
Kraftlinien, deren es natürlich unendlich viele gibt, ist das Kraftfeld. Durch die Form der Kraftlinien ist die Gestalt des Feldes
bestimmt.

5. Bildliche Darstellung magnetischer und elektrischer Kraftfelder.

Die Kraftlinien kann man bei magnetischen Massen leicht
und schön sichtbar machen, wenn man über den Magnet ein
steifes Blatt Papier legt und Eisenfeilspäne gleichmäfsig darüber
streut. Erschüttert man leise das Papier, so ordnen sich die
Eisenfeilspäne in der Richtung der Kraftlinien.[1]) Fig. 1 zeigt das
auf diese Weise dargestellte Kraftfeld eines einzelnen magnetischen
Poles.

Ist dieser Pol ein positiver, so gehen, nach der früheren
Richtungsbestimmung, die positiven Kraftlinien von ihm aus; ist
er ein negativer, so laufen sie in ihm zusammen.

---

[1]) Die Fixierung der Eisenfeilspäne auf dem Papier geschieht am
besten dadurch, dafs man mit einem Zerstäuber eine Lösung von Schellack in Alkohol daraufbläst. In unmittelbarer Nähe der Pole finden
sich blanke Stellen; dort ist die Kraft so stark, dafs die Eisenfeilspäne
von dem Pole an sich gerissen werden.

Die Kraftlinien einer elektrischen Masse lassen sich nicht so einfach darstellen, wie die magnetischen, weil wir keinen Stoff haben, welcher der Einwirkung elektrischer Massen ebenso unterliegen würde, wie die Eisenfeilspäne den magnetischen. Klebt man jedoch dünne, leicht bewegliche Papierstreifen auf einen

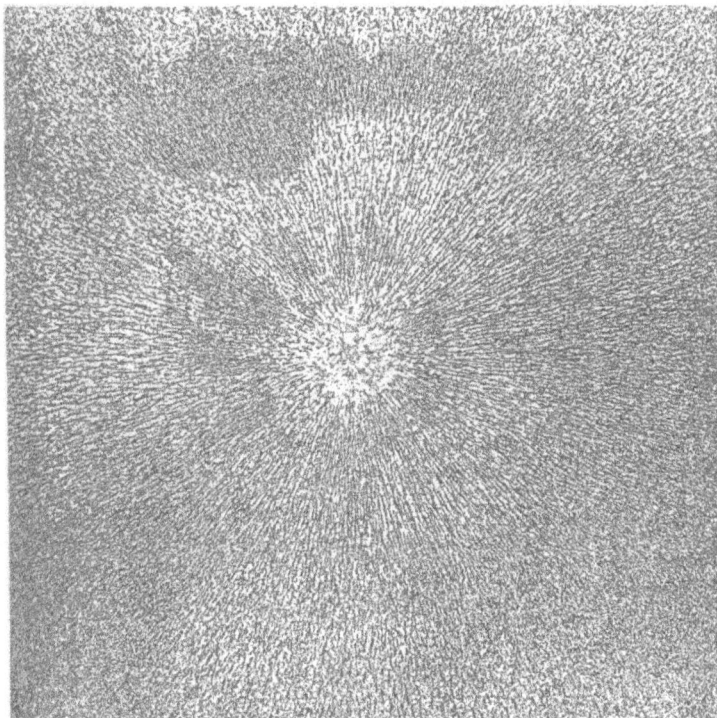

Fig. 1.

Konduktor und ladet ihn mit einer hinreichenden Elektrizitätsmenge, so stellen sich dieselben strahlenförmig zum Konduktor und geben ein Bild des räumlichen elektrischen Feldes.

6. Einige besondere Fälle von Kraftfeldern.

Fig. 2 zeigt das Kraftfeld zweier ungleichnamigen, gleich grofsen Massen, wie man es erhält, wenn man ein mit Eisenfeilspänen bestreutes Papier über zwei aufrechtstehende, gleich

starke Stabmagnete bringt. Man sieht, daſs ein Teil der Kraftlinien von dem einen — nach der früheren Bestimmung dem
positiven Pole — ausgehen und auf dem negativen enden, während
die übrigen im Unendlichen verlaufen. Eine positive Probemasse würde sich von einem positiven Pole weg zum negativen
hin oder in das Unendliche fortbewegen.

Fig. 3 zeigt das Kraftfeld zweier gleichnamigen, gleich
groſsen Pole. Die Kraftlinien enden alle im Unendlichen, wenn
sie nicht vorher auf eine andere ungleichnamige Masse stoſsen.

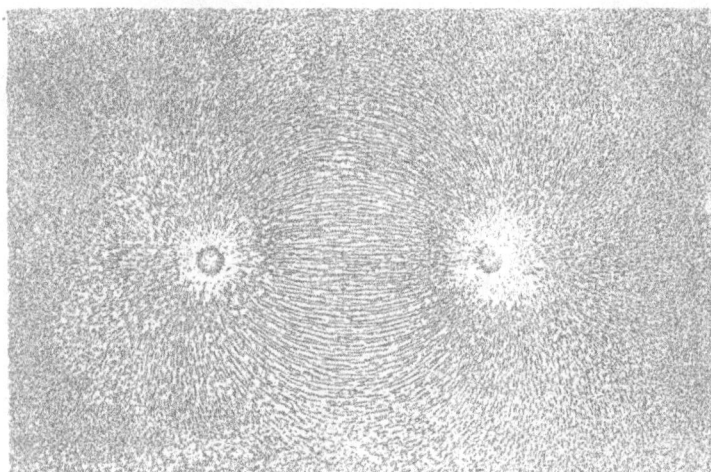

Fig. 2.

Sind die beiden Pole z. B. negativ, so wird sich eine positive
Probemasse aus dem Unendlichen her zu einem der beiden Pole,
aber niemals von einem zum anderen bewegen. In der Mitte gibt
es eine Stelle, wo sich die von beiden Polen herrührenden Kräfte
das Gleichgewicht halten. Eine Probemasse, die an diese Stelle
gebracht wird, bleibt in Ruhe. Über diese Stelle gehen keine
Kraftlinien, daher liegen die Eisenfeilspäne dort ungeordnet.
Würde die Probemasse nur ein wenig seitlich verschoben, so würde
sie sich sofort bis zu einem der Pole oder bis ins Unendliche
weiter bewegen. Ganz gleich ist die Gestalt eines elektrischen
Feldes bei derselben Anordnung zweier elektrischen Pole.

Wie äußert sich Anziehung oder Abstoßung zweier Pole in den Kraftlinien? Den Kraftlinien kommt die Eigenschaft zu, daß sich jede einzelne wie ein elastischer Faden zu verkürzen strebt, während sie sich untereinander gegenseitig abstoßen. So erkennt man aus Fig. 2, daß sich die Pole anziehen, also ungleichnamig sind, und aus Fig. 3, daß sie sich abstoßen, also gleichnamig sind. Aber man erkennt nicht, welches positive und welches negative Pole

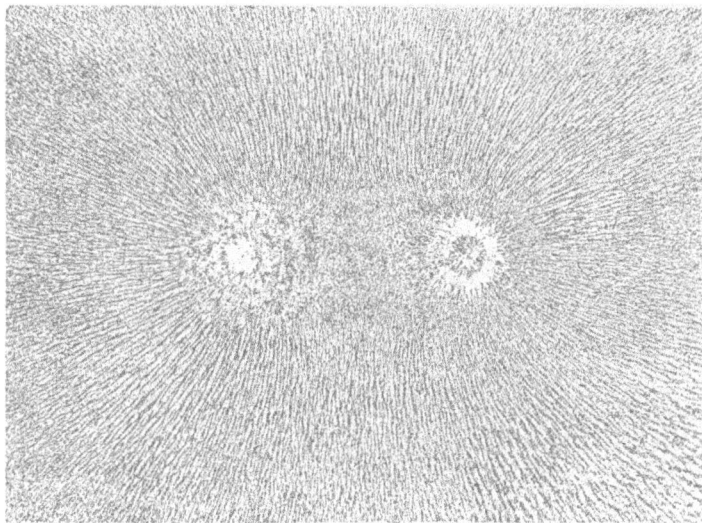

Fig. 3.

sind. Um dies zu erfahren, muß man eine kleine, frei bewegliche Magnetnadel in die Nähe bringen. Dieselbe stellt sich in die Richtung der Kraftlinien ein und zeigt mit dem positiven Ende nach dem negativen Pole, mit dem negativen Ende nach dem positiven Pole.

7. Zu- und Abnahme der Kraft. Homogene Felder.

Aus diesen drei einfachsten Fällen von Kraftfeldern lassen sich einige Sätze ableiten, die für die Beurteilung anderer Fälle wertvoll sind. Man sieht, daß die Kraftlinien, je weiter man sich von den Polen entfernt, d. h. in der Richtung der abnehmenden

Kraft, auseinanderlaufen und umgekehrt. Wir gewinnen daraus
den Satz, da fs in der Richtung der divergierenden Kraftlinien eine Abnahme und in der Richtung der kon-
vergierenden Kraftlinien eine Zunahme der Kraft
stattfindet. Was folgt daraus für eine Fläche, auf der die
Kraftlinien parallel verlaufen? Nichts anderes, als dafs die Kraft

Fig. 4.

an allen Punkten dieselbe, also in der ganzen Fläche konstant ist.
Man nennt solche Felder homogene Kraftfelder. Fig. 4 zeigt
ein solches, wie es zwischen zwei ungleichnamigen, in die Länge
gezogenen (linienförmigen) Polen entsteht. Zwischen zwei Polen,
die aus parallelen Flächen bestehen, ist der ganze Raum bis in
die Nähe des Randes ein homogenes Feld. Homogene Felder in
geringer Ausdehnung finden sich endlich in gröfserer Entfernung
von jeder magnetischen oder elektrischen Anordnung. Denn es

gibt immer Stellen, wo die Kraftlinien innerhalb eines gewissen Raumes mit grofser Annäherung als parallel betrachtet werden können. So ist auch das magnetische Feld der Erde für den Raum eines Laboratoriums ein homogenes, da die Ausdehnung eines solchen verschwindend klein ist gegenüber der Entfernung von den magnetischen Polen der Erde.

Da im Felde selbst keine neuen Kraftlinien entstehen, so ist die D i c h t e derselben ein relatives Mafs für die Stärke des Feldes an der betreffenden Stelle in Bezug auf eine andere. Mit Berücksichtigung dieses Grundsatzes kann man aus dem Bilde, das die Eisenfeilspäne von einem magnetischen Felde geben, sehr leicht und schneller eine übersichtliche Beurteilung der gesamten Kraftverteilung einer magnetischen Anordnung gewinnen, als durch Berechnung.

8. Anzahl der Kraftlinien.

Wie schon in § 4 bemerkt wurde, können wir uns unendlich viele Kraftlinien bei jeder Anordnung denken. Bei der sichtbaren Darstellung derselben ist ihre Zahl allerdings durch die vorhandenen Eisenteilchen beschränkt, und darum kann uns auch ihre

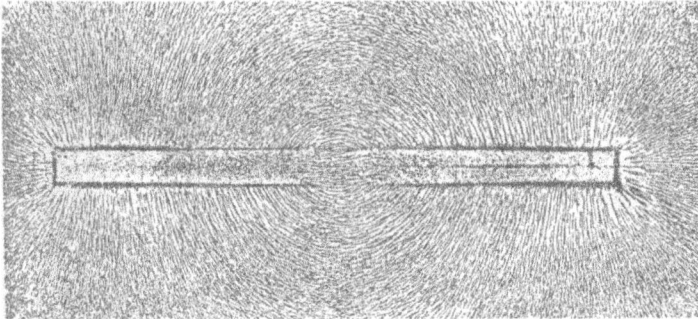

Fig. 5.

Dichte nur ein relatives Mafs sein für die Stärke des Feldes an verschiedenen Stellen.

Es hat sich aber als zweckmäfsig erwiesen, für die räumliche Dichte der Kraftlinien eine Bestimmung zu treffen und eine Einheit festzustellen. Diese Bestimmung lautet: Die F l ä c h e n · e i n h e i t   e i n e r   K u g e l s c h a l e   v o n   d e m   R a d i u s   E i n s , in

deren Mittelpunkt sich die Masse Eins befindet, wird
von **einer** Kraftlinie getroffen. Da die Kraftlinien einer
punktförmigen Masse gleichmäfsig im Raume verteilt sind, und
die Oberfläche dieser Kugel 4π ist, so wird sie von 4π Kraft-

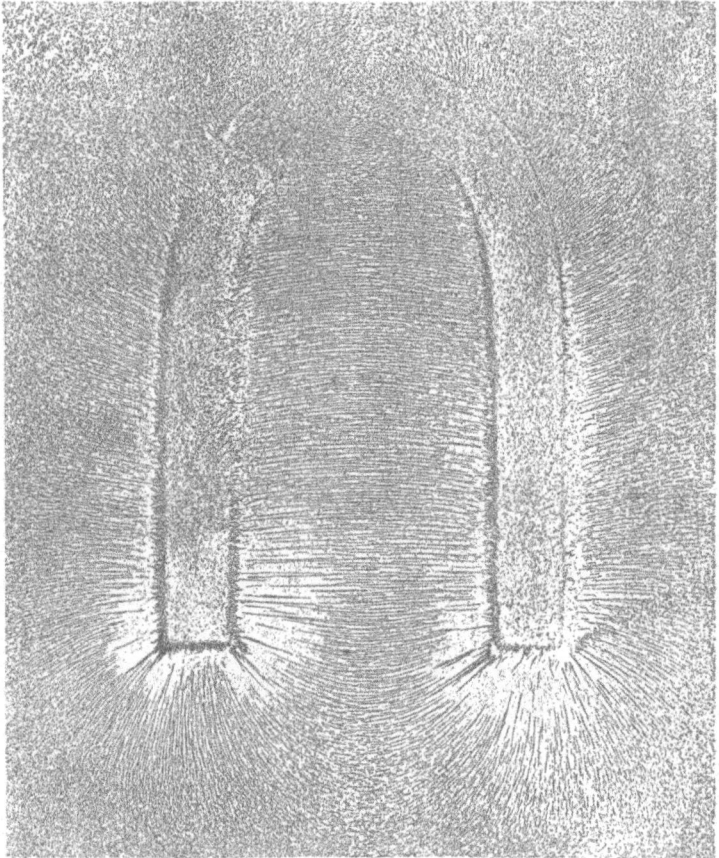

Fig. 6.

linien getroffen. Da wir blofs die Masse Eins voraussetzen, und
im Raume selbst keine Kraftlinien entstehen und keine verschwinden können, so ist die Gesamtzahl der von einem Einheits-
pole ausgehenden Kraftlinien 4π. Befindet sich im Mittelpunkte

dieser Kugelschale die Masse m, so treffen m Kraftlinien die Flächeneinheit, und die Gesamtzahl aller Kraftlinien ist $4\,\pi\,m$. Die Flächeneinheit einer Kugelschale vom Radius r wird von $\frac{m}{r^2}$ Kraftlinien getroffen.   Da die Oberfläche der Kugelschale $4\,\pi\,r^2$ ist, so erhält man für die Gesamtzahl aller Kraftlinien wieder $4\,\pi\,m$. Da nach § 4 die Feldstärke in der Entfernung r von dieser Masse $\frac{m}{r^2}$ ist, so sieht man, daſs die Feldstärke an einer be-

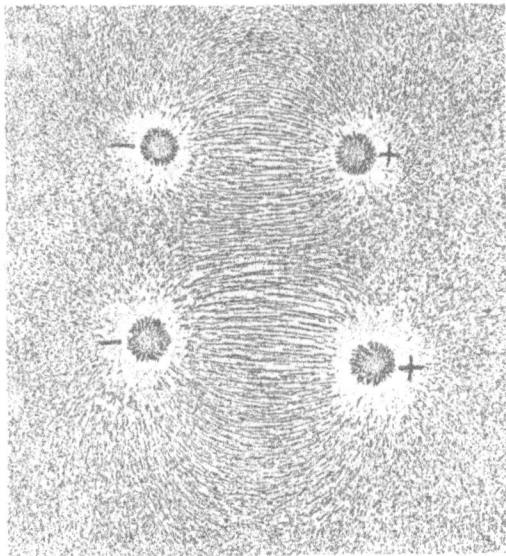

Fig. 7.

stimmten Stelle nichts anderes ist, als die Anzahl der Kraftlinien, welche die Flächeneinheit einer die Kraftlinien an dieser Stelle senkrecht schneidenden Fläche treffen.

Weiter folgt daraus, daſs die Anzahl der Kraftlinien, die von einem Magnete mit der Polstärke m ausgehen, auch $4\,\pi\,m$ ist. Denn alle Kraftlinien eines Magnetes gehen von dem positiven Pole aus und treten beim negativen in den Magnet ein. Im Magnet selbst aber gehen sie vom negativen zum positiven Pole, wenn wir sie als geschlossene Kurven betrachten. Daher gehen durch einen Querschnitt des Magnetes sämtliche $4\pi m$ Kraftlinien. In Wirklichkeit ist aber nicht die ganze magnetische Masse in den Polen konzentriert, sondern teilweise auch auf die Seiten verteilt. Daher gehen auch nicht alle Kraftlinien von den Enden aus, wie uns die Betrachtung der Kraftfelder eines Stabmagnetes und eines Hufeisenmagnetes (Fig. 5 und 6) lehrt. Wir müssen dann sagen, daſs von der einen Hälfte $4\pi m$ Kraftlinien ausgehen zur anderen Hälfte hin. Dann gehen aber auch alle $4\pi m$ Kraftlinien nur durch den mittleren Querschnitt des Magnetes.

9. Zusammensetzung von Kraftfeldern.

Zwei oder mehrere Pole geben zusammen ein resultierendes Feld. Solche haben wir schon in der Fig. 2, 3, 4, 5, 6 kennen gelernt. Diese Zusammensetzung geht an jeder Stelle des Feldes

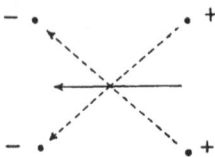

Fig. 7a.

nach denselben Gesetzen vor sich, wie die Zusammensetzung zweier Kräfte nach dem Kräfteparallelogramm. Fig. 7 zeigt uns das resultierende Feld von 4 Polen, von denen je zwei gegenüberliegende ungleichnamig sind. Man kann sich daher dieses Feld auch entstanden denken durch kreuzweise Übereinanderlagerung zweier in Fig. 2 dargestellten Felder, wie man aus Fig. 7a erkennt. Dieses zusammengesetzte Feld kommt bei den Drehstrommotoren vor.

10. Magnetisches Moment.

Wir haben bisher nur die Wirkung magnetischer Massen als einzelner Pole betrachtet. Da aber jeder Magnet zwei Pole besitzt, so ist für die Fernwirkung die Gesamtwirkung beider Pole maſsgebend. Dann kommt aber nicht nur die Stärke

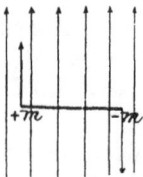

Fig. 8.

jedes Poles, sondern auch ihr Abstand in Betracht. Befindet sich z. B. ein Magnet von der Polstärke m und dem Polabstande l in einem homogenen Felde von der Stärke $\mathfrak{H}$, dessen Richtung durch die Pfeile (Fig. 8) bestimmt ist, so wirkt nach § 4 auf den einen Pol die Kraft $+m\mathfrak{H}$, auf den anderen die Kraft $-m\mathfrak{H}$. Jede sucht den Magnet in der Richtung des Feldes zu drehen mit einem Drehmomente $\dfrac{l}{2}\,m\,\mathfrak{H}$. Da beide den Magnet in demselben Sinne drehen, so ist das gesamte Drehmoment das doppelte, also $l\,m\,\mathfrak{H}$. Es kommt also für die Kraft, mit der das homogene Feld $\mathfrak{H}$ den Magnet zu drehen sucht, das **Produkt aus der Polstärke und dem Polabstande** in Betracht, und man nennt es das **magnetische Moment $\mathfrak{M}$** des Magnetes. Es ist also

$$\mathfrak{M} = m\,l. \qquad\qquad 3)$$

Dann ist das Drehmoment des Magnetes gleich $\mathfrak{M}\,\mathfrak{H}$. Bildet der Magnet mit der Richtung der Kraftlinien einen Winkel α, so ist der senkrechte Abstand des Drehpunktes von der Kraft nicht $\dfrac{l}{2}$, sondern $\dfrac{l}{2}\sin\alpha$; daher auch das Drehmoment $\mathfrak{M}\,\mathfrak{H}\sin\alpha$. Für $\alpha = 0$ ist auch das Drehmoment 0, d. h. die magnetische Achse stellt sich in die Richtung der Kraftlinien ein.

Nun ist in Wirklichkeit niemals die ganze magnetische Masse m in einem Punkte konzentriert, sondern, wie die Fig. 5 und 6 zeigen, auch auf die Seitenflächen verteilt. Es gibt aber — ebenso wie bei schweren Körpern einen Schwerpunkt — auch hier einen Punkt, in dem die ganze magnetische Kraft angreift, und diesen bezeichnet man als den Pol. Es ist dann bei einem Stabmagnete der Polabstand nicht gleich der Länge des Magnetstabes, sondern etwa ⁵/₆ derselben. Die genaue Kenntnis der Lage der Pole und des Polabstandes hat übrigens gar kein praktisches Interesse, da für alle Wirkungen des Magnetes das magnetische Moment $\mathfrak{M}$ in Betracht kommt und auch nur dieses der experimentellen Bestimmung zugänglich ist.

11. Das magnetische Feld der Erde.

Die Erde kann als ein Stabmagnet, jedoch von sehr ungleichmäfsiger Magnetisierung, betrachtet werden. Da die Lage der Pole nur beiläufig bekannt ist, so kann man zur Bestimmung des Einflusses der Erde auf einen Magnet das Coulombsche Gesetz nicht anwenden, sondern man bestimmt für jeden Ort der Erde die Stärke ihres magnetischen Feldes $\mathfrak{H}$. Dann gelten für die Wirkungen der Erde auf einen Magnet die Gesetze der §§ 4 und 10. Die Erde hat natürlich, wie jeder andere Magnet, ihre Kraftlinien (Fig. 9), die uns an jeder Stelle die Richtung des Feldes angeben. Ihre Neigung zur horizontalen Ebene eines Ortes ist nichts anderes als der Inklinationswinkel, wie er von einer frei beweglichen Nadel angegeben wird. Der Deklinationswinkel eines Ortes ist der Winkel zwischen der Richtung der Kraftlinien und dem geographischen Meridian dieses Ortes. Er wäre Null, wenn der magnetische und geographische Pol zusammenfielen. Da der magnetische Nordpol[1]) im Norden von Amerika liegt, so haben wir in Europa eine westliche Deklination.

In den meisten Fällen haben wir es mit Magnetnadeln zu thun, die nur in einer horizontalen Ebene beweglich sind. Auf solche kann natürlich nur die in die horizontale Ebene fallende Komponente des Erdmagnetismus einwirken. Nach dem Vorigen ist der Inklinationswinkel i der Winkel zwischen der horizontalen Ebene des betreffenden Ortes und der Richtung der erdmagnetischen Kraft. Um also die horizontale Komponente des magnetischen Feldes der Erde zu finden, haben wir die Zerlegung nach einem Kräfte-

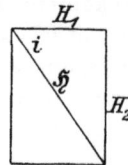

Fig. 10.

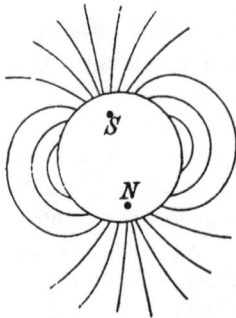

Fig. 9.

parallelogramm vorzunehmen, das den Winkel i enthält (Fig. 10). Dann ist die horizontale Komponente $H_1 = \mathfrak{H} \cos i$ und die vertikale Komponente $H_2 = \mathfrak{H} \sin i$. Die folgende Tabelle enthält die Größe der horizontalen Komponente für einige Orte oder die Anzahl der Kraftlinien, die nach den Bestimmungen des § 8 die Flächeneinheit einer zur horizontalen Ebene senkrechten Fläche treffen:

Berlin	. . .	0,186	Heidelberg	.	0,197	Paris	. . .	0,197
Braunschweig		0,186	Innsbruck	.	0,207	Petersburg	.	0,165
Darmstadt	.	0,195	Kiel	. . .	0,178	Prag	. . .	0,198
Göttingen	. .	0,189	Leipzig	. .	0,192	Rom	. . .	0,235
Graz	. . .	0,212	London	. .	0,183	Stuttgart	. .	0,200
Hamburg	. .	0,180	München	. .	0,205	Straßburg	.	0,201

Wien 0,207   Zürich 0,206.

[1]) Der magnetische Nordpol besitzt negativen Magnetismus, da sich ihm das positive Ende einer Magnetnadel zuwendet.

12. Beispiele für die Berechnung von Kraftfeldern.

Im Folgenden soll die Feldstärke einer gleichmäfsig mit magnetischer oder elektrischer Masse belegten Fläche in einem seitwärts gelegenen Punkte und die Feldstärke eines homogenen Feldes zwischen zwei parallelen Flächen bestimmt werden.

Die Linie $y\,y'$ (Fig. 11) sei ein Schnitt durch eine ebene Fläche, die gleichmäfsig mit Masse belegt ist. Ist σ die Masse auf einer Flächeneinheit, so nennt man σ die Flächendichte. Wir wollen die Stärke des Feldes im Punkte P bestimmen, der sich im Abstande x vom Mittelpunkte der Fläche befindet, und in dem wir uns die Masse Eins denken. Greifen wir ein kleines Stück f, dargestellt durch $a\,b$, aus der Fläche heraus, so befindet sich auf dieser die Masse $\sigma\,f$. Ist diese Fläche sehr klein, so können wir die Masse darauf als punktförmig betrachten, und die Kraft, die von ihr auf den Punkt P ausgeübt wird, ist $\dfrac{\sigma\,f}{r_2}$. Die zur Ebene

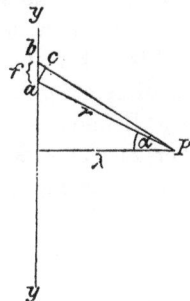

Fig. 11.

senkrechte Komponente derselben ist $\dfrac{\sigma\,f}{r^2}\cos\alpha$. Vom Punkte P aus gesehen, erscheint die Fläche f als die Projektion $a\,c$ auf die von P aus beschriebene Kugelfläche. Die Gröfse dieser Projektion ist $f\cos\alpha$. Dann ist aber $\dfrac{f\cos\alpha}{r^2}$ die Projektion der Fläche f auf eine Kugelschale vom Radius Eins; das ist nichts anderes als der Gesichtswinkel, unter dem die Fläche f von P aus gesehen erscheint. Bezeichnen wir diesen mit ω, so ist die zur Fläche senkrechte Komponente der Kraft $\sigma\,\omega$. Die Kraft, die von der ganzen Fläche auf den Punkt P ausgeübt wird, erhalten wir, wenn wir die Wirkung aller dieser Flächenstücke summieren. Da vorausgesetzt wurde, dafs die Senkrechte vom Punkte P in den Mittelpunkt der Fläche fällt, so entspricht jedem Flächenstück f ein ebensolches bei a'. Daher gibt es unter den in die Fläche fallenden Komponenten immer je zwei von entgegengesetzter Richtung, die sich gegenseitig aufheben. Es bleiben also für die Summierung nur die senkrechten Komponenten. Da diese aber nur von der Flächendichte und dem Gesichtswinkel abhängen, so ist die ganze von der Fläche auf den Punkt P wirkende Kraft gleich dem

Produkte aus der Flächendichte und dem Gesichtswinkel, unter dem die Fläche von P aus erscheint.

Ist diese Fläche unendlich grofs, so ist ihr Gesichtswinkel von jedem in endlicher Entfernung befindlichen Punkte aus eine halbe Kugelfläche vom Radius Eins, also gleich 2π. Die Kraft auf den Punkt P mit der Masse Eins oder die Feldstärke der Fläche ist also $2\pi\sigma$. Dasselbe gilt, wenn die Entfernung des Punktes von der Fläche so klein ist, dafs sie gegenüber dem Durchmesser der Fläche vernachlässigt werden kann. Denn dann ist der Gesichtswinkel auch 2π und daher auch die Feldstärke der Fläche in diesem Punkte $2\pi\sigma$.

Befindet sich in P eine Masse m, so ist die zwischen ihr und der Fläche wirkende Kraft $k = \mathfrak{H}\, m = 2\pi\sigma m$. Haben σ und m gleiche Zeichen, so wirkt die Kraft von der Fläche weg, also abstofsend, und umgekehrt, wenn sie entgegengesetzte Zeichen haben.

Haben wir nun zwei parallele Flächen (Fig. 12) mit gleichnamigen Flächendichten σ, so heben sich die Kräfte in allen zwischen ihnen liegenden Punkten auf, wenn der

Fig. 12.

Abstand der Flächen sehr klein ist gegenüber ihrer Gröfse; die Feldstärke zwischen den Platten ist also Null. Haben die beiden Flächen gleiche Gröfse, aber ungleichnamige Flächendichten, so wirkt die eine abstofsend, die andere anziehend. Die Kräfte summieren sich also, und die Feldstärke zwischen den Platten ist $4\pi\sigma$. Wir haben also ein homogenes Feld bis in die Nähe der Ränder. Hat der Punkt die Masse m, so ist die Kraft $4\pi\sigma m$.

13. Potential; mathematische und physikalische Bedeutung desselben.

Für sehr viele magnetische und elektrische Probleme ist es von Vorteil, statt der Kraftfunktion $k = \dfrac{m}{r^2}$, welche die von einer Masse m auf eine in der Entfernung r befindliche Masse Eins ausgeübte Kraft darstellt, die Potentialfunktion $P = \dfrac{m}{r}$ einzuführen. Zwischen beiden besteht eine einfache mathematische Beziehung.

Differenziert man nämlich die Potentialfunktion nach r, so erhält man

$$\frac{dP}{dr} = \frac{d}{dr}\left(\frac{m}{r}\right) = -\frac{m}{r^2} = -k$$

oder
$$k = -\frac{dP}{dr}. \qquad 4)$$

Man findet also die in irgend einer Richtung r wirkende Kraft einer Masse m, wenn man das Potential nach dieser Richtung differenziert und negativ nimmt. Hat man statt der Masse 1 eine Masse m', so ist noch mit m' zu multiplizieren.

Das Potential $\frac{m}{r}$ hat aber auch eine wichtige physikalische Bedeutung, es stellt nämlich eine Arbeit vor. Nach den Gesetzen der Mechanik ist die Arbeit, die eine konstante Kraft k längs eines mit der Richtung der Kraft zusammenfallenden Weges l leistet, ausgedrückt durch $A = k\,l$. Um die Arbeit bei der Bewegung einer Masse 1 unter dem Einflusse einer Masse m zu bestimmen, hat man zu bedenken, daſs die zwischen beiden wirkende Kraft k nicht konstant ist, sondern mit dem Quadrate der Entfernung abnimmt. Man darf daher diese Definition der Arbeit nur auf

Fig. 13.

ein unendlich kleines Wegstückchen dr, für welches die Kraft als konstant angenommen werden kann, anwenden (Fig. 13). Die auf diesem Wegstückchen geleistete Arbeit ist dann

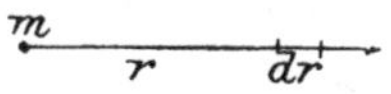

$$dA = k\,dr = \frac{m}{r^2}\,dr.$$

Will man die Arbeit bestimmen, welche durch diese Kraft geleistet wird bei der Bewegung der Masse 1 von r bis in unendliche Entfernung, so hat man das Differential der Arbeit von r bis ∞ zu integrieren.

Also

$$A = \int_r^\infty dA = \int_r^\infty \frac{m}{r^2} dr = -\left[\frac{m}{r}\right]_r^\infty = -\left(\frac{m}{\infty} - \frac{m}{r}\right)$$

$$= \frac{m}{r} = P.$$

Das Potential der Masse m bezogen auf einen Punkt in der Entfernung r ist also gleich der Arbeit, welche die Kraft leistet, wenn sich eine gleichartige Masse 1 aus der Entfernung r bis ins Unendliche bewegt. Dabei ist es gleichgültig, welchen Weg die Masse 1 einschlägt, ob den kürzesten oder mit Umwegen; es kommt nur auf den Anfangs- und End-

punkt an, wie man aus der Integration ersieht. Das Potential
hat also ebenso wie die Arbeit keine Richtung, während zum Begriffe der Kraft notwendig auch die Richtung derselben gehört.
Das ist der Hauptvorteil des Potentiales vor der Kraft.

Hat man statt der Masse 1 eine Masse m', so ist der Arbeitswert

$$A = \frac{m\,m'}{r} = m'\,P.$$

Oder wenn wir von der Masse m' und ihrem Potential

$$P' = \frac{m'}{r}$$

ausgehen, so ist der Arbeitswert $A = m\,P'$.

Da wir bisher die Kraft und das Potential als positiv angenommen haben, so haben wir es nach § 2 mit abstofsenden
Kräften, also mit gleichnamigen Massen zu thun. Die Bewegung
der Masse 1 bis ins Unendliche erfolgt also von selbst und die
Arbeit P ist von der Kraft geleistet worden und erscheint
daher positiv. Wären die Massen ungleichnamig, so wäre auch k
und P und A negativ; wir hätten dann eine anziehende Kraft,
und die Bewegung ins Unendliche hätte gegen die Kraft k von
einer anderen äufseren Kraft geleistet, also Arbeit aufgewendet
werden müssen.

14. Potential mehrerer Massen.

Um das Potential mehrerer verschieden gelegener Massen
auf eine Masse 1 zu finden, können wir die Potentiale der einzelnen Massen ohne weiteres addieren, da nach dem Vorigen das
Potential keine Richtung besitzt. Es ist also

$$P = \frac{m_1}{r_1} + \frac{m_2}{r_2} + \frac{m_3}{r_3} + \dots$$

Um die gesamte Kraft aller dieser Massen auf die Masse 1 in
irgend einer Richtung zu erhalten, hat man P nach dieser Richtung
zu differenzieren und negativ zu nehmen. Die Kräfte dürfte man
nicht ohne weiteres addieren, sondern nur die in die betreffende
Richtung fallenden Komponenten. Man ersieht daraus den Vorteil des Potentiales.

15. Bewegungsrichtung und Potential.

Der Potential- oder Arbeitswert zweier gleichnamiger Massen
ist $\frac{m\,m'}{r^2}$. Sind sie beweglich, so stofsen sie sich ab; dabei wird r

immer gröfser und der Potentialwert kleiner. Sind die Massen ungleichnamig, so ist der Potentialwert $-\dfrac{m\,m'}{r^2}$. Sind sie beweglich, so ziehen sie sich an; dabei wird r und damit auch der Potentialwert immer kleiner, da er jetzt negativ ist. Die Bewegung geht also immer so vor sich, dafs der Potentialwert kleiner wird. Jede Masse bewegt sich so, dafs sie von Punkten höheren Potentiales zu Punkten kleineren Potentiales gelangt. Dabei wird von den Kräften selbst Arbeit geleistet. Eine umgekehrte Bewegung kann nur mit Hilfe anderer Kräfte und Arbeitsaufwand durchgeführt werden. Zwischen zwei Punkten gleichen Potentiales findet von selbst keine Bewegung statt. Erfolgt sie dennoch infolge anderer Umstände, so wird dabei weder Arbeit geleistet noch aufgewendet.

Zweites Kapitel.

Grundgesetze der Elektrostatik.

16. Potential auf sich selbst.

Nach dem Vorigen ist der Ausdruck $\dfrac{m}{r}$ das Potential einer Masse m auf eine in der Entfernung r befindliche Masse 1. Das Potential der gesamten elektrischen Ladung irgend eines Leiters in Bezug auf eine der Einheit gleiche Masse von sich selbst nennt man das Potential der Ladung auf sich selbst oder kurzweg das Potential des Leiters. Es ist dies jene Arbeit, welche notwendig ist, um diese Einheit aus unendlicher Entfernung auf diesen Leiter zu bringen. Befindet sich die Ladung im Gleichgewicht, so mufs das Selbst-Potential an allen Stellen des Körpers gleich sein; denn wäre dies nicht der Fall, so würde nach dem Vorigen die Elektrizität von den Punkten höheren Potentials zu denen kleineren Potentials strömen, so lange, bis das Gleichgewicht hergestellt ist. Alle Punkte gleichen Potentials bestimmen eine Fläche gleichen Potentials oder Niveaufläche. Die Oberfläche jedes geladenen Körpers mufs daher zugleich eine Niveaufläche sein. Dies gilt jedoch nur für elektrische und nicht mehr für magnetische Massen, da sich die letzteren auf ihrem Träger nicht bewegen können.

17. Verteilung der elektrischen Ladung auf einem Leiter.

Faraday hat experimentell nachgewiesen, daſs sich eine elektrische Ladung nur auf der Oberfläche des Leiters ausbreitet und niemals ins Innere desselben eindringt. Auch bei hohlen Körpern sitzt die Ladung nur auf der äuſseren Oberfläche. Er hat ferner nachgewiesen, daſs die Dichte der Ladung eines Leiters dort am gröſsten ist, wo der Krümmungsradius der Oberfläche am kleinsten ist. Daraus folgt, daſs, wenn der Körper Spitzen hat, auf diesen die Dichte unendlich groſs sein muſs. Infolgedessen herrscht dort ein solcher Andrang der Elektrizität, daſs sie sogar auf die umgebende Luft, den schlechtesten Leiter, übergeht. Man bezeichnet dies als die Spitzenwirkung.

18. Potential einer Kugel.

Aus dem Vorhergehenden folgt weiter, daſs die Dichte der elektrischen Ladung einer Kugel an allen Stellen dieselbe sein muſs, weil die Krümmung dieselbe ist. Da kein Eindringen der Ladung in das Innere stattfindet, und vorausgesetzt wird, daſs sie sich im Gleichgewicht befindet, so muſs nach § 16 das Potential der Ladung in Bezug auf alle Punkte der Kugel, also auch auf den Mittelpunkt, dasselbe sein. Ist σ die Ladung auf der Flächeneinheit, also die Flächendichte, so ist das Potential derselben auf den Mittelpunkt $\frac{\sigma}{a}$, wenn a der Radius der Kugel ist. Da alle Teilchen der Ladung gleich weit vom Mittelpunkt entfernt sind, und die Potentiale mehrerer Punkte in Bezug auf einen fremden Punkt ohne weiteres addiert werden können (14), so ist das Potential der gesamten Ladung Q auf den Mittelpunkt $P = \frac{Q}{a}$ und das ist zugleich das Potential der Kugelladung auf sich selbst. Bei anderen Körpern ist die Berechnung des Potentials schwierig und für die meisten überhaupt unausführbar. Man muſs es dann experimentell bestimmen.

19. Kapazität.

Ebenso wie ein Gefäſs ein bestimmtes Fassungsvermögen für Flüssigkeiten hat, so besitzt auch jeder Körper ein bestimmtes Fassungsvermögen für Elektrizität. Man nennt dasselbe die Kapazität des Körpers. Die mathematische Begriffsbestimmung ergibt sich aus Folgendem:

Ein mit der Elektrizitätsmenge Q geladener Körper besitzt ein Potential P, das proportional dieser Ladung ist; wir können also schreiben

$$Q = CP. \qquad 5)$$

Der Proportionalitätsfaktor C ist die Kapazität des Körpers, und man erhält aus dieser Gleichung den Satz:

Die Ladung eines Körpers ist gleich dem Produkte aus der Kapazität und dem Potential desselben. Die Kapazität ist abhängig von der Gröfse und Gestalt des Körpers. Für eine Kugel können wir sie leicht angeben, wenn wir diese Gleichung mit der vorigen vergleichen. Man sieht dann, dafs $C = a$, d. h. dafs die Kapazität einer Kugel gleich ihrem Radius ist.

20. Potential und Kapazität der Erde.

Nach dem Früheren ist die Kapazität der Erde als Kugel betrachtet gleich ihrem Radius. Demnach ist dieselbe gegenüber allen unseren Apparaten so grofs, dafs wir sie ohne weiteres als unendlich grofs annehmen können. Wenn wir eine elektrische Ladung, wie wir sie gewöhnlich gebrauchen, der Erde zuführen, so ist dies ebenso, als würde man ein Glas Wasser ins Meer schütten.

Die Erde besitzt jedoch, wie unzweifelhaft nachgewiesen wurde, eine gewisse Ladung und daher auch ein Potential. Denn absolut genommen, ist die Kapazität der Erde nicht unendlich grofs. Dafs wir von ihrer Ladung nichts merken, kommt daher, dafs wir uns von der Erde nicht entfernen können und daher dasselbe Potential haben wie sie. Eine Ladung wird aber nur dann für uns bemerkbar, wenn wir eine andere haben, mit der wir sie vergleichen können. Wir nehmen daher das Potential der Erde als den Nullwert des Potentials an und beziehen alle anderen darauf, ebenso wie wir die Meeresoberfläche für die Bodenerhebungen als Nullpunkt annehmen und von diesem aus zählen. Ein positives Potential hat dann ein Körper, der ein gröfseres Potential besitzt als die Erde; wir sagen kurz: er ist positiv geladen. Ein negatives Potential besitzt jener Körper, der ein kleineres Potential besitzt als die Erde. Wir sagen kurz: er ist negativ geladen.

21. Einflufs eines benachbarten mit der Erde verbundenen Leiters. Kondensatoren.

Nach § 16 ist das Potential eines geladenen Leiters jene Arbeit, welche geleistet werden mufs, wenn man die Elektrizitätsmenge 1

aus unendlicher Entfernung auf diesen Leiter bringen will. Wir
setzen einen positiv geladenen Körper voraus und bringen in
seine Nähe einen negativ geladenen. Wenn wir nun eine positive
Elektrizitätsmenge 1 aus dem Unendlichen heranbringen, so wird
uns die von dem negativ geladenen Körper ausgehende Anziehung
auf diese Masse dabei unterstützen; wir werden infolgedessen
weniger Arbeit zu leisten haben; d. h. durch die Anwesenheit des
negativen Körpers ist das Potential des positiven erniedrigt worden.
Dasselbe gilt natürlich auch für den negativen Körper; auch sein
Potential ist durch die Nachbarschaft des positiven erniedrigt
worden.

Eine derartige Anordnung kann man am leichtesten dadurch
herstellen, dafs man in die Nähe eines geladenen Leiters einen
anderen bringt, der zur Erde abgeleitet ist. In diesem wird eine
entgegengesetzte Ladung induziert, während eine gleich grofse
gleichnamige zur Erde abströmt. Wir haben also zwei entgegengesetzt geladene Körper, für welche das oben Gesagte gilt. Die
günstigste Anordnung wird entschieden die sein, wo die beiden
Leiter möglichst nahe beieinander sind und möglichst grofse
Oberflächen haben; also parallele Flächen, wie z. B. 2 konzentrische Hohlkugeln, 2 konaxiale Zylinder, oder 2 ebene Platten.
Man nennt solche Anordnungen Kondensatoren, da jede der
beiden Flächen jetzt mehr Elektrizität aufnehmen kann, als jede
für sich allein. Der Grund dafür liegt in der eben geschilderten
Erniedrigung des Potentiales; denn nach § 19 ist die Kapazität
einer der beiden Flächen $C = \dfrac{Q}{P}$ Wird nun durch die Anwesenheit der zweiten Platte P kleiner, so ist bei gleicher Elektrizitätsmenge der Wert des Bruches gröfser. Die Kapazität ist also
gröfser geworden, und man kann jetzt, um wieder dasselbe Potential P zu erreichen, mehr Elekrizität zuführen.

Die Abnahme des Potentiales bei gleichbleibender Elektrizitätsmenge kann man zeigen, wenn man eine Platte mit einem
Elektroskop verbindet und entfernt von der anderen ladet. Der
Ausschlag des Elektroskopes ist proportional der Ladung, also
auch dem Potential. Nähert man nun die zweite zur Erde abgeleitete Platte, so wird der Ausschlag kleiner. Die Fähigkeit,
eine gröfsere Elektrizitätsmenge aufzunehmen bei konstantem
Potential, also die Vergröfserung der Kapazität, kann man dadurch

zeigen, daſs man die eine Platte entfernt von der anderen mit einer Elektrizitätsquelle von bestimmtem Potentiale verbindet, also etwa mit einem Pole eines galvanischen Elementes, dessen anderer zur Erde abgeleitet ist. Die Elektrizitätsmenge, die der Platte zuströmt, kann man aus dem Ausschlag eines empfindlichen Galvanometers ersehen. Macht man nun dasselbe, nachdem die andere zur Erde abgeleitete Platte genähert wurde, so ist dieser Ausschlag gröſser.

22. Plattenkondensator.

Die Kapazität eines aus zwei parallelen Platten bestehenden Kondensators läſst sich leicht berechnen. Es sei S die Fläche einer Platte und d der Abstand beider von einander. Eine Platte sei mit einer Elektrizitätsquelle verbunden, die eine Ladung mit der Flächendichte σ und dem Potentiale P erzeugt, die andere sei zur Erde abgeleitet. Ist der Abstand der Platten klein, gegenüber ihrer Flächengröſse, so besteht zwischen ihnen ein homogenes elektrisches Feld (§ 7). Es wirkt also auf jeden Punkt desselben eine Kraft $4\pi\sigma$ (§ 12). Nach § 13 erhalten wir diese Kraft aus dem Potentiale durch Differentiation.

In diesem Falle, wo die Kraft konstant ist, ist der Differential-quotient gleich dem Quotienten aus der Änderung des Potentiales zwischen den beiden Platten und dem Plattenabstande. Da die eine Platte das Potential P, die andere, mit der Erde verbundene, das Potential Null hat, so ist die Änderung des Potentiales zwischen beiden P, die Kraft also $\frac{P}{d}$. Wir haben nun zwei Ausdrücke für dieselbe Kraft; es besteht also die Gleichung

$$\frac{P}{d} = 4\pi\sigma.$$

Daraus ist

$$\sigma = \frac{P}{4\pi d}.$$

Die gesamte Elektrizitätsmenge auf einer Platte ist

$$Q = S\sigma = \frac{SP}{4\pi d},$$

dann ergibt sich aus der Grundgleichung (§ 19) für die Kapazität einer Kondensatorplatte

$$C = \frac{S}{4\pi d}.$$

Man nennt dies die Kapazität des Kondensators schlechtweg;
dieselbe ist um so gröfser, je gröfser die Platten und je kleiner
ihr Abstand ist.

23. Das Dielektrikum.

Alle bisherigen Betrachtungen gingen aus von dem Coulomb-
schen Fernwirkungsgesetz (§ 2), nach welchem zwischen zwei
Massen, die in keiner Verbindung mit einander stehen, eine
gewisse Kraft besteht. Das ist an und für sich unbegreiflich.
Nun hat aber die fortschreitende Forschung Resultate zu Tage
gebracht, die dem Zwischenmedium eine gewisse Rolle zuschreiben.
Nach dieser Anschauung ist dasselbe zur Vermittlung der Kraft
zwischen den Massen notwendig. Dieses notwendige Zwischenmedium ist jedoch nicht die Luft oder ein anderer mit den
Sinnen wahrnehmbarer Stoff, sondern ein uns gänzlich unbekanntes
Etwas, das wir Äther nennen; denn auch im äufserst luftver-
dünnten Raume besteht dasselbe Kraftgesetz, wenn auch mit
einem geringen quantitativen Unterschiede. Viel auffallender ist
dieser Unterschied, wenn sich die wirkenden Massen statt in einem
gaserfüllten Raume in Öl, Paraffin, Schwefel u. s. w. befinden.
Es besteht wohl immer noch Proportionalität der Kraft mit den
wirkenden Massen und dem reziproken Werte des Quadrates der
Entfernung, aber um den Wert der Kraft absolut auszudrücken,
mufs der Ausdruck $\frac{m\,m'}{r^2}$ mit einem Faktor $\frac{1}{\delta}$ multipliziert werden, wobei δ immer gröfser ist als 1.

Das Coulombsche Gesetz lautet also in der allgemeinsten Form

$$k = \frac{1}{\delta}\,\frac{m\,m'}{r^2}, \qquad\qquad 6)$$

für den luftleeren Raum ist $\delta = 1$. Da aber für alle unsere Versuche die atmosphärische Luft das ursprüngliche Zwischenmedium
ist, so setzen wir den Faktor δ für diese gleich 1 und beziehen alle
anderen Stoffe, welche die Elektrizität nicht leiten, wohl aber die
Kraft vermitteln, auf Luft. Man nennt ein solches Zwischenmedium Dielektrikum und den ihm eigentümlichen konstanten
Faktor δ die Dielektrizitätskonstante. Dieselbe ist für

Paraffin . 1,9 — 2,3	Schwefel 2,4 — 4,9	Glimmer . . 4 — 7
Ebonit . 2,0 — 3,4	Glas . . 2,7 — 8,4	Petroleum 2,1—2,4

Terpentinöl 2,1 — 2,3.

Es ist also z. B. die Kraft zwischen zwei elektrischen Ladungen, die sich in Paraffin befinden, beiläufig die Hälfte von derjenigen, wenn sie sich in Luft befinden.

Dasselbe gilt für das Potential dieser Ladungen, da es ja aus dem Kraftbegriff abgeleitet ist. Nach § 19 ist die Kapazität eines Leiters $C = \frac{Q}{P}$; befindet sich dieser in einem Dielektrikum mit der Konstante δ, so ist das Potential $\frac{1}{\delta}P$ und daher die Kapazität $C = \delta \frac{Q}{P}$. Die Kapazität wächst also mit der Dielektrizitätskonstante des umgebenden Mediums. Bei einem Kondensator, dessen Plattenabstand nicht zu grofs ist, genügt schon die Ausfüllung des Zwischenraumes mit einem Dielektrikum, um diese Kapazitätserhöhung zu erhalten, da ja die Wirkung aufserhalb des Zwischenraumes verschwindend klein ist.

Für einen solchen ist also
$$C = \frac{\delta S}{4 \pi d}. \qquad 7)$$

Man bestimmt auch in den meisten Fällen die Dielektrizitätskonstante δ, durch Messung der Kapazitätserhöhung, welche eintritt, wenn statt der Luft der betreffende Stoff den Zwischenraum ausfüllt.

Solche Kondensatoren sind schon seit den Anfängen der Elektrizitätslehre als Leydner-Flaschen und Franklinsche Tafeln bekannt.

Drittes Kapitel.

Grundgesetze der strömenden Elektrizität.

24. Das Zustandekommen eines elektrischen Stromes.

In §§ 15, 16 sind wir zu dem Ergebnis gekommen, dafs bei allen magnetischen und elektrischen Anordnungen das Bestreben vorhanden ist, eine solche Bewegung einzuschlagen, dafs dabei der Potentialwert der betreffenden Masse verkleinert wird. Bei den elektrischen Erscheinungen haben wir zu unterscheiden zwischen Bewegungen der Träger, d. h. jener Körper, auf welchen die elektrischen Massen sitzen (ponderomotorisch), und zwischen

Bewegungen der elektrischen Massen selbst auf ihren Trägern (elektromotorisch). Bei den magnetischen Erscheinungen gibt es nur die erste Art von Bewegung.

Wenn also auf einem leitenden Körper zwei Punkte mit verschiedenem Potentiale vorhanden sind, so findet so lange eine Bewegung der Elektrizität vom höheren zum niederen Potentiale statt, bis der Unterschied ausgeglichen ist, Gelingt es durch irgend welche Vorrichtung, einen Potentialunterschied beständig aufrecht zu erhalten, so findet ein beständiges Strömen der Elektrizität statt, und man hat einen **elektrischen Strom**.

Da wir aus der Mechanik gewohnt sind, die Ursache einer Bewegung Kraft zu nennen, so nennen wir die Ursache eines elektrischen Stromes **elektromotorische Kraft** E und bezeichnen damit den Potentialunterschied $P - P'$ zwischen jenen Punkten.[1])

Der Ausdruck Strom ist daraus entstanden, daſs eine Ähnlichkeit mit den Erscheinungen bei Flüssigkeiten besteht. Verbindet man nämlich die beiden mit einer Flüssigkeit gefüllten

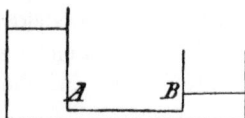

Fig. 14.

Fig. 15

Gefäſse A und B (Fig. 14) durch eine Röhre, so strömt die Flüssigkeit von A nach B so lange, als das Niveau der Flüssigkeit in A höher steht als in B. Den analogen Fall für die Elektrizität stellt Fig. 15 dar, wo zwei leitende Kugeln durch einen Draht verbunden sind. Durch diesen strömt so lange Elektrizität, als die eine Kugel höheres Potential hat wie die andere.

25. Stromquellen.

Einen beständigen Potentialunterschied kann man dadurch in einfacher Weise herstellen, daſs man ein Metall in eine Flüssig-

---

[1]) In dieser Gleichstellung der Begriffe Potentialunterschied und elektromotorische Kraft liegt eine Unrichtigkeit, die sich leider nicht mehr wird beseitigen lassen. Denn nach § 13 ist Potential und daher auch Potentialunterschied ein Arbeitsbegriff und keine Kraft. Vgl. auch § 165.

keit taucht, welche auf dasselbe chemisch einwirkt. Es besitzt dann, so lange eine chemische Reaktion stattfindet, die Flüssig-keit einen höheren Potentialwert als das Metall. Verbindet man das Metall A (Fig. 16) durch einen Leiter, der selbst nicht von der Flüssigkeit angegriffen wird (Platin oder Kohle), mit dieser, so findet ein Strömen der Elektrizität von der Flüssigkeit durch diesen Leiter zum Metalle statt. Es ist die einfachste Form eines galvanischen Elementes, nämlich das von Smee, wenn als wirksames Metall Zink und als Flüssigkeit ver-dünnte Schwefelsäure verwendet wird. Man bezeichnet dann die Kohle oder das Platin als den positiven, das Zink als den negativen Pol des Elementes.

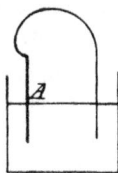

Die Vorgänge in der Flüssigkeit selbst zwingen zu der Annahme, daſs der Strom auch durch diese und zwar vom Zink zur Kohle geht. Die Elektrizität

Fig. 16.

vollführt also einen Kreislauf; die Strombahn ist eine geschlossene Linie. Das gilt für alle wie immer erzeugten Ströme, so daſs wir zu dem Grundsatz gelangen, es gibt überhaupt keine un-geschlossenen Ströme, und in einer Stromquelle wird bloſs die Elektrizität in Bewegung gesetzt, nicht aber erzeugt. Die Potentialdifferenz zwischen Metall und Flüssigkeit besteht natür-lich immer, auch wenn der Strom durch keinen äuſseren Leiter geschlossen ist.

26. Begriff der Stromstärke.

Die Stärke oder Intensität eines elektrischen Stromes, die wir mit J bezeichnen, ist jene Elektrizitätsmenge, die in der Zeiteinheit durch den Querschnitt des betreffenden Leiters flieſst.

Um daraus die während einer Zeit t durch den Leiter ge-flossene Elektrizitätsmenge Q zu erfahren, hat man mit der Zeit zu multiplizieren; es ist also

$$Q = J \cdot t.$$

Man erkennt sofort, daſs diese Begriffsbestimmung den Gesetzen der strömenden Flüssigkeiten entnommen ist; sie ist allgemein gültig, ohne Rücksicht darauf, in welchen Maſseinheiten wir diese Gröſsen messen.

27. Das Ohmsche Gesetz.

Allgemein nehmen wir Kraft und Bewegung proportional an. Wir setzen daher auch die Ursache eines elektrischen Stromes, die Potentialdifferenz oder elektromotorische Kraft, proportional der Stromstärke. Lehnen wir uns wieder an das Beispiel aus der Hydrodynamik (§ 24) an, so sieht man ein, daſs auch dort die in der Zeiteinheit durch die Röhre strömende Flüssigkeitsmenge proportional ist der Niveaudifferenz in beiden Gefäſsen. Man erkennt aber auch, daſs an den Wänden der Röhre eine Reibung stattfindet, welche der Strömung einen Widerstand entgegensetzt, und daſs die Strömung um so schwächer ist, je gröſser dieser Widerstand ist.

Ganz analog ist auch die elektrische **Stromstärke proportional der Potentialdifferenz** $P_1 - P_2$ **und verkehrt proportional dem elektrischen Leitungswiderstande** W, so daſs wir haben

$$J = k \, \frac{P_1 - P_2}{W}.$$

Dieses Gesetz gewinnt an Einfachheit, wenn man die Maſseinheiten, durch welche die vorkommenden Gröſsen ausgedrückt werden, so wählt, daſs der Proportionalitätsfaktor $k = 1$ wird. Dann lautet das Gesetz

$$J = \frac{P_1 - P_2}{W},$$

oder wenn man die Potentialdifferenz (elektromotorische Kraft) mit E bezeichnet,

$$J = \frac{E}{W} \text{ oder } E = J \, W.$$

Dieses Gesetz heiſst nach seinem Entdecker das **Ohmsche Gesetz.**

Die **praktischen** Einheiten, die der Bedingung $k = 1$ entsprechen, sind für die Stromstärke das **Amper**, das ist ein Strom, der aus einer Lösung von Kupfervitriol in einer Minute 19,7 mg Kupfer ausscheidet. Für den Leitungswiderstand ist die Einheit das **Ohm.** Diesen Widerstand besitzt eine Quecksilbersäule von 106 cm Länge und 1 mm² Querschnitt bei 0° Celsius. Für die elektromotorische Kraft (Potentialdifferenz) ist die Einheit das **Volt.** Diese besteht zwischen zwei Punkten eines Leiters, zwischen welchen der Widerstand 1 Ohm beträgt und der von einem Strome von 1 Amper durchflossen wird. Denn nach der letzten Gleichung ist $E = 1$, wenn J und W 1 sind (vergl. § 167).

28. Leitungswiderstand.

Der Widerstand eines Leiters ist um so gröfser, je gröfser seine Länge und je kleiner sein Querschnitt ist. Man sieht auch dies leicht ein, wenn man an die von einer Flüssigkeit durchströmte Röhre denkt. Man hat also

$$W = a\,\frac{l}{q},$$

wobei a ein Proportionalitätsfaktor ist, dessen Bedeutung man erkennt, wenn man $l = 1$ und $q = 1$ setzt; dann ist $W = a$, d. h. a ist der Widerstand eines Leiters von der Länge 1 und dem Querschnitt 1. Sind diese Einheiten cm, so heifst a der spezifische Leitungswiderstand. Dieser ist natürlich für verschiedene Stoffe verschieden und hängt aufserdem auch noch vom physikalischen Zustande und der Temperatur ab.

, Für die Praxis ist es bequem, den Wert von a so anzugeben, dafs man den Widerstand in Ohm erhält, wenn man die Länge in Metern und den Querschnitt in mm² mifst. Die folgende Tabelle enthält diese Werte von a bei 15⁰ Celsius und den Temperaturkoëffizienten γ (vergl. § 30).

	a	γ
Aluminium	0,03 — 0,04	+ 0,0039
Eisen . .	0,10 — 0,12	+ 0,0048
Kupfer . .	0,017 — 0,018	+ 0,0037
Messing .	0,07 — 0,08	+ 0,0015
Neusilber .	0,15 — 0,50	+ 0,0002 bis + 0,0007
Platin . .	0,09 — 0,13	+ 0,0024 bis + 0,0035
Quecksilber	0,95	+ 0,0009
Silber . .	0,016 — 0,017	+ 0,0037
Zink . .	0,06	+ 0,004
Kohle . .	60 — 600	+ 0,0003 bis — 0,0008.

Nach dieser Tabelle berechnet sich z. B. der Widerstand einer 1000 m langen Kupferleitung von 5 mm² Querschnitt zu

$$\frac{0,0175 \cdot 1000}{5} = 3,5 \text{ Ohm.}$$

29. Leitungsvermögen.

Den reziproken Wert des Widerstandes $\frac{1}{W}$ nennt man Leitungsvermögen oder Leitungsfähigkeit. Dementsprechend gibt es auch ein spezifisches Leitungsvermögen; es ist dies der reziproke Wert des spezifischen Widerstandes, also $\frac{1}{a}$. Das elektrische Verhalten eines Stoffes ist durch diese Zahl ebensogut charakterisiert, wie durch den spezifischen Widerstand.

30. Abhängigkeit des Widerstandes von der Temperatur.

Der Widerstand aller Substanzen ändert sich mit der Temperatur, und zwar nimmt bei steigender Temperatur der Widerstand der Metalle zu, der der Kohle und Flüssigkeiten hingegen ab.

Bezeichnet man die Zunahme der Widerstandseinheit bei einer Temperaturerhöhung um 1^0 Celsius mit γ, so ist die Zunahme des Widerstandes w bei einer Temperaturerhöhung um n Grade $w n \gamma$. Daher ist der Widerstand bei n Graden $w_n = w + w n \gamma = w$ $(1 + n\gamma)$. Berechnet man den Widerstand w nach der Tabelle (§ 28), so ist das n von 15^0 an zu zählen. Für Temperaturen unter 15^0 ist dann zu setzen $w_n = w (1 - n\gamma)$. Für Kohle und Flüssigkeiten ist γ bei zunehmenden Temperaturen negativ.

Beispiel: Ein dünner Platindraht von 500 Ω Widerstand bei 15^0 nimmt bei einer Temperaturerhöhung von 1^0 um $500 \cdot 0{,}0024 = 1{,}2 \ \Omega$ zu. Das ist eine Gröfse, die noch sehr leicht mefsbar ist. Man kann daher, wenn man eine solche Widerstandsänderung gemessen hat, daraus die Temperaturänderung berechnen. Man nennt eine solche Vorrichtung Bolometer.

Die obige Formel, sowie die in der Tabelle für γ angegebenen Zahlen gelten nur für Temperaturen zwischen 0 und 30^0; für höhere und tiefere Temperaturen aber nur näherungsweise.

31. Abhängigkeit des Widerstandes von der physikalischen Beschaffenheit.

Der Widerstand eines Metalles hängt auch davon ab, ob dasselbe weich oder hart, gegossen oder gehämmert ist. Die Unterschiede sind aber nur gering. Gröfsere Unterschiede treten auf bei Lösungen von Salzen und Säuren, je nach dem Prozentgehalte. Die meisten besitzen bei einem bestimmten Lösungsverhältnisse ein Minimum des Widerstandes, wie aus folgender Tabelle ersichtlich ist. Dieselbe enthält den spezifischen Widerstand a (§ 28) bei 18^0. Der Prozentgehalt bedeutet Gewichtsteile der wasserfreien Verbindung in 100 Gewichtsteilen der Lösung.

Prozent-gehalt	Salpeter-säure HNO_3	Schwefel-säure H_2SO_4	Salzsäure HCl	Kupfer-sulphat $CuSO_4$	Zink-sulphat $ZnSO_4$
5	3,9	4,8	2,6	53	53
10	2,2	2,6	1,6	30	24
15	1,6	1,9	1,4	24	21
20	1,4	1,5	1,3		
25	1,3	1,4	1,4		
30	1,3	1,4	1,5		
35	1,3	1,4	1,7		
40	1,4	1,5	2,0		
60	2,0	2,7			
80	3,8	9,9			

32. Weitere Bemerkungen zu dem Ohmschen Gesetze.

Wie aus der Begründung in § 27 hervorgeht, läfst sich das Ohmsche Gesetz

$$J = \frac{E}{W} \quad \text{oder} \quad E = JW$$

nicht nur auf die $\mathfrak{EMK}$[1]) der Stromquelle und den ganzen Stromkreis, sondern auch auf jeden beliebigen Teil desselben anwenden. Dann bedeutet E die Potentialdifferenz zwischen den Enden dieses Teiles und W den Widerstand desselben. Das Verständnis dessen wird durch folgende Darstellung gefördert. In dem Dreiecke (Fig. 17) sei die Gröfse der $\mathfrak{EMK}$ einer Stromquelle durch die eine Kathete und der Widerstand des ganzen Stromkreises W durch die andere

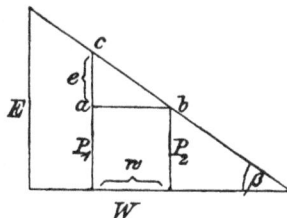

Fig. 17.

Kathete dargestellt. Dann gibt die Neigung der Hypotenuse einen Begriff von der Abnahme des Potentiales längs des Stromkreises. Aus dem Ohmschen Gesetze $J = \frac{E}{W} = \operatorname{tg}\beta$ folgt, dafs die Stromstärke dargestellt ist durch die Tangente des der $\mathfrak{EMK}$ gegenüberliegenden Winkels.

----

[1]) Damit wird im folgenden immer der Kürze halber elektromotorische Kraft bezeichnet.

Greifen wir nun aus dem Stromkreise ein Stück mit dem Widerstande w heraus, so stellen die Linien P_1 und P_2 die Potentialwerte an den Endpunkten dieses Leiterstückes vor. Die Potentialdifferenz für dieses Stück ist $P_1 - P_2 = e$, und das kleine Dreieck abc stellt nun die Stromverhältnisse für dasselbe dar. Wir ersehen daraus, daſs die Stromstärke in diesem Leiterstücke dieselbe ist wie im ganzen Stromkreise, da der Winkel β derselbe ist, und es gilt das Ohmsche Gesetz auch für dieses Stück allein:

$$J = \frac{e}{w}.$$

Daſs die Stromstärke in allen Teilen des Stromkreises dieselbe sein muſs, sieht man leicht ein, wenn man sich erinnert, daſs die Stromstärke jene Elektrizitätsmenge ist, die in der Zeiteinheit den Querschnitt des Leiters durchströmt. Es kann nämlich aus einem Leiterstück nicht mehr Elektrizität wegströmen, als von der anderen Seite zuströmt, und ebensowenig kann mehr zu- als wegströmen.

Für Potential gebraucht man häufig auch den Ausdruck Spannung. Die Potential- oder Spannungsdifferenz e eines Leiterstückes nennt man auch den Potential- oder Spannungsabfall, und dieser ist für ein Leiterstück mit dem Widerstande w nach dem Ohmschen Gesetze $e = Jw$, also gleich dem Produkte aus Stromstärke und Widerstand. Den Spannungsabfall in jenem Teile eines Stromkreises, der nicht nutzbar gemacht werden kann (Zuleitungsdrähte, Fernleitungen), bezeichnet man als Spannungsverlust.

33. Klemmenspannung.

Aus dem Vorhergehenden folgt, daſs ein Spannungsabfall auch schon im Innern der Stromquelle stattfindet, da sie einen inneren Widerstand besitzt (bei galvanischen Zellen die Flüssigkeit zwischen den Elektroden, bei Dynamomaschinen die Ankerwicklung). Bezeichnet man diesen inneren Widerstand mit w_i und den des äuſseren Schlieſsungskreiſes mit w_a, so ist der gesamte Widerstand

$$W = w_i + w_a.$$

Nach dem Vorigen entfällt daher auf das Innere der Stromquelle ein Spannungsabfall Jw_i, und für den äuſseren Stromkreis bleibt eine verfügbare Spannungsdifferenz $Jw_a = E'$. Dies ist die Potentialdifferenz zwischen jenen Punkten, wo der äuſsere Stromkreis an die Stromquelle angeschlossen ist, also zwischen den Polklemmen. Man nennt sie daher **Klemmenspannung** oder auch kurz **Spannung des Stromes**. Die Summe beider gibt die $\mathfrak{E}\,\mathfrak{M}\,\mathfrak{K}$ der Stromquelle nach der Gleichung

$$E = J\,W = J\,(w_i + w_a).$$

Fig. 18 zeigt, wie sich der Abfall der $\mathfrak{E}\,\mathfrak{M}\,\mathfrak{K}$ längs des Stromkreises verteilt. Aus der Definition und der Figur folgt, dafs die Klemmenspannung nichts anderes ist als $E' = E - J w_i$, das ist die Differenz zwischen der $\mathfrak{E}\,\mathfrak{M}\,\mathfrak{K}$ und dem Spannungsabfall (Spannungsverlust) im Innern der Stromquelle. Man erkennt ferner, dafs bei gegebener $\mathfrak{E}\,\mathfrak{M}\,\mathfrak{K}$ E die Klemmenspannung um so gröfser ist (um so weniger verschieden von E), je gröfser der äufsere Widerstand im Verhältnis zum inneren ist.

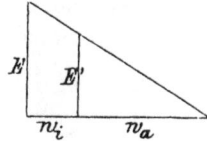
Fig. 18.

Beispiel: Die $\mathfrak{E}\,\mathfrak{M}\,\mathfrak{K}$ eines Daniellschen Elementes ist 1,1 Volt. Der innere Widerstand sei $w_i = 0,3$, und der Widerstand des äufsten Schliefsungskreises $w_a = 0,7$. Dann ist $W = 1$, und daher die Stromstärke $J = 1,1$. Der Spannungsverlust im Innern des Elementes ist dann 0,33 Volt, die Klemmenspannung 0,77 Volt. Ist aber der äufsere Widerstand $w_a = 2$, so ist $W = 2,3$; daher die Stromstärke $J = 0,48$ und der Spannungsverlust im Innern $0,48 \times 0,3 = 0,144$ Volt, die Klemmenspannung aber $0,48 \times 2 = 0,96$ Volt.

34. Mehrere elektromotorische Kräfte in einem Stromkreise.

Treten mehrere $\mathfrak{E}\,\mathfrak{M}\,\mathfrak{K}$ e_1 e_2 e_3 an verschiedenen Stellen des Stromkreises auf, so addieren sich dieselben, und die gesamte $\mathfrak{E}\,\mathfrak{M}\,\mathfrak{K}$ ist $E = e_1 + e_2 + e_3$.

Fig. 19 stellt den Fall dar, wo e_2 und e_3 entgegengesetzte Richtung haben wie e_1. Dann ist also $E = e_1 - e_2 - e_3$. Die Stromstärke ist natürlich auch in diesem Falle an allen Stellen die gleiche:

$$J = \frac{E}{W}.$$

Will man das Ohmsche Gesetz auf ein Stück des Stromkreises mit dem Widerstande w anwenden, so mufs man darauf achten, ob nicht innerhalb dieses Stückes eine $\mathfrak{E}\,\mathfrak{M}\,\mathfrak{K}$ vorhanden ist. Für das in der Figur

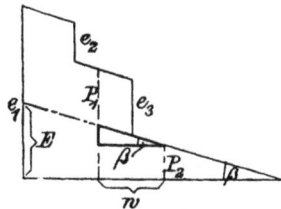
Fig. 19.

abgegrenzte Stück w z. B. gilt

$$J = \frac{(P_1 - P_2) - e_3}{w}$$

das ist das stark gezeichnete Dreieck.

35. Ableitung zur Erde.

Für die Stromstärke ist nicht der absolute Potentialwert, sondern nur die Potential d i f f e r e n z maſsgebend. Wenn man einen Punkt des Stromkreises mit der Erde verbindet, so besitzt er ebenso wie die Erde den Potentialwert Null. Nichtsdestoweniger muſs die Potentialdifferenz oder $\mathfrak{E}\,\mathfrak{M}\,\mathfrak{K}$ der Stromquelle dieselbe

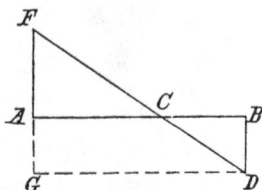

Fig. 20.

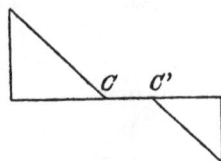

Fig. 21.

bleiben, da ja an dieser nichts geändert wurde. Fig. 20 zeigt die graphische Darstellung dieses Falles, wobei C der zur Erde abgeleitete Punkt des Stromkreises $A\,B$ ist. Die $\mathfrak{E}\,\mathfrak{M}\,\mathfrak{K}$ ist

$$A F - (- B D) = F G.$$

Werden zwei Punkte zur Erde abgeleitet, so ist die Potentialdifferenz zwischen beiden Null, und daher gibt es auch keinen Strom zwischen beiden. Fig. 21 stellt diesen Fall dar. Es ist dann so, als würden diese beiden Punkte C und C' in einen zusammenfallen.

36. Die Kirchhoffschen Sätze über Stromverzweigung.

Teilt sich ein Strom J in zwei Zweige i_1 und i_2 mit den Widerständen w_1 und w_2 (Fig. 22), so gilt zunächst

$$J = i_1 + i_2, \qquad\qquad 8)$$

da die einem Verzweigungspunkte zuströmende Elektrizitätsmenge gleich sein muſs der abströmenden. Schreibt man diese Gleichung in der Form $J - i_1 - i_2 = 0$, so gilt der Satz, d a ſs d i e a l g e - b r a i s c h e S u m m e a l l e r S t r o m s t ä r k e n a n e i n e m V e r - z w e i g u n g s p u n k t e N u l l i s t. Das ist der erste Kirchhoffsche Satz. Hat man also z. B. drei Verzweigungen (Fig. 23), so gilt

$$J - i_1 - i_2 - i_3 = 0.$$

Der zweite Kirchhoffsche Satz folgt aus dem Grundsatze, daſs die gesamte Potentialdifferenz ($\mathfrak{E}\,\mathfrak{M}\,\mathfrak{K}$) in einem geschlossenen Kreise gleich ist der Summe der einzelnen Potentialdifferenzen.

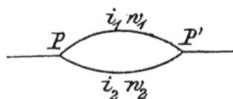

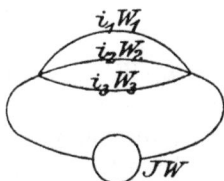

Fig. 22.   Fig. 23.

Enthält der Zweig J (Fig. 23) die $\mathfrak{E}\,\mathfrak{M}\,\mathfrak{K}$ E und den Widerstand W, so gilt für den geschlossenen Kreis, der von J und i_1 gebildet wird,

$$E = J\,W + i_1\,w_1\,;$$

ebenso gilt

$$E = J\,W + i_2\,w_2\,,$$
$$E = J\,W + i_3\,w_3\,.$$

Der geschlossene Kreis, der von i_1 und i_2 gebildet wird, enthält keine $\mathfrak{E}\,\mathfrak{M}\,\mathfrak{K}$; daher ist

$$0 = i_1\,w_1 - i_2\,w_2\,;$$

ebenso ist

$$0 = i_2\,w_2 - i_3\,w_3\,,$$
$$0 = i_1\,w_1 - i_3\,w_3\,.$$

Diese drei Gleichungen folgen auch aus den vorhergehenden. Hätte der Zweig i_1 auch eine $\mathfrak{E}\,\mathfrak{M}\,\mathfrak{K}$, etwa E', so würde die erste Gleichung lauten

$$E + E' = J\,W + i_1\,w_1,$$

und die erste der zweiten Gruppe

$$E' = i_1\,w_1 - i_2\,w_2.$$

Wir gewinnen daraus den allgemeinen Satz: In jedem geschlossenen Kreise ist die Summe der elektromotorischen Kräfte gleich der Summe der Produkte aus Stromstärke und zugehörigem Widerstande. Dabei müssen die in gleichem Sinne wirkenden $\mathfrak{E}\,\mathfrak{M}\,\mathfrak{K}$ und Ströme mit demselben Vorzeichen, entgegengesetzte mit entgegengesetztem Vorzeichen versehen werden.

Aus diesen beiden von Kirchhoff aufgestellten Sätzen gewinnen wir genug Gleichungen, um aus den gegebenen $\mathfrak{E}\,\mathfrak{M}\,\mathfrak{K}$ und Widerständen die Stromstärken aller Zweige berechnen zu können.

Für den Fall zweier Zweige (Fig. 22) z. B. haben wir

$$J - i_1 - i_2 = 0$$

und

$$E = JW + i_1 w_1,$$
$$0 = i_1 w_1 - i_2 w_2.$$

Sind E, W, w_1, w_2 bekannt, so erhalten wir daraus J, i_1, i_2.

Um i_1 und i_2 durch J auszudrücken, genügt schon die erste und dritte Gleichung.

Die dritte Gleichung können wir auch in die Form bringen:

$$i_1 : i_2 = w_2 : w_1$$

oder

$$i_1 : i_2 = \frac{1}{w_1} : \frac{1}{w_2}, \left.\right\} \quad 9)$$

d. h. die beiden Zweigströme verhalten sich umgekehrt wie die Widerstände. Die letzte Form können wir auf beliebig viele Zweige anwenden, z. B.:

$$i_1 : i_2 : i_3 = \frac{1}{w_1} : \frac{1}{w_2} : \frac{1}{w_3}.$$

37. Nebeneinander- oder Parallelschaltung.

Mehrere Widerstände oder Apparate, die in einem einfachen Stromkreise aufeinander folgen, nennt man h i n t e r e i n a n d e r geschaltet. Teilt sich hingegen der Strom in zwei oder mehrere Zweige (§ 36), so nennt man dies eine N e b e n e i n a n d e r - oder P a r a l l e l s c h a l t u n g. Dabei entsteht nun die Frage, wie groß ist der gesamte Widerstand w aller Zweige zusammen, d. h. wie groß muß der Widerstand w eines einzigen Drahtes sein, wenn derselbe die ganze Verzweigung ersetzen soll? Sind P und P' (Fig. 22) die Potentiale an den Verzweigungspunkten, so ist nach dem Ohmschen Gesetze

$$J = \frac{P - P'}{w},$$

ferner

$$i_1 = \frac{P - P'}{w_1} \qquad i_2 = \frac{P - P'}{w_2}$$

und nach dem Vorigen

$$J = i_1 + i_2.$$

Daraus folgt

$$i_1 + i_2 = (P - P') \left(\frac{1}{w_1} + \frac{1}{w_2} \right) = J.$$

Vergleicht man diese Gleichung mit der ersten, so findet man

$$\frac{1}{w} = \frac{1}{w_1} + \frac{1}{w_2}. \qquad 10)$$

Man sieht sofort, daſs diese Gleichung für beliebig viele Zweige erweitert werden kann:

$$\frac{1}{w} = \frac{1}{w_1} + \frac{1}{w_2} + \frac{1}{w_3} + \ldots \tfrac{\partial}{\partial}.$$

Nun sind nach § 29 die reziproken Worte der Widerstände nichts anderes, als die betreffenden Leitungsfähigkeiten, so daſs man den Satz gewinnt: **Das gesamte Leitungsvermögen einer Stromverzweigung ist gleich der Summe der Leitungsfähigkeiten der einzelnen Zweige.**

Für den Fall zweier Zweige erhält man aus der obigen Gleichung

$$w = \frac{\cdot w_1 w_2}{w_1 + w_2}.$$

Ist $w_1 = w_2$, so ist $w = \dfrac{w_1}{2}$.

38. Arbeit und Leistung eines Stromes.

Nach § 13 ist das Potential an irgend einer Stelle jene Arbeit, welche geleistet wird, wenn sich die Elektrizitätsmenge 1 von dieser Stelle bis in unendliche Entfernung bewegt. Bewegt sich diese Masse 1 von einem Punkte mit dem Potentiale P_1 zu einem anderen, P_2, so ist die dabei geleistete Arbeit $P_1 - P_2$. Haben wir eine Elektrizitätsmenge Q, so ist die Arbeit $(P_1 - P_2)\,Q$. Sind P_1 und P_2 die Enden eines Leiterstückes und schreiben wir, wie schon früher, E für $P_1 - P_2$, so ist die Stromarbeit

$$A = E\,Q.$$

Nun ist $Q = J\,t$, wenn t die Zeit ist, während welcher der Strom J die Elektrizitätsmenge Q geliefert hat.
Daher

$$A = E\,J\,t.$$

Setzen wir dafür das Ohmsche Gesetz ein, so ist

$$A = J^2\,W\,t.$$

Daraus folgt für die **Leistung** V, d. i. die Arbeit in einer Zeiteinheit (Sekunde)

$$V = E\,J = J^2\,W.$$

Diese Gesetze gelten, ebenso wie das Ohmsche, sowohl für
einen ganzen Stromkreis, als auch für ein beliebiges Stück desselben. Im ersten Falle bedeutet E die $\mathfrak{EMK}$ und W den gesamten Widerstand, im zweiten ist E der Potentialunterschied
zwischen den Enden des betreffenden Leiterstückes und W der
Widerstand desselben.

Sind E, J, W in den praktischen Einheiten $=$ Volt, Amper,
Ohm ausgedrückt, so erhält man die Leistung in Volt-Amper
(Watt). (Vergl. § 167.)

39. Stromwärme. Joulesches Gesetz.

Die elektrische Arbeit äufsert sich in verschiedenen Formen,
und zwar als chemische Arbeit bei den elektrolytischen Prozessen,
als mechanische Arbeit in den elektrischen Triebmaschinen, und
endlich als Wärme in jedem Leiter.

Die Gleichungen des vorigen Paragraphen geben die Arbeit
in mechanischen Einheiten an; um sie in Wärmeeinheiten
(Kalorien) zu erhalten, müssen wir mit einem Proportionalitätsfaktor multiplizieren. Nennen wir die in einem Leiter entwickelte
Wärmemenge M, so ist

$$M = \alpha\, E J t = \alpha\, J^2\, W t.$$

Will man die Wärmemenge in Gramm-Kalorien erhalten und
wird E in Volt, J in Amper, W in Ohm und t in Sekunden ausgedrückt, so ist

$$\alpha = 0{,}24. \quad \text{(Vergl. § 166.)}$$

Dieses Gesetz hat Joule auf experimentellem Weg gefunden,
und es wird daher nach ihm benannt.

40. Das Glühlicht.

Da nach dem Jouleschen Gesetze die Wärmemenge in einem
Leiterstücke seinem Widerstande proportional ist, so folgt, dafs
man die Wärmeentwicklung an einer bestimmten Stelle des Stromkreises beliebig grofs machen kann, wenn man derselben einen
entsprechend gröfseren Widerstand gibt, als dem übrigen Stromkreise. Dies kann man dadurch erreichen, dafs man ein Stück
dünnen Drahtes oder einen Kohlenfaden an der betreffenden
Stelle in den Stromkreis einschaltet. Bei genügender Stromstärke wird der Draht oder die Kohle zum Glühen kommen,
während im übrigen Stromkreise keine merkliche Wärme auftritt.

Bei der praktischen Anwendung dieses Prinzips als Glühlicht verwendet man heute ausschließlich Kohlenfäden, die hufeisenförmig gebogen oder spiralförmig gerollt sind und in eine stark luftverdünnte Glasbirne eingeschlossen werden. Das letztere ist notwendig, weil sonst die Kohle im Sauerstoff der Luft verbrennen würde.

Beispiel. Eine 16 kerzige Glühlampe braucht bei 100 Volt Spannung etwa 0,5 Amper Strom. Sie verbraucht daher eine elektrische Leistung von 50 Watt und entwickelt eine Wärmemenge in 1 Sekunde von $0,24 \times 50 = 12$ g Kal.

41. Das Bogenlicht.

Beim Bogenlichte wird die Konzentration der Wärme an einer Stelle dadurch erzielt, daß man zwei Kohlenstäbe in den Stromkreis einschaltet und die Spitzen derselben in Berührung bringt. An der Berührungsstelle ist der Widerstand so groß, daß die Spitzen ins Glühen geraten, und um sie herum eine Atmosphäre von glühendem Kohlendampf entsteht. Diese vermag den elektrischen Strom zu leiten, so daß man die Kohlenspitzen ein wenig von einander entfernen darf, ohne daß der Strom unterbrochen wird. Diese feurige Brücke zwischen den Kohlenspitzen ist gekrümmt, weshalb man von einem Lichtbogen spricht. Dieser Lichtbogen ist der Sitz der höchsten Temperatur (3000° bis 4000°), während [die größte Lichtwirkung von den Kohlenspitzen ausgeht, und zwar von der positiven mehr als von der negativen. Beim Bogenlichte findet im Gegensatze zum Glühlicht ein Verbrennen der Kohle statt. Es vergrößert sich daher der Abstand zwischen den beiden Kohlenspitzen immer mehr, bis er endlich so groß wird, daß er vom elektrischen Strome nicht mehr überwunden werden kann, und das Licht erlischt. Es ist daher ein fortwährendes Zusammenschieben der Kohlen notwendig, was durch Selbstregulierungsvorrichtungen besorgt wird. Von den beiden Kohlen brennt die positive schneller ab, als die negative, und zwar höhlt sich jene an der Spitze kraterförmig aus, während sich diese zuspitzt.

Das Bogenlicht hat die Eigentümlichkeit, daß sich die Potentialdifferenz zwischen den Kohlen nicht wie bei jedem anderen Leiter durch $E = Jw$ (§ 32) darstellen läßt, sondern aus zwei Teilen, $E = e + Jw$ besteht, also aus einem konstanten Teile und aus einem von der Stromstärke abhängigen. Der konstante Teil spielt die Rolle einer entgegengesetzt gerichteten ℰℳℛ, die im Lichtbogen ihren Sitz hat, so dafs die eigentliche Potentialdifferenz, auf die sich das Ohmsche Gesetz anwenden läfst, $E - e = Jw$ ist, wobei w den eigentlichen Widerstand des Lichtbogens bedeutet. Es kann aber auch e ein Produkt aus Stromstärke und einem unbekannten Widerstande sein, von der Art, dafs sich dieser im umgekehrten Verhältnisse mit dem Strome ändert, so dafs das Produkt beider immer e ist. Diese Frage ist noch nicht entschieden. Die Messungen dieser Gröfse haben ergeben, dafs die Werte von e und w sehr verschieden sind, je nach der Dicke der Kohlen und der Stromstärke. Für die Praxis ist die Frage von geringer Bedeutung, da beide Möglichkeiten zum Betriebe einer Bogenlampe dieselbe Spannung des Stromes — 40 bis 45 Volt — erfordern.

Bei einem Wechselstrome schwindet natürlich der Unterschied zwischen positiver und negativer Kohle, da jede abwechselnd positiv und negativ ist. Auch ist eine geringere Stromspannung — 28 bis 30 Volt — erforderlich.

Viertes Kapitel.

Die chemischen Wirkungen des Stromes.

42. Nichtleiter, metallische Leiter, Elektrolyte.

Alle Stoffe lassen sich hinsichtlich ihres Verhaltens gegenüber der Elektrizität in drei Gruppen einreihen, und zwar

I. in solche, welche die Elektrizität nicht leiten, sondern die Wirkung in die Ferne vermitteln (§ 23). Das sind alle gasförmigen Stoffe, von den Flüssigkeiten alle Öle, Äther, Alkohol, Benzin, von den festen Körpern: Kautschuk, Gummi, Ebonit, Schellack, Siegellack, Schwefel, Paraffin, Glas u. s. w. Sie heifsen Nichtleiter, Isolatoren oder Dielektrika und sind charakterisiert durch die Dielektrizitätskonstante;

II. in solche, welche den elektrischen Strom leiten, ohne von ihm verändert zu werden. Das sind alle Metalle, weshalb man diese Art der Leitung metallische Leitung nennt. Sie sind charakterisiert durch den spezifischen Widerstand oder das spezifische Leitungsvermögen (28);

III. in solche, welche den elektrischen Strom leiten und von
ihm chemisch zersetzt werden. Hierher gehören alle Säuren,
Salze und Basen (gelöst oder geschmolzen). Sie heißen
Elektrolyte, und die Art der Leitung elektrolytische
Leitung. Sie sind charakterisiert durch den spezifischen
Widerstand und die Art des chemischen Prozesses.

Von allen Stoffen besitzen aber nur wenige die Eigenschaften
einer dieser drei Gruppen allein. So tritt bei allen flüssigen und
festen Isolatoren auch eine geringe metallische Leitung auf, und
sie bedürfen daher zu ihrer Charakterisierung der Dielektrizitätskonstante und des spezifischen Widerstandes. Manche weisen
aber auch noch eine elektrolytische Leitung auf. Der Grund dafür
dürfte wohl darin zu suchen sein, daß kein Stoff unbedingt rein
zu erhalten ist. Die Metalle besitzen nur die eine genannte Eigenschaft. Die Elektrolyte hingegen haben wahrscheinlich auch die
Eigenschaften der ersten und zweiten Gruppe.

Zur Charakterisierung einiger Stoffe der ersten Gruppe diene
die folgende Tabelle. Dabei bedeutet a den spezifischen Widerstand eines Stückes von 1 cm Länge und 1 cm^2 Querschnitt in
Ohm, und δ die Dielektrizitätskonstante:

	a	δ
Terpentinöl	$5 \cdot 10^{16}$	2,2
Vaselinöl	$2 \cdot 10^{18}$	2,1
Olivenöl	$1 \cdot 10^{17}$	3,1
Benzol	$2 \cdot 10^{17}$	2,3
Alkohol	$2 \cdot 10^{10}$	24—27
Glimmer bei 100° . .	$3 \cdot 10^{19}$	4—7
Ebonit bei 20° . . .	$2 \cdot 10^{19}$	2,0—3,4
» » 100° . . .	$3 \cdot 10^{18}$	
Paraffin	$3 \cdot 10^{22}$	1,9—2,3
Glas	10^{10}—10^{20}	2,7—8,4
Nußbaumholz (trocken)	10^{12}	

Zur ersten Gruppe scheint auch das Wasser zu gehören. Da
es aber unmöglich ist, unbedingt reines Wasser herzustellen, so
ist immer eine Leitung vorhanden. Wie groß der Einfluß geringer
Verunreinigung ist, geht daraus hervor, daß Wässer verschiedenen
Ursprunges, bei denen auf chemischem Wege keine Spur eines
fremden Bestandteiles mehr nachweisbar ist, spezifische Widerstände ergeben, die sich um das hundertfache unterscheiden.

43. Die Elektrolyse und ihre Benennungen.

Taucht man zwei Kohlenstäbe in eine Lösung von Chlorsilber AgCl und verbindet sie mit den Polen einer Stromquelle, so scheidet sich an dem einen Kohlenstabe Silber, an dem anderen Chlor aus. Macht man den Versuch mit anderen Salzen oder Säuren oder Basen (gelöst oder geschmolzen), so findet man folgendes Gesetz: Der Wasserstoff und die Metalle oder metallischen Radikale werden immer an jener Elektrode ausgeschieden die mit dem negativen Pole der Stromquelle verbunden ist, der übrige nichtmetallische Rest an jener, die mit dem positiven Pole verbunden ist.

Faraday, der diese Wirkungen des Stromes zuerst untersuchte, hat folgende Benennungen eingeführt: Jene Elektrode, bei welcher der Strom in die Flüssigkeit eintritt (also die mit dem positiven Pole verbundene), heifst Anode, jene, bei welcher er die Flüssigkeit verläfst (also die mit dem negativen Pole verbundene), heifst Kathode; der zu zersetzende Stoff heifst Elektrolyt, und die Bestandteile, in die er zerlegt wird, heifsen Jonen, und zwar der an der Anode auftretende Anion (Nichtmetalle), der an der Kathode auftretende Kation (Metalle und Wasserstoff).

44. Sekundäre Prozesse.

Würde man bei der im Vorigen beschriebenen Zersetzung von Chlorsilber Elektroden aus Metall statt aus Kohle verwenden, so würde wohl an der Kathode das Silber in gleicher Weise ausgeschieden, das Chlor aber würde mit dem Metalle der Anode eine Chlorverbindung eingehen. Dieser zweite Vorgang, der nicht unmittelbar durch den Strom bewirkt wird, sondern durch die starke chemische Verwandtschaft des Chlors zu den Metallen, heifst darum sekundärer Prozefs.

Ein anderes Beispiel eines sekundären Prozesses, wo auch das Lösungsmittel mitwirkt und die unmittelbaren Zersetzungsprodukte (Jonen) gar nicht auftreten, bietet eine Kochsalzlösung ($Na\,Cl + aq$) zwischen Metallelektroden. Der Strom zerlegt das Kochsalz, und das frei werdende Natrium geht mit dem Wasser sofort eine Verbindung zu Natriumhydroxid ein nach der Formel $Na + H_2O = Na\,H\,O + H$, so dafs an der Kathode Natriumhydroxyd und Wasserstoff frei werden. Das Chlor verbindet sich mit dem Metalle der Anode zu dem betreffenden Metallchlorid.

Ein weiteres Beispiel möge die Zersetzung einer Kupfervitriol-Lösung (Cu SO₄ + aq) bilden und zwar einmal zwischen Platin-elektroden und ein zweites Mal zwischen Kupferelektroden. Fig. 24 stellt den ersten Fall dar.

Das Kupfer scheidet sich wie gewöhnlich an der Kathode aus; das Radikal SO₄ zerstört ein Wassermolekül und bildet Schwefelsäure, während der Sauerstoff des Wassers an der Anode frei wird. Bestehen hingegen die Elektroden aus Kupfer (Fig. 25), so verbindet sich das Radikal SO₄ mit dem Kupfer der Anode wieder zu Kupfervitriol, das sofort in Lösung geht, und das

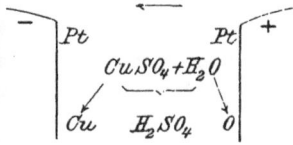

Fig. 24.

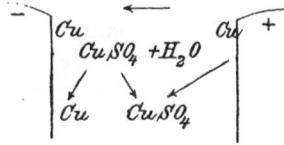

Fig. 25.

Wasser bleibt unbehelligt. Der Grund dafür liegt darin, daß die chemische Verwandtschaft des Radikales SO₄ zu Kupfer größer ist, als zu Wasserstoff. Das Resultat dieses ganzen Vorganges ist ein Verschwinden des Kupfers von der Anode in demselben Maße, als es an der Kathode abgeschieden wird. Es hat den Anschein, als würde das Kupfer durch den Strom von der Anode zur Kathode übergeführt.

Bei Ammoniaksalzen, z. B. Salmiak, scheidet sich das metallische Radikal NH₄ an der Kathode aus und zerfällt sogleich in H und NH₃ (Ammoniak). Das an der Anode frei werdende Chlor zersetzt hier die Salmiaklösung und bildet den explosiven Chlorstickstoff.

45. Wasserzersetzung.

Die Zersetzung des Wassers beruht ebenfalls auf einem sekundären Prozesse. Fig. 26 erläutert den Vorgang bei der Elektrolyse von verdünnter Schwefelsäure zwischen Platinelektroden. Der Strom zersetzt {die Schwefelsäure; das Resultat aber ist so, als wäre das Wasser zerlegt worden in seine Bestandteile: Wasserstoff und Sauerstoff. Fängt man die beiden Gase gemischt auf, so erhält man das sogenannte Knallgas. Man kann aber auch jedes für sich auffangen, wenn man über jede Elektrode eine mit

Wasser gefüllte Glasröhre stülpt (Fig. 27); sie sind dann schon äußerlich zu unterscheiden, da dem Volumen nach doppelt so viel Wasserstoff (2 H) entwickelt wird als Sauerstoff. Nach diesem Beispiele geht auch die Zersetzung des gewöhnlichen Wassers vor

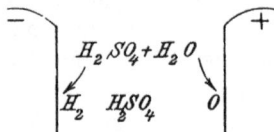

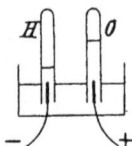

Fig. 26.   Fig. 27.

sich. Dasselbe enthält immer Salze und Säuren gelöst, und diese werden vom Strome zersetzt, während die Ausscheidung von Wasserstoff und Sauerstoff durch sekundäre Vorgänge erfolgt. Wirklich reines Wasser wird nicht zersetzt und leitet daher den Strom nicht.

46. Faradays Gesetze der Elektrolyse.

1. Die Gewichtsmengen G der von einem Strome ausgeschiedenen Jonen sind der Stromstärke und der Zeit proportional; also

$$G = z J t,$$

oder wenn Q die während der Zeit t vom Strome J gelieferte Elektrizitätsmenge bedeutet,

$$G = z Q.$$

Sind J und t gleich Eins, so sieht man, daß z die vom Strome 1 während der Zeit 1 ausgeschiedene Gewichtsmenge ist; man nennt es das elektrochemische Äquivalent. Dasselbe beträgt z. B. für Wasserstoff, bezogen auf Amper und Sekunde, 0,0000104 g.

Das zweite Faradaysche Gesetz bezieht sich auf das Verhältnis der ausgeschiedenen Jonen untereinander und lautet:

2. Gleiche Stromstärken lösen in gleichen Zeiten gleiche chemische Valenzen aus. Dies wird durch folgenden Versuch erläutert: Man schickt einen Strom durch drei hintereinandergeschaltete Zersetzungszellen (Fig. 28), welche verdünnte Schwefelsäure, Kupfervitriollösung und verdünnte Salzsäure enthalten, dann werden gleichzeitig in der ersten Zelle 2 Atome H und 1 Atom O (zweiwertig), in der zweiten Zelle 1 Atom Cu (zwei-

wertig), in der dritten Zelle 2 Atome H und 2 Atome Cl ausgeschieden; überall also werden zwei Valenzen gleichzeitig gelöst. Fängt man die Gase in darüber gestülpten Glasröhren auf, so erkennt man diese Verhältnisse an dem Volumen, da doppelt so viel H und Cl ausgeschieden wird als O. Vergleicht man die Gewichte, so erhält man gleichzeitig 1 g H und 8 g O, weil das Atomgewicht des Wasserstoffes 1 und des Sauerstoffes 16 ist, von ersterem aber doppelt so viel Atome ausgeschieden werden. In der zweiten Zelle werden gleichzeitig 31,6 g Cu ausgeschieden

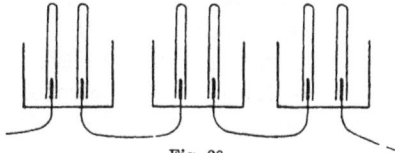

Fig. 28.

da Cu das Atomgewicht 63,2 hat und zweiwertig ist. Oder mit anderen Worten: während von einem Strome 0,0000104 g H ausgeschieden werden, werden von demselben Strome $0,0000104 \cdot 8$ g O und $0,0000104 \cdot 31,6$ g Cu ausgeschieden. Daraus folgt allgemein für das elektrochemische Äquivalent eines Elementes bezogen auf H

$$z = 0,0000104 \, \frac{a}{v},$$

wobei a das Atomgewicht und v die Wertigkeit des betreffenden Elementes bedeuten.

Setzt man dies in das erste Gesetz ein, so erhält man als Vereinigung beider für das Gewicht eines von J Amper während t Sekunden ausgeschiedenen Elementes

$$G = 0,0000104 \, \frac{a}{v} \, J t.$$

47. Theorie der Elektrolyse.

Da der Wasserstoff und die Metalle an der negativen Elektrode ausgeschieden werden, so nennt man sie elektropositive Elemente; die übrigen Elemente und Radikale hingegen elektronegative. Nach der älteren Theorie (Grotthus) ist jede Molekel als eine feste Verbindung eines elektropositiven und eines elektronegativen Teiles zu denken. Durch den elektrischen Strom wird diese Verbindung zerrissen, und der elektronegative Bestandteil wandert zur Kathode, der elektropositive zur Anode. Da aber zur Auflösung einer Verbindung eine bestimmte Arbeit notwendig ist, so folgt daraus, daß eine Zersetzung erst bei einer gewissen

Stromstärke auftreten kann, und das würde dem Faradayschen Gesetze widersprechen, nach welchem die ausgeschiedenen und zersetzten Mengen der Stromstärke proportional sind. Dies läfst sich aber durch die neuere Anschauung (Clausius, Hittorf, Arrhenius) erklären, nach welcher die Atome einer Molekel nicht in fester Verbindung stehen, sondern sich von einander losreifsen und wieder mit anderen vereinigen, so dafs in jedem Augenblicke eine Anzahl geschlossener Molekeln und eine gewisse Anzahl getrennter bestehen (Dissoziationstheorie). Der elektrische Strom hat nun blofs die Aufgabe, die schon getrennten Bestandteile an die Elektroden zu führen und ihre Wiedervereinigung zu verhindern.

48. Polarisation.

Elektrische und chemische Energie [sind zwei solche Arbeitsformen, dafs sich die eine unmittelbar in die andere überführen läfst, ebenso wie man Wärme in mechanische Arbeit und letztere in Wärme unmittelbar umsetzen kann. In [den vorhergehenden Absätzen haben wir uns mit der Umsetzung der elektrischen Energie in chemische beschäftigt; den umgekehrten Vorgang haben wir bei der Erzeugung elektrischer Ströme durch galvanische Zellen. Er spielt [aber auch schon hier mit und ist zur vollständigen Erklärung der elektrolytischen Erscheinungen notwendig.]

Die Jonen, die durch den elektrischen Strom in einer Zersetzungszelle von einander getrennt werden, haben immer das Bestreben, sich wieder zu den früheren Verbindungen zu vereinigen oder neue einzugehen. Geschieht dies wirklich, so entsteht eine dem zersetzenden Strome entgegengerichtete E M K. Um nun diesen rückläufigen Prozefs zu verhindern, mufs die Spannungsdifferenz des zersetzenden Stromes zwischen den Elektroden gröfser sein, als diese elektromotorische Gegenkraft. Die letztere kommt thatsächlich zur Geltung, wenn man den zersetzenden Strom unterbricht. Am deutlichsten zeigt sich dies bei dem in Fig. 27 abgebildeten Wasserzersetzungsapparat. Hat man ein gröfseres Quantum Gas sich entwickeln lassen und schaltet dann die Stromquelle aus, so zeigt ein Galvanometer einen entgegengesetzten Strom, und zwar so lange, als noch Gase vorhanden sind. Das Bestreben nach Wiedervereinigung tritt natürlich gleichzeitig mit der Zersetzung auf, kann also dadurch nicht beseitigt werden,

dafs man die gasförmigen Jonen entweichen läfst. Die Gröfse
der elektromotorischen Kraft der Polarisation hängt natürlich von
der Art des elektrolytischen Prozesses ab und steht zu der Klemmenspannung des zersetzenden Stromes an den Elektroden in einem
ähnlichen Verhältnisse, wie die Elastizität einer Feder zu der Kraft,
die dieselbe deformiert. Sobald die letztere nachläfst, kommt die
erstere zur Geltung. Ebenso wie sich die Feder nur dann de-
formieren läfst, wenn die Kraft stärker ist, als die entgegen-
wirkende Elastizität, ist auch eine Zersetzung nur dann möglich,
wenn die Klemmenspannung des zersetzenden Stromes gröfser ist
als die Polarisation des betreffenden elektrolytischen Vorganges.
Ist dies der Fall, so findet eine Ausscheidung proportional der
Stromstärke statt. Aus dem Gesagten erklärt es sich, warum man
mit einem Daniellschen Elemente keine Wasserzersetzung ¸vor-
nehmen kann, sondern mindestens zwei hintereinandergeschaltete
notwendig sind.

Fünftes Kapitel.

Galvanische Zellen.

49. Allgemeines.

Es wurde schon im Vorhergehenden erwähnt, dafs die chemische Zersetzung durch den elektrischen Strom ein umkehrbarer
Prozefs ist, d. h. dafs durch einen chemischen Prozefs ein Strom
erzeugt werden kann. Dazu eignet sich am besten die Verbindung
eines Metalles mit einer Säure zu einem Salze. Es tritt dabei
eine Potentialdifferenz zwischen Metall und Flüssigkeit auf (§ 25),
die von der Art des chemischen Vorganges abhängt. Wird der
Stromkreis geschlossen, so entsteht ein Strom nach dem Ohmschen
Gesetze, der im äufseren Schliefsungsdrahte von der Flüssigkeit
zum Metall, in der Zelle selbst aber vom Metall zur Flüssigkeit
geht. In dieser wirkt er wie in einer Zersetzungszelle, d. h. die
Mengen der zur chemischen Wirkung gelangenden Stoffe sind
proportional der Stromstärke und der Zeit (§ 46), und an der
Austrittsstelle (das ist der positive Pol) scheiden sich der Wasserstoff und die Metalle aus, und an der Eintrittsstelle (das ist der
negative Pol) die nicht metallischen Bestandteile.

Es tritt ferner auch eine Polarisation auf, welche die dem direkten chemischen Vorgange entsprechende 𝔈 𝔐 𝔎 vermindert. Sie besteht hier im wesentlichen darin, daſs der Wasserstoff, der an dem positiven Pol auftritt, zum Teil in die Poren des Metalles eindringt, zum Teil in Form von Bläschen an der Oberfläche der Elektroden haften bleibt. Dadurch wird erstens eine elektromotorische Gegenkraft erzeugt, zweitens der innere Widerstand der Zelle erhöht, weil die anhaftenden Bläschen die wirksame Oberfläche verkleinern. Wenn daher dieser schädliche Wasserstoff nicht beseitigt wird, so sinkt die Stromstärke rasch um ein beträchtliches. Man nennt solche Zellen inkonstante, wie z. B. die schon in § 25 erwähnte Smee'sche, dann die Volta'sche Zelle, bestehend aus Zink und Kupfer in verdünnter Schwefelsäure. Überhaupt ist Zink in einer Säure die häufigste Art der Stromerzeugung.

Zur Unschädlichmachung des Wasserstoffes, also als depolarisierende Mittel, dienen am besten sauerstoffreiche Verbindungen, wie Mangansuperoxyd (Braunstein), Bleisuperoxyd, Salpetersäure, Chromsäure u. s. w. Dieselben müssen den positiven Pol umgeben, da hier der Wasserstoff frei wird. Von der wirksamen Säure, welche die negative Elektrode umgibt, werden sie durch poröse Scheidewände (Thonzellen, Häute) getrennt. Die Chromsäure wird aber auch manchmal damit vermischt. Sowie nun Wasserstoff frei wird, entzieht er diesen Verbindungen Sauerstoff und bildet Wasser.

Für die Dauerhaftigkeit des Zinkes ist es wichtig, dasselbe zu amalgamieren. Das gewöhnliche Zink enthält nämlich stets etwas Eisen und andere Bestandteile, die in Berührung mit der Säure zur Entstehung sogenannter lokaler Ströme (an der Oberfläche des Zinkes) Anlaſs geben. Die Folge davon ist, daſs Zink auch dann verbraucht wird, wenn der Strom nicht geschlossen ist. Um dies zu verhindern, überzieht man das Zink mit einer Quecksilberschichte, die sich mit dem Zink sofort amalgamiert, und die Eisenteilchen überdeckt. Es ist also jetzt bloſs das Zink des Amalgames mit der Säure in unmittelbarer Berührung.

Dieses Amalgamieren geschieht am einfachsten dadurch, daſs man das Zink in verdünnte Schwefelsäure taucht, und Quecksilber mit einer Bürste oder einem Lappen aufreibt, oder dem Zink im geschmolzenen Zustande 4% Quecksilber beimengt.

50. Die wichtigsten konstanten Zellen.

Die Daniellsche Zelle besteht aus Zink in verdünnter Schwefelsäure (1 : 12) oder Zinkvitriollösung und, davon durch eine poröse Thonzelle getrennt, Kupfer in einer gesättigten Lösung von Kupfervitriol. Der chemische Vorgang ist aus Fig. 29 ersichtlich. Hier wird also der Wasserstoff dadurch unschädlich gemacht, daſs er mit dem Kupfervitriol Schwefelsäure bildet und dafür metallisches Kupfer frei macht. Die E M K dieser Zelle ist etwa 1 Volt.

Die Bunsensche Zelle besteht aus Zink in verdünnter Schwefelsäure und, davon durch eine Thonzelle getrennt, Kohle in konzentrierter Salpetersäure. Der Wasserstoff wird dadurch unschäd-lich gemacht, daſs er mit dem Sauer-stoff der Salpetersäure Wasser bildet. Der Rest sind Stickoxyde (NO_2 und N_2O_3), die als braunrote, den At-mungsorganen schädliche Dämpfe entweichen. Eine Abänderung ist die

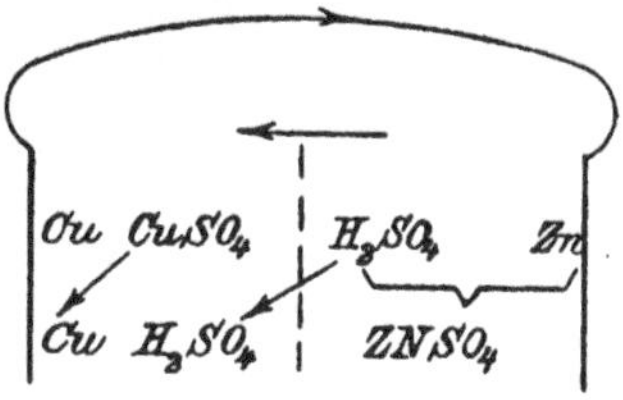

Fig. 29.

Grovesche Zelle, die statt der Kohle ein Platinblech enthält. Statt der Salpetersäure kann auch Chromsäure verwendet werden. Die E M K ist 1,9 bis 2 Volt.

Die Chromsäure-Tauchzelle hat nur eine Flüssigkeit Zink und Kohle tauchen in eine Chromsäurelösung; da diese aber teuer ist, ersetzt man sie häufig durch eine Lösung von 1 Teil doppeltchromsaurem Natrium in 2 Teilen Schwefelsäure und 12 Teilen Wasser. Der frei werdende Wasserstoff entzieht der Chromsäure Sauerstoff und bildet Wasser. Die E M K ist etwa 2 Volt. Um den Verbrauch von Zink und Säure einzuschränken, sind diese Zellen so eingerichtet, daſs die Elektroden erst im Moment des Gebrauches in die Flüssigkeit eingetaucht werden.

Die Zelle von Leclanché. Zink taucht in Salmiaklösung, und in einer Thonzelle befindet sich ein Kohlenstab, umgeben von einem Gemenge aus Kohle und Braunstein. Der Wasserstoff re-duziert den Braunstein (Mangansuperoxyd) zu Manganoxyd. Die E M K ist etwa 1,4 Volt; der innere Widerstand aber wegen des trockenen Gemenges in der Thonzelle bedeutend. Sie eignet sich besonders zu Haustelegraphen und Telephonen.

51. Normalelemente.

Darunter versteht man solche, die sich vermöge ihrer konstanten € M ₰ zur Spannungsmessung durch Vergleichung eignen. Von den vorher angeführten ist dazu nur das Daniellsche geeignet. Und zwar verwendet man gut amalgamiertes Zink in einer gut gesättigten Lösung von Zinkvitriol und Kupfer in einer gesättigten Lösung von Kupfervitriol. Die Thonzelle soll sehr porös sein und ist vor dem Gebrauche längere Zeit in Wasser auszuwaschen. Die € M ₰ beträgt dann 1,07 Volt. Häufig läfst man die Thonzellen weg und lagert die Zinkvitriollösung über das spezifisch schwerere Kupfervitriol.

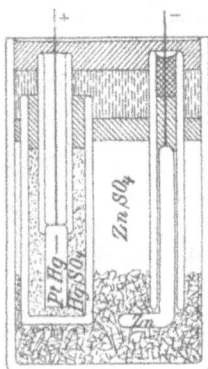

Fig. 30.

Am besten sind die nach den Vorschriften der physikalisch-technischen Reichsanstalt ausgeführten Latimer Clark - Elemente (Fig. 30). Als positive Elektrode dient ein amalgamiertes Platinblech, das von einer Pasta aus Quecksilberoxydulsulphat umgeben und in eine Thonzelle eingeschlossen ist. Diese, sowie der unten umgebogene Zinkstab tauchen in Zinksulphatkrystalle. Der übrige Raum des gut verschlossenen Gefäfses ist mit Zinkvitriollösung ausgefüllt. Die € M ₰ eines solchen Elementes bei der Temperatur t ist

$$E = 1,435 - 0,001\,(t - 15)$$

Da die Polarisation niemals gänzlich zu vermeiden ist, so dürfen diesen Elementen nur sehr schwache Ströme entnommen werden, wenn ihre € M ₰ wirklich konstant bleiben soll. Die Latimer Clark - Elemente sollen überhaupt nie geschlossen, sondern nur elektrometrisch verwendet werden.

52. Trockenelemente.

Sehr bequem sind in vielen Fällen die sogenannten Trockenelemente, insbesondere dann, wenn man transportable braucht. Die Elektroden sind von porösen Massen (Sägespäne, Gips, Infusorienerde, Fliefspapier, Gelatine u. dgl.) umgeben, die mit den betreffenden Flüssigkeiten getränkt oder verkocht sind. Um das Austrocknen zu verhüten, sind sie durch eine Schicht von Wachs oder Asphalt abgeschlossen, und es bleibt nur eine kleine Öffnung zum Abzug der frei werdenden Gase.

Solche Zellen enthalten nur eine gewisse Elektrizitätsmenge, entsprechend den vorhandenen wirksamen Stoffen. Sie sind daher um so früher verbraucht, je stärkere Ströme man ihnen entnimmt.

53. Ladungssäulen.

Zu Meszwecken bedarf man häufig grofser, konstant bleibender Potentialdifferenzen (§ 181). Solche erhält man durch Zambo-nische Säulen, die aus runden Scheiben von sogenanntem Gold- und Silberpapier bestehen, die abwechselnd übereinander gelegt sind. Die metallischen Schichten bilden die Elektroden, die durch das Papier, das immer eine gewisse Feuchtigkeit enthält, von einander getrennt sind. Solcher kann man viele hundert aufeinanderschichten, und erhält so, trotz der geringen $\mathfrak{E} \mathfrak{M} \mathfrak{K}$ eines einzelnen Elementes, beliebig hohe Potentialdifferenzen an den Enden der Säule. Zur Stromabgabe sind sie natürlich nicht verwendbar; sie würden in kurzer Zeit unbrauchbar sein. Man mufs sie daher vor einem Kurzschlufs hüten.

Zur Herstellung kleinerer Potentialdifferenzen verwendet man häufig sogenannte Wasserelemente. Es sind kleine, mit Wasser gefüllte Gläschen, in welche je ein Zink- und ein Platindraht tauchen. Das gewöhnliche Wasser enthält genug gelöste Salze, um eine chemische Reaktion am Zink hervorzurufen. Zur Stromabgabe sind sie natürlich auch nicht geeignet.

54. Berechnung der elektromotorischen Kraft aus der Verbindungswärme.

Es wurde schon in § 48 erwähnt, dafs die $\mathfrak{E} \mathfrak{M} \mathfrak{K}$, die bei einem chemischen Prozefs auftritt, von der Art desselben abhängt. Aus dem Gesetze von der Erhaltung der Arbeit mufs man sofort schliefsen, dafs ein in Zahlen ausdrückbarer Zusammenhang zwischen beiden besteht.

Die von einem Strome J in der Zeiteinheit ausgeschiedene Menge Wasserstoff ist nach § 46 0,0000104 J Gramm. Verbindet sich dieser mit der äquivalenten Menge Sauerstoff wieder zu Wasser, so entsteht eine Wärmemenge von 0,0000104 Js g Kal., wenn s die bei der Vereinigung von 1 g Wasserstoff frei werdende Wärmemenge ist. Multipliziert man mit $42 \cdot 10^6$, so erhält man

4*

diese Wärmemenge in absoluten Arbeitseinheiten ausgedrückt (§ 163). Drückt man auch die Stromstärke J in absoluter Einheit statt in Amper aus, so hat man noch mit 10 zu multiplizieren. Das sind also $0{,}0000104\ J \cdot s \cdot 42 \cdot 10^7$ absolute Einheiten. Diese Arbeit muß gleich sein der Arbeit jenes Stromes J, welcher diese Gewichtsmengen ausgeschieden hat, oder zu dessen Erzeugung diese Gewichtsmengen notwendig waren. Ist E die Spannung dieses Stromes in absoluten Einheiten, so ist seine Arbeit in der Zeiteinheit EJ.

Wir haben also die Gleichung

$$EJ = 0{,}0000\,104 \cdot J \cdot s \cdot 42 \cdot 10^7.$$

Und weil 10^8 absolute Einheiten gleich 1 Volt sind (§ 166), so ist

$$E = 0{,}0000104 \cdot s \cdot 4{,}2\ \text{Volt}.$$

Für die Verbindung von H und O zu Wasser ist

$$s = 34\,000\ \text{Kal}.$$

Also ist die dabei entstehende 𝔈𝔐𝔎, bezw. die zur Wasserzersetzung nöthige Klemmenspannung,

$$E = 1{,}47\ \text{Volt}.$$

Für einen anderen Stoff gilt, wenn z sein elektrochemisches Äquivalent ist,

$$E = 4{,}2 \cdot z \cdot s\ \text{Volt}.$$

Oder mit Benützung von § 46

$$E = 0{,}0000436\ \frac{T}{v},$$

wobei $T = as$ die Wärmetönung der betreffenden Verbindung genannt wird, die für die meisten Verbindungen bereits bekannt ist.[1]

Man kann also auf diese Weise leicht die 𝔈𝔐𝔎 eines Elementes oder die Gegenkraft der Polarisation berechnen, wenn man die chemischen Vorgänge genau kennt. Für T ist immer die algebraische Summe aller Wärmetönungen, auch jener, die bei der Lösung der Jonen auftreten, einzusetzen. Die chemischen Vorgänge sind allerdings in den seltensten Fällen so genau bekannt, daß eine genügende Übereinstimmung mit der gemessenen 𝔈𝔐𝔎 besteht.

---

[1] Naumanns Lehr- und Handbuch der Thermochemie.

Beispiel; Berechnung der $\mathfrak{E} \mathfrak{M} \mathfrak{K}$ einer Daniellschen Zelle. Bei der Auflösung von 1 g Zink entsteht eine Wärmemenge von 1635 Kal. Das elektrochemische Äquivalent ist $z = 0,000337$. Daher ist die dabei auftretende $\mathfrak{E} \mathfrak{M} \mathfrak{K}$ 4,2 · 0,000337 · 1635 = 2,3 Volt.

Aufserdem wird aber Kupfer aus dem Kupfervitriol ausgeschieden. Dabei wird Wärme verbraucht; d. h. diese $\mathfrak{E} \mathfrak{M} \mathfrak{K}$ wirkt der des Zinkes entgegen. Dabei ist $z = 0,00033$, $s = 881$. Also die $\mathfrak{E} \mathfrak{M} \mathfrak{K}$ $= 4,2 \cdot 0,00033 \cdot 881 = 1,2$. Die $\mathfrak{E} \mathfrak{M} \mathfrak{K}$ der Zelle ist also 2,3 — 1,2 = 1,1.

55. Sammler.

Die Sammlerzellen beruhen auf der Umkehrbarkeit der chemischen und elektrischen Erscheinungen, wobei mit Einrechnung der unvermeidlichen Verluste das Gesetz von der Erhaltung der Arbeit gilt. Der Wasserzersetzungsapparat (Fig. 27), bei dem die Gase getrennt aufgefangen werden, ist das älteste Beispiel dieser Art. Denn wenn man die Pole mit einem Draht verbindet, so vereinigen sich die Gase wieder zu Wasser, und es entsteht ein dem früheren entgegengesetzter Strom (Groves Gasbatterie).

Viel besser eignen sich zu diesem umkehrbaren Prozesse Bleiplatten in verdünnter Schwefelsäure. Wird ein Strom durchgeschickt, so oxydiert der frei werdende Sauerstoff die Anode zu Bleisuperoxyd, während der Wasserstoff die oberflächliche, natürliche Oxydschichte der Kathode zu metallischem Blei reduziert. Verbindet man dann die beiden Platten nach Ausschaltung der Stromquelle, so entsteht ein Strom in entgegengesetzter Richtung, wobei jetzt der Wasserstoff an der früheren Anode auftritt, und das Bleisuperoxyd zu metallischem Blei reduziert, während der Sauerstoff das Blei der anderen Platte in Superoxyd verwandelt. Der Strom hört auf, wenn die erste Platte wieder in metallisches Blei verwandelt ist. Bei fortgesetzter Ladung und Entladung dringt diese Wirkung immer tiefer in die Platten ein, und man erhält schliefslich eine dicke Schichte von porösem, schwammigem Blei auf der einen und von Superoxyd auf der anderen Platte. Solche Platten brauchen dann längere Zeit zur Ladung und liefern bei der Entladung durch längere Zeit Strom. Es steigert sich also ihre Aufnahmsfähigkeit (Kapazität). Das abwechselnde Laden und Entladen bis zum Erreichen einer gewissen Kapazität nennt man das Formieren der Sammler. (Plantè 1860).

Um das Formieren abzukürzen, bedeckte Faure die Bleiplatten mit einer Schichte von Mennige ($Pb_3 O_4$). Diese wurde

beim ersten Laden einerseits in metallisches Blei, andererseits in
Superoxyd verwandelt. Da die Schichten leicht abfallen, so verwendet man heute Bleigitter, in welche ein dicker Teig aus Mennige und Bleiglätte hineingeprefst wird.

Vielfach wird das Verfahren von Plantè und Faure vereinigt,
indem man eine nicht zu dicke Schichte aufträgt und dann noch
eine Formierung durchführt.

Die 𝔈𝔐𝔎 eines solchen Sammlers beträgt anfangs etwa
2,5 Volt, sinkt dann rasch auf etwa 2 und dann allmählich bis
auf etwa 1,8 Volt. Bei dieser Spannung mufs man mit dem Entladen aufhören und von neuem laden, wenn er nicht frühzeitig
zu Grunde gehen soll.

Sechstes Kapitel.
Magnetische Wirkungen des Stromes.

56. Ampèresche Regel. Das magnetische Feld des Stromes.

Ein zu einer Magnetnadel paralleler Strom lenkt dieselbe ab,
indem er sie senkrecht zur Stromfläche zu stellen sucht. Die

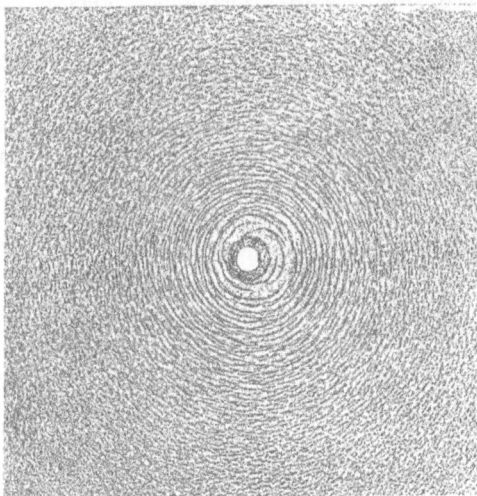

Fig. 31.

Ampèresche Regel bestimmt die Richtung der Ablenkung; dieselbe lautet in etwas abgeänderter Form: Man lege die rechte

Hand so an den Stromleiter, dafs die Fingerspitzen in der Richtung des Stromes zeigen, und die innere Handfläche dem Magnete zugekehrt ist; dann wird der Nordpol des Magnetes in der Richtung des weggespreizten Daumens (also nach links) abgelenkt.

Aus dieser Ablenkung eines Magnetes durch den Strom folgt, dafs dieser ein magnetisches Feld besitzt; man kann dasselbe wie

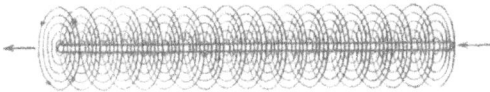

Fig. 32.

in § 5 sichtbar machen, wenn man Eisenfeilspäne auf ein steifes Papier streut und den Stromleiter senkrecht durchsteckt (Fig. 31). Die Kraftlinien sind konzentrische Kreise. In räumlicher Darstellung umgeben sie natürlich den Leiter auf seiner ganzen Länge (Fig. 32). In diesen Figuren sind nur die innersten Kraftlinien sichtbar; in Wirklichkeit aber erstrecken sie sich, immer weniger werdend, bis ins Unendliche, wo ihre Anzahl Null ist.

57. Bewegungsvorrichtungen.

Nach der in § 4 gegebenen Definition der Kraftlinien mufs ein magnetischer Nordpol beständig in der durch die Ampèresche Regel bestimmten Richtung den Stromleiter umkreisen. Da aber ein einzelner Pol unmöglich ist, und der Südpol gleichzeitig die entgegengesetzte Richtung einschlagen will, so ist keine fortschreitende Bewegung, sondern nur eine Drehung des Magneten möglich mit dem Bestreben, sich senkrecht zum Strome zu stellen. Es gelingt nur dann eine beständige Bewegung, wenn der eine Pol der Einwirkung des Stromes entzogen wird, wie es z. B. bei dem in Fig. 33 abgebildeten Apparate der Fall ist. Zwei fest verbundene Stabmagnete $n s$

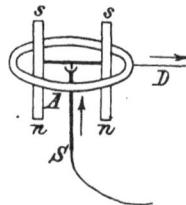

Fig. 33.

schweben mittels einer Spitze auf einem Quecksilbernäpfchen. Von der Mitte des Verbindungsstückes reicht ein Metalarm A in eine Quecksilberrinne. Der Strom geht durch die Stütze S durch A in die Quecksilberrinne und von da durch den Draht D zurück. Die beiden Nordpole werden daher von dem durch S

gehenden Strom um S gedreht. Die Südpole können dies nicht hindern, da sie keinen Stromleiter neben sich haben.

Bei anderen Vorrichtungen, wo der Magnet feststeht und der Stromleiter beweglich ist, wird letzterer natürlich in entgegengesetzter Richtung abgelenkt.

58. Das Auslöschen des Lichtbogens in einem magnetischen Felde.

Das Letztgesagte tritt ein, wenn man einem elektrischen Lichtbogen (§ 41) einen Magnetpol nähert. Es sucht sich einer um den anderen zu drehen, und wenn dies nicht geht, wird der Lichtbogen, der nichts Anderes ist, als ein leicht beweglicher und dehnbarer Stromleiter, zu einem größeren Bogen erweitert. Dabei wird er natürlich länger bis er endlich — bei genügender Stärke des Magnetes — soweit gedehnt ist, daß er zerreißt. Daß die Ursache dieses Auslöschens bloß in der zu großen Dehnung und Verlängerung des Lichtbogens zu suchen ist, beweist die Thatsache, daß man durch einen Luftstrom ganz das Gleiche erzielen kann. Man benutzt diese beiden Mittel, wenn man das Zustandekommen eines Lichtbogens verhindern will (Blitzschutzvorrichtungen § 155; Erzeugung rascher elektrischer Schwingungen § 157).

59. Magnetisches Feld einer geschlossenen Stromfigur.

Fig. 34 zeigt das räumliche magnetische Feld eines zu einer geschlossenen Figur gebogenen Stromes (Stromfläche) andeutungs-

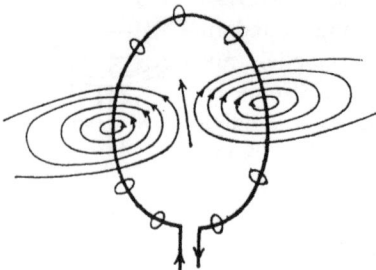

Fig. 34.

weise. In der Horizontalebene ist es besser ausgeführt und man erkennt daraus, daß es in der Mitte nahezu homogen ist, weil auf ein kurzes Stück die Kraftlinien parallel sind. Man erkennt ferner, daß das Feld identisch ist mit dem einer gleich großen magnetischen Platte oder Schale, d. h. mit einer Eisenplatte, welche auf der einen Seite mit positiven, auf der anderen mit negativen Magnetismus gleichmäßig belegt ist; denn die Kraftlinien der Stromfläche gehen ebenfalls von einer

Seitenfläche aus und kehren im Bogen zur anderen zurück. Die Bedingungen, unter welchen eine Stromfläche durch eine magnetische Platte auch quantitativ ersetzt werden kann, werden wir später (§ 65) kennen lernen. Welche Seite positiv und welche negativ magnetisch zu denken ist, lehrt die Ampère'sche Regel, wenn man die Hand so an den Stromleiter legt, daſs die innere Handfläche dem Mittelpunkt der Stromfläche zugekehrt ist.

60. Magnetisches Feld eines Solenoides.

Einen in Form einer Schraubenwindung gewickelten Stromleiter nennt man ein S o l e n o i d; es ist also nichts Anderes als

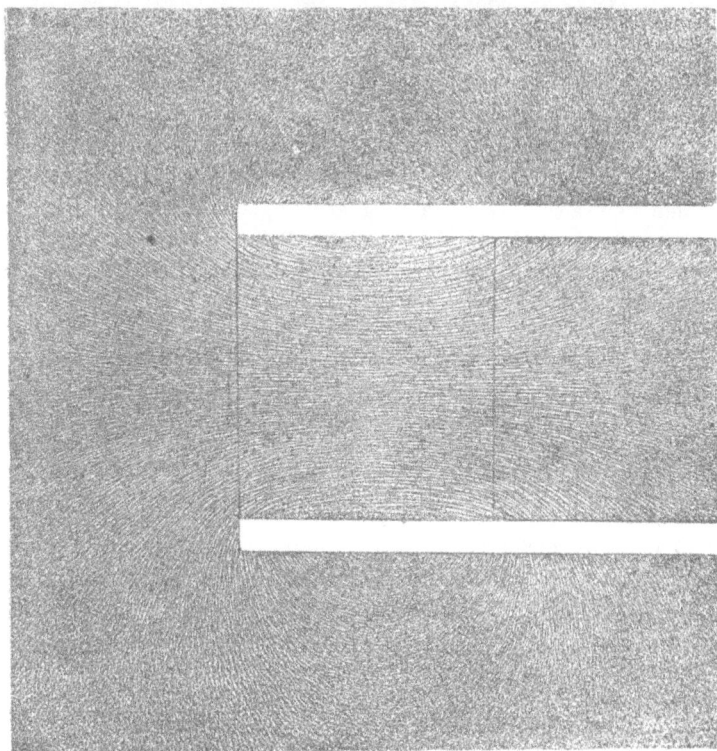

Fig. 35.

eine Nebeneinanderreihung von Stromflächen der vorher beschriebenen Art. Die Kraftlinien gehen in einander über, mit Ausnahme jener, die noch in dem Zwischenraum zwischen zwei

Windungen Platz finden (Fig. 36). Sie vermehren sich natürlich auch entsprechend der Anzahl der Windungen. Die Figur 35 zeigt das magnetische Feld eines Solenoides, dessen Windungen dicht aneinander liegen in einer durch die Axe gelegten Ebene. Man erkennt daraus die Ähnlichkeit mit dem Felde eines Stabmagnetes von gleicher Gestalt; nur dafs man hier auch den Verlauf der Kraftlinien im Innern des Solenoides sieht. Die Ähnlichkeit erklärt sich daraus, dafs jede Windung durch eine magnetische Platte ersetzt werden kann. Das ganze Solenoid kann also als eine Nebeneinanderreihung ebensovieler gleich magnetisierter Platten betrachtet werden als Windungen vorhanden sind, also als ein Stabmagnet von gleicher Gestalt. Welches Ende dem $+$ und welches dem $-$ Pole entspricht, lehrt die Ampère'sche Regel, wenn man die Handfläche dem Inneren des Solenoides zukehrt.

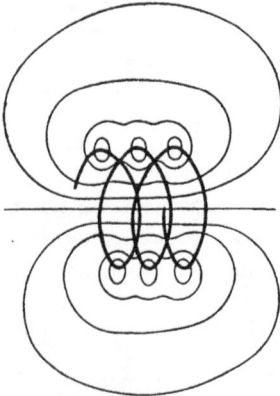

Fig. 36.

61. Stärke des magnetischen Feldes eines Stromes.

Das Gesetz von Biot und Savart bestimmt die Gröfse der zwischen einem Stromelemente ds und einer magnetischen Masse m wirksamen Kraft dk

Es ist (Fig. 37) $dk = \dfrac{i\,m\,ds}{r^2}\sin\vartheta$

wenn i die Stromstärke in dem Leiterstücke ds ist. Die Stärke des magnetischen Feldes des Elementes ds mit der Stromstärke i ist daher (nach § 3)

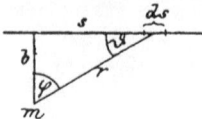

Fig. 37.

$$h = \frac{i\,ds}{r^2}\sin\vartheta$$

führt man statt $\dfrac{m}{r^2}$ die Feldstärke $\mathfrak{H}$ des von m herrührenden Feldes ein, so ist die Kraft

$$dk = \mathfrak{H}\,i\,ds\,\sin\vartheta.$$

Die Richtung dieser Kraft ist abweichend von allen anderen physikalischen Kräften nicht die Verbindungslinie zwischen m

und $d\,s$, sondern die Senkrechte auf die durch m und $d\,s$ gelegte Ebene und wird durch die Ampère'sche Regel bestimmt.

Um aus diesem Grundgesetze die Wirkung eines bestimmten Stromleiters zu erhalten, hat man die Wirkung aller Stromelemente zu summieren.

62. Feldstärke eines unendlich langen Stromes.

Als Beispiel dafür wollen wir die Wirkung eines unendlich langen, geradlinigen Stromes i berechnen, d. h. wir haben die Wirkung der unendlich vielen Elemente $d\,s$ zu summieren; das geschieht dadurch, dafs wir von $-\infty$ bis $+\infty$ integrieren

$$K = \int d\,k = \int_{-\infty}^{+\infty} \frac{i\,m\,d\,s}{r^2}\,\sin\vartheta.$$

Der leichteren Integration wegen, wollen wir ϑ durch φ, und r durch b (d. i. der senkrechte Abstand der Masse m vom Stromleiter) ausdrücken.

Es ist nämlich $\vartheta = 90 - \varphi$　　　also $\sin\vartheta = \cos\varphi$,

$$r = \frac{b}{\cos\varphi}$$

$$s = b\,tg\,\varphi \qquad \text{also} \quad d\,s = \frac{b}{\cos\varphi^2}\,d\varphi$$

$$\text{also} \quad K = \frac{i\,m}{b}\int_{-\frac{\pi}{2}}^{+\frac{\pi}{2}}\cos\varphi\,d\varphi$$

Die Grenzen des Integrales sind jetzt $\frac{\pi}{2}$, weil der Winkel φ veränderlich ist; und dieser ist für den einen Grenzfall, wo $d\,s$ rechts im Unendlichen liegt $+90^\circ$, für den anderen wo $d\,s$ links im Unendlichen liegt -90°. Führt man die Integration aus, so ist

$$K = \frac{i\,m}{b}\,\left|\, sin\,\varphi \,\right|_{-\frac{\pi}{2}}^{+\frac{\pi}{2}} = \frac{i\,m}{b}\,(1+1) = \frac{2\,i\,m}{b}$$

Demnach ist das magnetische Feld eines unendlichen Stromes in der Entfernung b

$$\mathfrak{H} = \frac{2\,i}{b}$$

Diese Formeln gelten angenähert auch für ein endliches geradliniges Leiterstück, wenn der Abstand b gegenüber seiner Länge klein ist.

63. Feldstärke eines Kreisstromes.

Um die Kraft K zu finden, welche ein kreisförmiger Strom (Fig. 34) auf eine in seinem Mittelpunkte befindliche Masse m ausübt, haben wir wie vorhin die Summe aller $d\,k$ zu bilden, die von den Stromelementen $d\,s$ ausgeübt werden. Da in diesem Falle für alle Teile des Stromes $\vartheta = 90$ also $\sin\vartheta = 1$ und r gleich dem Radius des Kreises a ist, also keine veränderliche Grösse vorkommt, so ist die Summe aller $d\,s$ gleich dem Umfange des Kreises $2\,\pi\,a$ und wir haben

$$K = \Sigma\,d\,k = \Sigma\,\frac{i\,m\,d\,s}{a^2} = \frac{2\,\pi\,i\,m}{a} \qquad 12)$$

Daher ist die Feldstärke in der Mitte des Kreises

$$\mathfrak{H} = \frac{2\,\pi\,i}{a} \qquad 12\,\mathrm{a})$$

Dieser Ausdruck gilt strenge genommen nur für den Mittelpunkt; angenähert aber auch für einen gewissen Raum um den Mittelpunkt und zwar umso mehr, je gröfser der Radius des Kreises ist.

Die Feldstärke eines Kreisstromes vom Radius 1, der die Stromstärke 1 Amper hat, ist $2 \cdot 3,14 \cdot 0,1 = 0,628$ absolute Einheiten, weil 1 Amper gleich 0,1 absoluten Stromstärken ist.

64. Magnetische Schale.

Unter einer magnetischen Platte oder Schale versteht man einen Magnet, dessen Querschnitt beträchtlich gröfser ist als seine Länge. Ist sie gleichmäfsig magnetisiert, so befindet sich auf jeder Flächeneinheit der beiden parallelen Seiten eine gewisse magnetische Masse, die wir als Flächendichte σ bezeichnen. Ist S die Gröfse der Flächen und λ ihr gegenseitiger Abstand, so ist das magnetische Moment (§ 10)

$$\mathfrak{M} = \lambda\,\sigma\,S.$$

Das Produkt $\lambda\,\sigma$ nennt man gewöhnlich Stärke der magnetischen Platte und bezeichnet es mit Φ.

Berechnet man das Potential P einer solchen Platte in Bezug auf einen aufserhalb der Platte gelegenen Punkt, so ergibt sich dasselbe gleich dem Produkte aus der magnetischen Stärke und dem räumlichen Gesichtswinkel ω unter dem die Platte von diesem Punkte aus gesehen erscheint.[1]   Also

$$P = \Phi\,\omega = \lambda\,\sigma\,\omega.$$

Befindet sich in diesem Punkte eine magnetische Masse m so ist der Arbeitswert

$$A = \Phi\,\omega\,m.$$

[1] Über den Beweis dieses Satzes sehe man ein Lehrbuch der theoretischen Physik nach.

65. Potential einer geschlossenen Stromfigur.

Das magnetische Potential einer geschlossenen Stromfigur mit der Stromstärke i in Bezug auf einen dem Stromleiter selbst nicht angehörenden Punkt ist gegeben durch das Produkt aus der Stromstärke und dem räumlichen Gesichtswinkel ω unter dem die Stromfläche von diesem Punkte aus gesehen erscheint.[1]) Also

$$P = i\,\omega.$$

Befindet sich in diesem Punkte eine magnetische Masse m so ist der Arbeitswert

$$A = i\,\omega\,m.$$

Vergleicht man dies mit dem vorigen Absatz, so erkennt man, daſs die **magnetische Wirkung einer geschlossenen Stromfigur gleich ist der einer magnetischen Platte von gleicher Gröſse und gleichem Umfange, wenn**

$$i = \varPhi = \lambda\,\sigma.$$

Auf die Gestalt der Platte kommt es dabei nicht an, da in diesen Ausdrücken nur der Gesichtswinkel vorkommt. Die Dicke der magnetischen Platte, durch die man sich die Stromfigur ersetzt denken kann, ist beliebig, da es nur darauf ankommt, daſs das Produkt aus Dicke und Oberflächendichte der Stromstärke gleich ist. Diese Identität gilt jedoch nicht für Punkte, die in der magnetischen Platte liegen; denn ein solcher Punkt befindet sich zwischen zwei gleichmäſsig mit Magnetismus belegten Flächen und unterliegt daher einer Kraft gleich $4\,\pi\,\sigma$, wenn er die Masse 1 besitzt und einer Kraft $4\,\pi\,\sigma\,m$, wenn er die Masse m besitzt (§ 12).

In obige Formeln können wir auch die Anzahl **der Kraftlinien**, welche die Stromfläche treffen, einführen, wenn wir bedenken, daſs von einem Pole m im Ganzen $4\,\pi\,m$ Kraftlinien ausgehen. Dieselben gehen, wenn keine störenden Einflüsse vorhanden sind, in gleichmäſsiger Verteilung strahlenförmig vom Punkte m aus. Da $4\,\pi$ der ganze räumliche Gesichtswinkel ist, so enthält der Gesichtswinkel von der Gröſse Eins m Kraftlinien, und der Gesichtswinkel ω, $m\,\omega$ Kraftlinien; bezeichnen wir diese mit Z, so ist

$$A = i\,Z$$

und enthält der Punkt nur die Masse Eins, so ist

$$Z = a \qquad \text{also auch } P = i\,Z.$$

---

[1]) Über den Beweis dieses Satzes sehe man ein Lehrbuch der theoretischen Physik nach.

Der magnetische Potentialwert oder Arbeitswert eines geschlossenen Stromes, ist also gleich dem Produkte aus der Stromstärke und der Anzahl der Kraftlinien, welche die Stromfläche treffen.

66. Feldstärke eines Solenoides.

Die Figuren 35 und 36 zeigen deutlich, dafs das magnetische Feld im Innern eines Solenoides, dessen Länge gröfser ist als sein Durchmesser, homogen ist bis in die Nähe der Enden. Nach dem Vorhergehenden können wir jede Windung desselben ersetzt denken durch eine magnetische Platte mit der Flächendichte

$$\sigma = \frac{i}{\lambda}.$$

Befindet sich nun eine magnetische Masse m an einem Punkte im Innern, so ist die Kraft zwischen dieser und den zwei benachbarten Flächen der magnetischen Platten nach § 12

$$K = 4\,\pi\,\sigma\,m = 4\,\pi\,\frac{i}{\lambda}\,m.$$

Besitzt das Solenoid n Windungen auf einer Längenheit, so ist

$$\lambda = \frac{1}{n}.$$

Also

$$K = 4\,\pi\,i\,n\,m \qquad\qquad 13)$$

demnach ist das magnetische Feld an einem Punkte im Innern

$$\mathfrak{H} = 4\,\pi\,i\,n.$$

Für diese Kraft K kommen darum nur die zwei rechts und links benachbarten Flächen der magnetischen Platten in Rechnung, weil

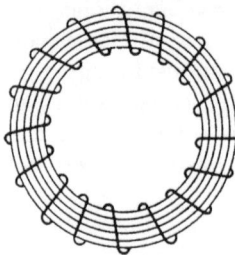

Fig. 38.

sonst überall die Wirkung der zusammenstossenden positiven und negativen Flächen auf den Punkt m sich aufhebt. Die Endflächen des Solenoides jedoch sind mit freiem Magnetismus versehen zu denken, so wie bei einem Stabmagnete. Daher gelten diese Ausdrücke nur für Punkte im Innern, die soweit von den Enden entfernt sind, dafs ihr Einflufs gegenüber dem der unmittelbar benachbarten Platten verschwindet. Sie gelten ferner ganz genau für alle Punkte im Innern eines Solenoides, das keine Enden hat, also z. B. für ein ringförmiges, dessen Dicke klein ist, gegenüber seinem äufseren Umfange. Das magnetische Feld eines solchen ist also homogen und hat noch die merkwürdige Eigenschaft, dafs bei gleichmäfsiger Wickelung im äufseren Raum gar keine Kraftlinien vorhanden sind. Sie verlaufen alle im Innern, wie es in Fig. 38 angedeutet ist.

Ist aber das Solenoid nicht beträchtlich länger als sein Durchmesser, so gilt das nicht mehr, weil der Einflufs der Enden nicht mehr zu vernachlässigen ist, sondern für die Feldstärke im Mittelpunkte gilt die Formel des § 63 multipliziert mit der Anzahl der Windungen. Sind also im Ganzen N Windungen vorhanden, so ist die Feldstärke im Mittelpunkte $\mathfrak{H} = \dfrac{2\pi i N}{a}$

Die magnetischen Gröfsen werden gewöhnlich in absoluten Einheiten ausgedrückt. Man mufs daher, wenn die Stromstärke in Amper gemessen wurde mit 0,1 multiplizieren, da 1 Amper $=$ 0,1 absol. Einh. ist. Dann ist also

$$\mathfrak{H} = 0,4\,\pi\,n\,i = 1,257\,n\,i.$$

Das Produkt $n\,i$ nennt man die **Amperwindungen auf der Längeneinheit. Die Feldstärke im Innern eines Solenoids ist also gleich den 0,4π fachen Amperwindungen auf der Längeneinheit.**

Beispiel: Ein gerades Solenoid, mit 1000 Windungen, 100 cm Länge und nicht zu grofsem Querschnitt, sei von einem Strome von 0,5 *A* durchflossen. Es ist also $n = 10$; das gibt $10 \cdot 0{,}5 = 5$ Amperwindungen. Die Feldstärke im Innern ist daher $\mathfrak{H} = 1{,}257 \cdot 5 = 6{,}285\, a\,E$, d. h. es gehen durch jedes cm² des Querschnittes 6,285 Kraftlinien. In der Nähe der Enden aber ist diese Zahl kleiner infolge des Einflusses der Enden.

Sind hingegen 1000 Windungen mit derselben Stromstärke auf einen kreisförmigen Rahmen von 10 cm Radius und geringer Breite aufgewickelt, so herrscht im Mittelpunkte eine Feldstärke

$$= \frac{2 \cdot 3{,}14 \cdot 0{,}05 \cdot 1000}{10} = 31{,}4.$$

Angenähert gilt dieser Wert auch noch für die nächste Umgebung des Mittelpunktes, nimmt aber zu beiden Seiten in der Richtung der Axe rasch ab.

Siebentes Kapitel.

Magnetische Induktion.

67. Magnetisierungsstärke.

Setzen wir einen gleichmäſsig magnetisierten Stabmagnet
voraus, so ist sein magnetisches Verhalten, durch das magnetische
Moment (§ 10)

$$\mathfrak{M} = m\, l$$

bestimmt. Nach der Voraussetzung ist dann m die Menge des
freien Magnetismus auf den Endflächen und l der Abstand derselben. Dieser Fall ist allerdings nur ein idealer, dient aber zur
genauen Bestimmung der Begriffe.

Ist σ die magnetische Masse auf der Flächeneinheit und S
die Gröſse der Endflächen, so ist $m = \sigma S$.

Der Versuch lehrt, daſs man einen Magnet durch Zerteilung
in beliebig viele kleinere Magnete zerlegen kann. Setzt man diese
Teilung fort, bis man lauter Einheitswürfel erhält, so besitzen diese
ein gewisses magnetisches Moment $\mathfrak{J}$, durch welches die Magnetisirung des ganzen Stückes bestimmt ist, und das man daher als
Magnetisierungsstärke oder Magnetisierung kurzweg bezeichnet.[1]
Ist also V das Volumen des Magneten, so ist

$$\mathfrak{J} = \frac{\mathfrak{M}}{V}$$

Man sieht leicht ein, daſs $\mathfrak{J} = \sigma$ sein muſs, weil die Polstärke der Volumseinheit gleich σ, und die Länge der magnetischen Axe gleich 1 ist.

68. Magnetisierung durch Verteilung der Induktion.

Bringt man in die Nähe eines Magnetes ein Eisenstück, so
wird dieses selbst zu einem Magnete und zwar so, daſs die zuge-
wendeten Enden ungleichnamige Pole aufweisen; d. h. der Südpol des Magnetes induziert im Eisen einen Nordpol und umgekehrt. Ganz allgemein kann man sagen, daſs ein Eisenstück in

---

[1] Manchmal findet man dafür auch den Ausdruck spezifische Magnetisierung. Anderseits aber wird dieser Ausdruck auch auf das Verhältnis des magnetischen Momentes zur Gewichtsmasse des Magnetes
angewendet.

einem magnetischen Felde selbst zu einem Magnet wird. Natürlich wird dadurch das frühere Feld sowohl der Gestalt als auch
der Stärke nach verändert, denn es setzt sich jetzt aus zweien
zusammen: aus dem ursprünglichen, induzierenden Felde und aus
dem des neu entstandenen
Magnetes. Figur 39 zeigt
ein solches resultierendes
Feld; N ist der induzierende
n s der erzeugte Magnet.
Es unterscheidet sich nicht
wesentlich von dem resul-

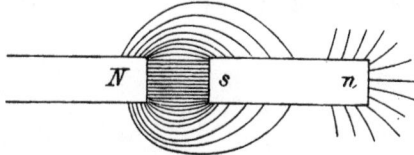

Fig. 39.

tierenden Felde zweier permanenter Magnete von derselben Stärke
und Lage. Fig. 40 zeigt die Induktion in einem runden Eisenstück, wenn es in das durch Fig. 4 dargestellte homogene Feld

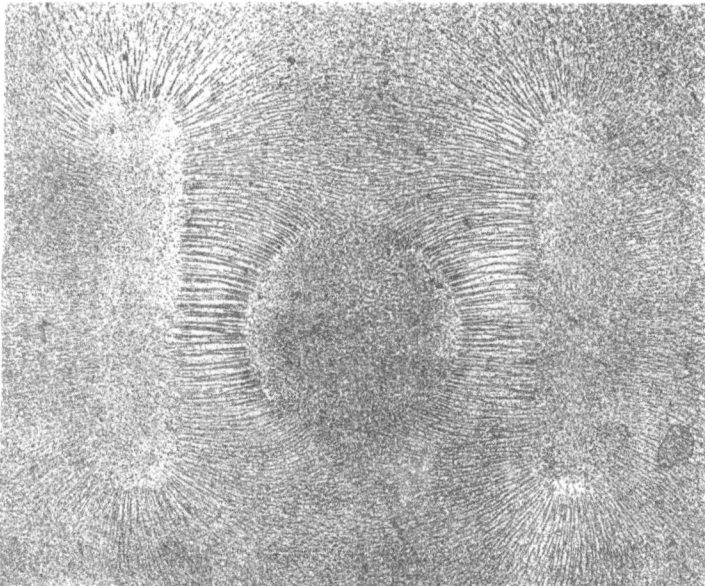

Fig. 40.

gebracht wird. Fig. 41 zeigt die Induktion in einem prismatischen
Eisenstück, wenn es in das Innere des durch Fig. 35 dargestellten
Solenoids gebracht wird.

Die Erscheinung der Induktion im Eisen erklärt sich aus dem
Umstande, daſs verschiedene Stoffe eine verschiedene Fähigkeit
haben, die von einem Magnete ausgehenden Kraftlinien in sich
aufzunehmen; diese Eigenschaft besitzt weiches Eisen in weit
höherem Maſse als die umgebende Luft, weshalb es auch viel

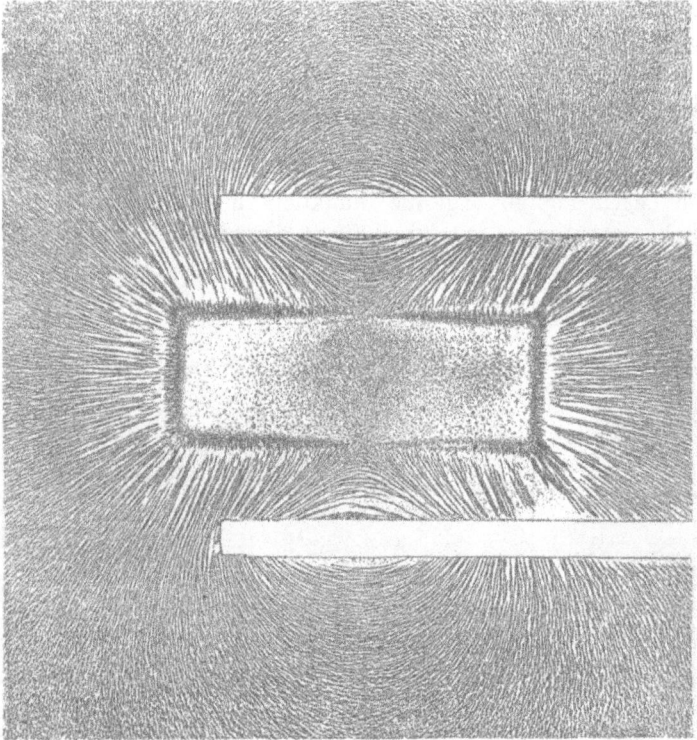

Fig. 41.

mehr Kraftlinien aufzunehmen vermag. Demnach läſst sich das
magnetische Feld dieser Figuren dadurch erklären, daſs die Kraftlinien des induzierenden Feldes dem Eisenstücke zustreben, von
diesem aufgenommen und vermehrt werden. Dort, wo die Kraftlinien in das Eisenstück eintreten, ist freier Südmagnetismus vorhanden, und dort wo die Kraftlinien das Eisenstück verlassen,
freier Nordmagnetismus.

69. Magnetische Schirmwirkung.

Diese Eigenschaft, die Kraftlinien in sich aufzunehmen, die dem weichen Eisen im stärksten Maſse zukommt, kann man dazu benützen, um einen Raum vor der Einwirkung benachbarter

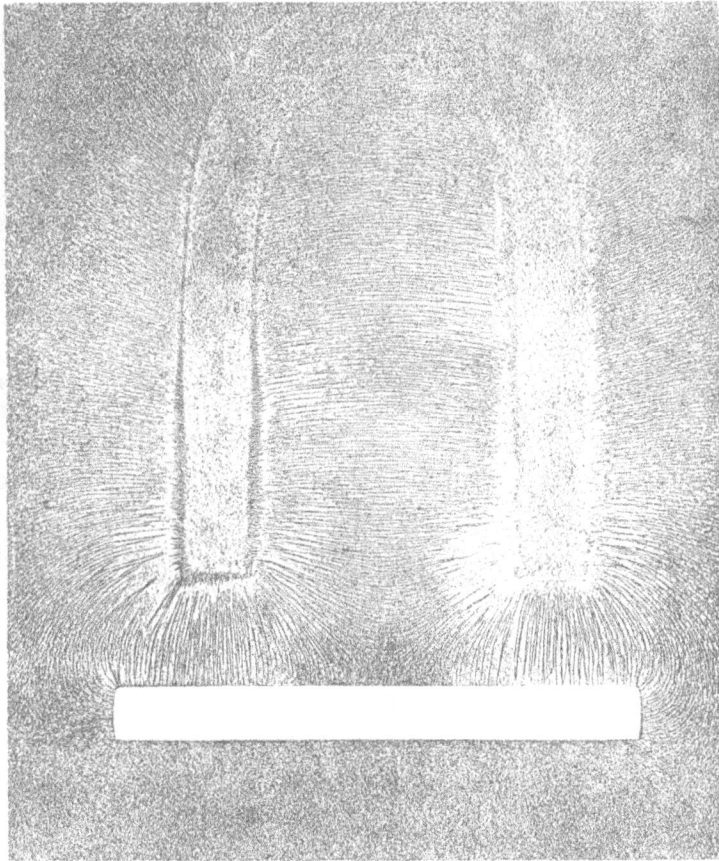

Fig. 42.

Magnete zu schützen. Zu diesem Zwecke stellt man vor die Magnete eine entsprechend groſse und dicke Platte aus weichem Eisen, die die Kraftlinien alle in sich aufnimmt. (Fig. 42, man vergleiche Fig. 6.) Hinter der Platte liegen die Feilspäne ungeordnet, ein

Zeichen, daſs dort keine magnetische Kräfte wirken. Das Innere
einer eisernen Hohlkugel von hinreichender Dicke ist demnach
gänzlich frei von Kraftlinien (Fig. 43). Man benützt dies zur
Astasierung von Galvanometern.

70. Stärke der Induktion.

Wir wollen nun die eben geschilderten Esrcheinungen mathematisch präzisieren. Bei einem Magneten kann man den Verlauf

der Kraftlinien im Innern nicht sehen;
wir nehmen aber nach Analogie mit einem
Solenoide an, daſs alle Kraftlinien geschlossene Kurven sind und im Innern
parallel zur Axe verlaufen. Dann ist nach
§ 8 die Gesamtzahl der Kraftlinien im
Innern eines Magnetes mit der Polstärke
m gleich $4\,\pi\,m$. Ist S die Querschnittsfläche des Magnetes, so ist die Anzahl
der Kraftlinien für die Einheit des Querschnittes

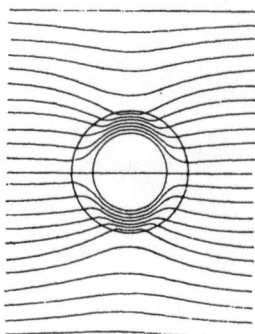

$$\frac{4\,\pi\,m}{S} = 4\,\pi\,\mathfrak{J}$$

Fig. 43.

denn nach § 67 ist die Magnetisierung $\mathfrak{J}$ identisch mit der Flächendichte $\sigma = \dfrac{m}{S}$

Bringen wir nun ein Eisenstück in ein homogenes Feld von
der Stärke $\mathfrak{H}$ und ist m die dadurch induzierte Polstärke, so ist
$4\,\pi\,\mathfrak{J}$ die Anzahl der im Eisen induzierten Kraftlinien pro Flächeneinheit des Querschnittes. Addieren wir dazu die ursprünglich
vorhandene Kraftlinienzahl $\mathfrak{H}$, so ist die Anzahl der im Eisen vorhandenen Kraftlinien $\mathfrak{B}$ pro Flächeneinheit

$$\mathfrak{B} = \mathfrak{H} + 4\,\pi\,\mathfrak{J}. \qquad\qquad 14)$$

$\mathfrak{B}$ ist also die Stärke der Induktion oder die Induktion
schlechtweg.

Um daraus die Gesamtzahl der im Eisen vorhandenen Kraftlinien zu erhalten, haben wir mit der Querschnittsfläche S zu
multiplizieren. Es ist also

$$Z = \mathfrak{B}\,S = \mathfrak{H}\,S + 4\,\pi\,m. \qquad\qquad 15)$$

71. Aufnahmevermögen und Durchlässigkeit.

Es ist einleuchtend, daſs die Magnetisierungsstärke $\mathfrak{J}$ von der
Stärke des induzierenden Feldes $\mathfrak{H}$ abhängig ist. Das Verhältnis

beider $\frac{\mathfrak{J}}{\mathfrak{H}} = \varkappa$ heifst magnetisches **Aufnahmevermögen** oder Suszeptibilität.

Durch diese Gröfse ist jeder magnetische Stoff hinsichtlich seiner Magnetisierungsfähigkeit vollständig bestimmt.

In den meisten Fällen ist jedoch ein anderer Faktor bequemer, nämlich das Verhältnis der Induktion zur Stärke des induzierenden Feldes, d. i.

$$\frac{\mathfrak{B}}{\mathfrak{H}} = \mu$$

und dieser heifst magnetische **Durchlässigkeit** oder Permeabilität. Diese Gröfse gibt an, wie viel mal mehr Kraftlinien durch den betreffenden Körper gehen, als vorher unter denselben Verhältnissen durch die Luft.

Dividiert man die Gleichung 14 durch $\mathfrak{H}$, so ergibt sich folgende Beziehung zwischen Durchlässigkeit und Aufnahmevermögen

$$\mu = 1 + 4\,\pi\,\varkappa. \qquad\qquad 16)$$

72. Paramagnetische und diamagnetische Stoffe.

Die Durchlässigkeit μ ist für verschiedene Stoffe verschieden. Für Eisen ist sie am gröfsten, für Nickel und Kobalt kleiner und für alle übrigen Stoffe sehr klein. Der luftleere Raum besitzt die

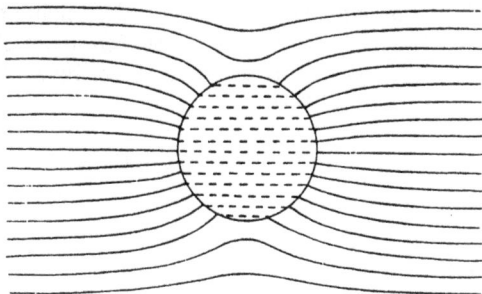

Fig. 44.

Durchlässigkeit 1; praktisch wird auch die Luft gleich 1 gesetzt, obwohl sie ein wenig gröfser ist. Es gibt aber auch einige Stoffe — am auffallendsten sind Wismut und Atimon — deren Durchlässigkeit kleiner als 1 ist. Dies äufsert sich darin, dafs, wenn wir einen solchen Körper in der Luft einer starken Induktion

aussetzen, die Kraftlinien nicht wie bei Eisen hineingezogen werden (Fig. 44), sondern demselben ausweichen (Fig. 45) [1]. Man
nennt solche Stoffe diamagnetische, zum Unterschiede von den
anderen, deren μ gröfser ist als 1 und die man paramagnetische
oder magnetische schlechtweg nennt. Wenn μ kleiner ist als 1,
so folgt aus Gleichung 16, dafs $\varkappa$ negativ ist. Das Ausweichen
der Kraftlinien bei den diamagnetischen Stoffen hat zur Folge,

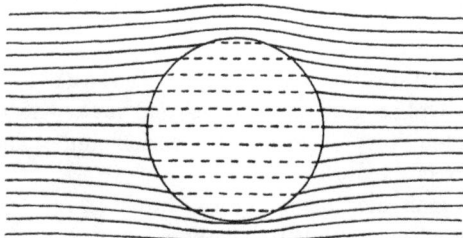

Fig. 45.

dafs sie in einem nicht homogenen Felde dorthin getrieben werden, wo die Stärke des Feldes am kleinsten ist; d. h. von einem
magnetischen Felde werden sie abgestofsen. Es hat also den Anschein, als würde in einem solchen Körper von einem benachbarten Nordpol ein Nordpol und von einem Südpol ein Südpol
induziert. Wie schon eingangs erwähnt wurde, zeichnen sich Eisen,
Kobalt und Nickel vor allen anderen Stoffen dadurch aus, dafs
ihre Durchlässigkeit sehr grofs ist; man bezeichnet diese Gruppe
als feromagnetische Stoffe.

73. Magnetisierungskurve. Magnetische Sättigung.

Der magnetische Zustand wird am einfachsten durch die
Magnetisierungsstärke $\mathfrak{J}$ bestimmt. Dieselbe ist nach dem Gesetze
$\mathfrak{J} = \varkappa \mathfrak{H}$ von der Stärke des magnetisierenden Feldes, das man auch
magnetisierende Kraft nennt, abhängig. Diese Abhängig-
keit ist aber keineswegs eine Proportionalität, sondern es nähert
sich $\mathfrak{J}$ einer Grenze, die auch durch Anwendung der stärksten
Felder nicht überschritten werden kann. Die Volumseinheit kann
also nur eine gewisse Menge Magnetismus aufnehmen; sie erreicht
einen Zustand der Sättigung. Dies wird am besten anschaulich

---

[1] Aus: Eving, Magnetische Induktion.

gemacht durch eine Kurve, die Magnetisierungskurve, welche die Abhängigkeit der Magnetisierung $\mathfrak{J}$ von $\mathfrak{H}$ darstellt. Fig. 46 zeigt diese Kurven für die ferromagnetische Gruppe, und man sieht daraus, wie $\mathfrak{J}$ anfangs sehr rasch und dann immer langsamer zunimmt, bis endlich bei einer magnetisierenden Kraft von etwa 500 bis 600 absol. Einh. die gröfste Magnetisierung (die Sättigung) erreicht wird.

Die Kurven lehren uns, dafs die Magnetisierung der verschiedenen Stoffe bei demselben $\mathfrak{H}$ sehr verschieden ist. Es ergeben

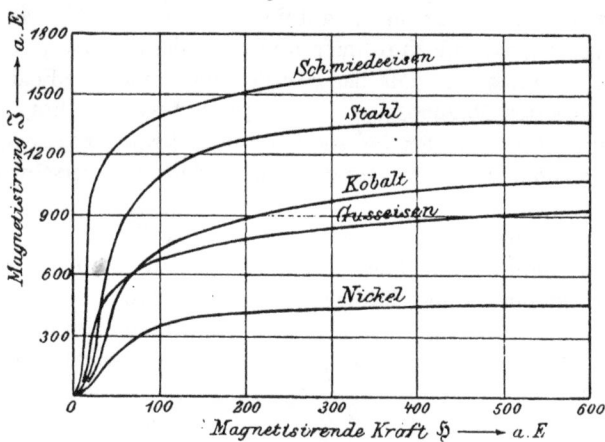

Fig. 46.

aber auch verschiedene Proben desselben Stoffes, insbesondere bei Eisen, verschiedene Magnetisierungskurven. Die in dieser Figur dargestellten beziehen sich auf besonders gut magnetisierbare Sorten.

Dafs die Magnetisierung eine gewisse Grenze hat, läfst sich leicht aus der in § 1 gegebenen Theorie erklären, wonach die Magnetisierung in einer Gleichrichtung der schon vorhandenen Molekularmagnete besteht; wenn alle gleichgerichtet sind, ist diese Grenze, die Sättigung, erreicht.

74. Remanenter Magnetismus. Koërzitivkraft.

Verschwindet das magnetisierende Feld, so verschwindet der induzierte Magnetismus nicht vollständig. Den zurückbleibenden Rest nennt man remanenten Magnetismus, und die Kraft, die

denselben gewissermafsen zurückhält, Koerzitivkraft. Beide sind für
verschiedene Stoffe verschieden; am geringsten sind sie bei weichem
Eisen und am gröfsten bei hartem Stahl; aber auch da läfst sich
keine bestimmte Zahl angeben. Infolge dieser Eigenschaft des
harten Stahles, einen Teil des induzierten Magnetismus sehr lange
unverändert zu behalten, kann man aus diesem permanente
oder Dauer-Magnete anfertigen.

75. Einflufs der Gestalt. Entmagnetisierende Kraft.

Bei der Ableitung der Induktionsgesetze in § 70 haben wir
vorausgesetzt, dafs die Kraftlinien im Innern des induzierten Stückes
parallel verlaufen und dafs das induzierende homogene Feld durch
den induzierten Magnetismus nicht verändert werde. Dies gilt aber
nur dann, wenn in dem induzierten Stücke keine freien magnetischen Massen auftreten, oder der Einflufs derselben verschwindend
klein ist.

Ist dies nicht der Fall, wie z. B. bei den Figuren in § 68, so
wird das induzierende Feld durch das der freien magnetischen
Massen verändert, und infolge dessen sind auch die Kraftlinien
im Innern des induzierten
Stückes nicht mehr par-
allel. Betrachten wir z. B.
ein prismatisches Stück,
das durch Induktion mag-
netisiert wurde, so neh-
men dessen Kraftlinien
den in Fig. 47 durch die
ausgezogenen Linien an-

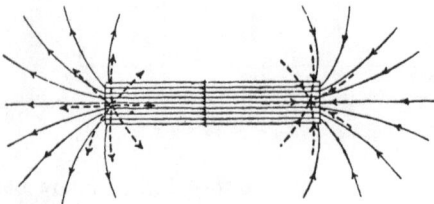

Fig. 47.

gedeuteten Verlauf. An den Enden treten aber freie magnetische Massen (Pole) $+ m$ und $- m$ auf, die an und für
sich ein Feld besitzen, wie es schon in Fig. 5 dargestellt wurde
und in dieser Figur durch die gestrichelten Linien angedeutet
ist. Man sieht, dafs diese beiden Gruppen von Kraftlinien
im Innern des Magnets entgegengesetzten Verlauf haben; d. h.
sie schwächen den Magnetismus des Stabes, sie üben eine
entmagnetisierende Wirkung aus. Die resultierenden Kraftlinien im Innern sind nicht mehr parallel, und ebenso auch die
des induzierenden homogenen Feldes (Fig. 40 und 41). Dieser
Einflufs der freien Pole ist natürlich in der Nähe derselben am

stärksten, wie man leicht aus den Figuren erkennt, und daher in
Bezug auf den induzierten Magnet um so geringer, je länger der
Stab im Verhältnis zur Dicke ist. Gänzlich beseitigt ist er bei
der Magnetisierung geschlossener Figuren, also etwa eines Ringes,
durch ein Solenoid, wie es in Fig. 38 angedeutet ist. In diesem
Falle sind die Kraftlinien in sich selbst geschlossene Kurven, und
ihre Anzahl ist die μ fache von der ohne Eisen vorhandenen. Dasselbe gilt auch für ein offenes Solenoid, wenn sowohl der innere
als auch der äußere Raum, soweit Kraftlinien bemerkbar sind,
von demselben magnetischen Stoffe ausgefüllt sind. Dann ist
auch in einem äußeren Punkte die Anzahl der Kraftlinien die
μ fache. Endlich gibt es eine geometrische Gestalt, bei welcher
der Einfluß der Pole zwar nicht verschwindet, aber für jeden
Punkt im Innern gleich groß ist und berechnet werden kann. Es
ist dies ein Eliplsoid, wenn es in der Richtung einer Axe magnetisiert wird. In allen anderen Fällen kann der entmagnetisierende
Einfluß nur näherungsweise bestimmt werden. Zur richtigen experimentellen Bestimmung von $\mathfrak{B}$ oder $\mathfrak{J}$ ist es daher am besten,
das Probestück in einer geschlossenen Figur zu verwenden.

Beispiel: Ein eiserner Ring von 100 cm mittlerem Umfang (Länge
der Leitlinie) und 2 cm² Querschnitt sei mit 1000 Windungen bewickelt,
die einen Strom von 0,5 A führen. Es ist also $n = 10$ und die Amperwindungen auf der Längeneinheit $n\,i = 5$. Daher die magnetisierende
Kraft $\mathfrak{H} = 1,257 \cdot 5 = 6,3$. Die Gesamtzahl der Kraftlinien, die den Querschnitt des Eisenringes durchsetzen, sei $Z = 24\,000$ gefunden worden.
Also ist $\mathfrak{B} = 12\,000$. Daraus $\mu = 12\,000 : 6,3 = 1905$. Ferner ist

$$\mathfrak{J} = \frac{\mathfrak{B} - \mathfrak{H}}{4\,\pi} = 11\,993,7 : 12,57 = 952,$$

daraus ist $\varkappa = 952 : 6,3 = 151$.

76. Induktionskurve.

In § 73 wurde gesagt, daß die Magnetisierung nicht proportional ist der magnetisierenden Kraft, sondern anfangs rasch und
dann immer langsamer zunimmt. Daraus folgt, daß das Aufnahmevermögen $\varkappa$ keine konstante Größe sein kann, sondern
anfangs zu- und dann abnehmen muß. Die Tabelle auf Seite 74
bestätigt dies. Weiters folgt nach Gleichung 14, daß auch die
Induktion $\mathfrak{B}$ nicht proportional der magnetisierenden Kraft ist.
Die Abhängigkeit derselben wird durch eine Kurve, die Induktions-

kurve (Fig. 48), dargestellt. Endlich folgt daraus, daſs die Durchlässigkeit μ keine konstante Gröſse sein kann, sondern ebenso
wie $\varkappa$ anfangs zunimmt bis zu einem Maximalwerte und von da

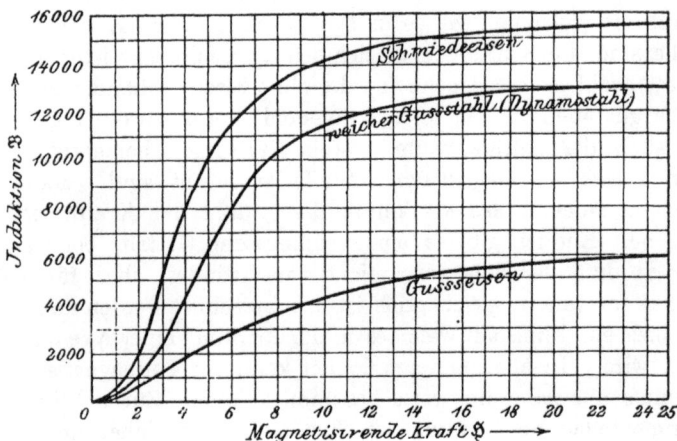

Fig. 48.

wieder rasch abnimmt, wie auch aus der folgenden Tabelle zu
ersehen ist.[1]) Für die meisten Rechnungen ist es wichtiger, die
Änderung von μ nicht in Beziehung zu $\mathfrak{H}$, sondern zu $\mathfrak{B}$ darzustellen, wie in Fig. 49.

$\mathfrak{H}$	$\mathfrak{B}$	μ	$\mathfrak{J}$	$\varkappa$
0,8	170	250	13,5	17
2	1700	850	135	67,5
3	4950	1650	393	131
4	7900	1975	627	157
4,5	9100	2020	724	161
5	10000	2000	794	159
6	11300	1883	897	149
10	14100	1410	1119	112
20	15300	765	1207	60,4
24	15500	646	1228	51

[1]) Diese Tabelle und die Kurven sind Mittelwerte aus Messungen
an verschiedenen Proben von verschiedenen Beobachtern.

Eine nähere Betrachtung der Tabelle und der Kurven lehrt, daſs für mittlere Magnetisierungswerte $\mathfrak{H}$ so klein ist gegenüber $\mathfrak{B}$, daſs es vernachlässigt werden kann, und daher sehr angenähert $\mathfrak{B} = 4\,\pi\,\mathfrak{J}$ und $\mu = 4\,\pi\,\varkappa$ ist.

Daraus erklärt es sich, daſs die Kurven für $\mathfrak{J}$ und $\mathfrak{B}$ einander sehr ähnlich sind, nur daſs der Ordinatenmaſsstab der letzteren das $4\,\pi$ fache der ersteren ist. In der Nähe des Sättigungspunktes hingegen gewinnt $\mathfrak{H}$ als Bestandteil von $\mathfrak{B}$ bereits Bedeutung, da $\mathfrak{J}$ jetzt konstant wird und $\mathfrak{B}$ nur mehr um soviel zunimmt, als $\mathfrak{H}$ gröſser wird.

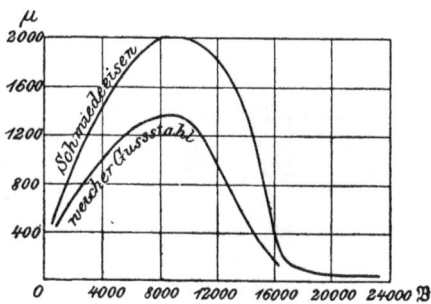

Fig. 49.

Was von $\mathfrak{J}$ gilt, gilt auch von $\mathfrak{B}$; d. h. verschiedene Sorten desselben Stoffes geben verschiedene Kurven. Die hier gegebenen können daher nur zu näherungsweisen Rechnungen benützt werden. Wo Genauigkeit erforderlich ist, muſs jede Sorte eigens untersucht werden, da weder die physikalische noch die chemische Beschaffenheit einen Anhaltspunkt zur Vorausbestimmung von $\mathfrak{J}$ oder $\mathfrak{B}$ gibt.

77. Hysteresis.

Zu den eben geschilderten unangenehmen Eigenschaften kommt noch eine weitere. $\mathfrak{J}$ und $\mathfrak{B}$ hängen nämlich nicht allein von dem Werte der magnetisierenden Kraft $\mathfrak{H}$, sondern auch davon ab, ob dieselbe im Zunehmen oder Abnehmen begriffen ist. Läſst man $\mathfrak{H}$ von Null an bis zu einem gewissen Werte wachsen, so erhält man die Induktionskurve $O\,C$ (Fig. 50); läſst man $\mathfrak{H}$ von da wieder bis Null abnehmen, so erhält man nicht dieselben Werte, sondern die Kurve $C\,A$; geht man nun zu negativen Werten von $\mathfrak{H}$ über (durch Umkehrung der Magnetisierungsrichtung), so nimmt die Induktionskurve den Umlauf $A\,C'$. Nehmen von da an die negativen Werte ab bis Null und dann wieder zu in positiver Richtung, so erhält man die Induktionskurve $C'\,B'\,C$. Man sieht, daſs auf der rechten Seite von O zu jedem Werte von $\mathfrak{H}$ drei Werte von $\mathfrak{B}$ gehören. Und zwar ist jener Wert

von $\mathfrak{B}$, der bei abnehmenden Werten erhalten wird, gröfser als
der, wenn man von Null ausgeht, und dieser wiederum gröfser
als jener, wenn man von negativen zu positiven Werten übergeht.
Der jeweilige Wert der Induktion wird also durch den vorhergehenden beeinflufst in dem Sinne, dafs der frühere magnetische Zustand sich zu
erhalten sucht.

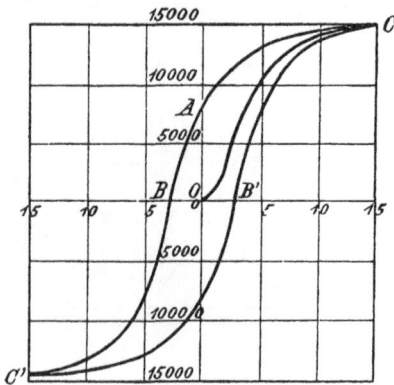

Fig. 50.

Von besonderem Inter-
esse sind die Abschnitte OB
und OA. OA ist jener In-
duktionswert, der noch be-
stehen bleibt, wenn $\mathfrak{H}$ gleich
Null geworden ist; er ent-
spricht also dem remanenten
Magnetismus. Will man
aber doch die Magnetisierung
gänzlich verschwinden machen,
so mufs man eine magneti-
sierende Kraft von entgegen-
gesetzter Richtung OB anwenden, die der Koërzitivkraft entgegen
wirkt. OB ist also numerisch gleich der Koërzitivkraft.

Es ist dies ganz so wie bei einem elastischen Körper, der
eine dauernde Deformation erlitten hat; um dieselbe zu beseitigen,
ist eine gewisse Kraft von entgegengesetzter Richtung notwendig.

Diese Erscheinung, dafs für die magnetische Induktion nicht nur
die magnetisierende Kraft, sondern auch der frühere Zustand des betreffenden Stückes, seine magnetische Vorgeschichte mafsgebend ist, nennt man Hysteresis; sie wurde von Warburg (1881)
entdeckt.

78. Magnetische Verzögerung.

Zu den eigentümlichen Erscheinungen, die bei der Magnetisierung auftreten, gehört auch die, dafs nach Herstellung des
magnetisierenden Feldes die Induktion nicht sofort den ihr zu-
kommenden Wert erhält, sondern erst nach einiger Zeit, die unter
Umständen bis zu einer Minute dauern kann. Das gilt für genaue
Bestimmungen; einen dem endgiltigen sehr nahekommenden Wert
scheint sie sehr rasch anzunehmen. Diese Verzögerung hat wahrscheinlich, ebenso wie die Hysteresis, ihren Grund in gewissen,
noch unbekannten, mechanischen Vorgängen (molekulare Reibung).

79. Magnetisierungs-Formeln.

Aus dem Vorhergehenden wird es erklärlich, warum es bisher nicht gelungen ist, die Abhängigkeit der Magnetisierung oder Induktion von der magnetisierenden Kraft durch eine theoretische Formel festzustellen. Doch wurden bereits einige e m p i r i s c h e F o r m e l n aufgestellt, die den Verlauf der Kurven wenigstens innerhalb gewisser Grenzen wiedergeben. Die wichtigsten sind:

Die Formel von Fröhlich $y = \dfrac{x}{a + b\,x}$.

Die Formel von Kapp $\quad y = a\,x\,\dfrac{tg\,\dfrac{\pi}{2}\,\sigma}{\dfrac{\pi}{2}\,\sigma}$.

Dabei bedeutet y eine der Induktion proportionale Größe und x eine dem magnetisierenden Felde $\mathfrak{H}$ proportionale; a und b sind Konstanten und $\sigma = \dfrac{Z}{Z'}$, wenn Z die eben vorhandene und Z' die größste Anzahl der Kraftlinien (Sättigung) bedeutet.

80. Magnetisierungsarbeit.

Aus der Ableitung des Potentialbegriffes (§ 13) wissen wir bereits, daß magnetische Massen Arbeitsfähigkeit besitzen; dieselbe hat ihren Grund in der bei der Magnetisierung durch die magnetisierende Kraft $\mathfrak{H}$ geleisteten Arbeit. Diese Arbeit ist, wenn die Induktion einer Volumseinheit von $\mathfrak{B}_1$ auf $\mathfrak{B}_2$ erhöht wird.

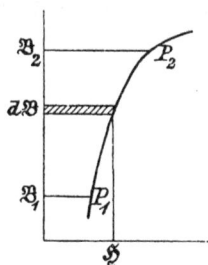

$$A = \frac{1}{4\,\pi} \int_{\mathfrak{B}_1}^{\mathfrak{B}} \mathfrak{H}\, d\,\mathfrak{B}. \qquad 17)$$

Betrachten wir das Stück der Induktionskurve zwischen $\mathfrak{B}_1$ und $\mathfrak{B}_2$ (Fig. 51), so sehen wir, daß $\mathfrak{H} \cdot d\,\mathfrak{B}$ nichts anderes ist, als der Flächeninhalt des schraffierten unendlich kleinen Rechteckes von der Länge $\mathfrak{H}$ und der

Fig. 51.

unendlich kleinen Höhe $d\,\mathfrak{B}$. Das Integral in der letzten Formel ist also der Flächeninhalt der von der Kurve und den Induktionswerten $\mathfrak{B}_1$ und $\mathfrak{B}_2$ begrenzten Fläche $\mathfrak{B}_1\,P_1\,P_2\,\mathfrak{B}_2$. Und man erhält daraus die zur Magnetisierung einer Volumseinheit nötige

Arbeit, wenn man diese Fläche durch 4π dividiert. Es mufs
besonders hervorgehoben werden, dafs nur zur Erzeugung des
Magnetismus Arbeit notwendig ist; zum Aufrechterhalten desselben aber nicht.

81. Arbeitsverlust infolge der Hysteresis.

Hat man eine gewisse Induktion erzeugt und läfst nun das
erzeugende Feld $\mathfrak{H}$ wieder abnehmen, so nimmt auch die Induktion
ab und leistet dabei Arbeit. Diese von der Induktion geleistete
Arbeit ist natürlich auch durch die Formel im vorigen Paragraph
oder durch die von der Induktionskurve begrenzte Fläche bestimmt.
Haben wir also z. B. mit der Magnetisierung von Null begonnen
bis zu einem gewissen Werte, so ist die aufgewendete Arbeit der

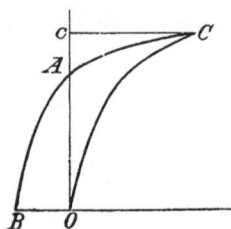

Fig. 52.

Fläche $O\,C\,c$ (Fig. 52) proportional. Lassen
wir dann die magnetisierende Kraft wieder
bis Null abnehmen, so ist die zurück-
gewonnene Arbeit $A\,C\,c$. Der Unterschied
beider, das ist die Fläche $O\,C\,A$ stellt uns also
jenen Arbeitsbetrag dar, der während dieses
Prozesses verloren ging. Wollen wir den
früher erzeugten Magnetismus ganz verschwinden machen, so müssen wir zur Vernichtung des remanenten Magnetismus $O\,A$
noch eine magnetisierende Kraft von entgegengesetzter Richtung
$O\,B$ und die entsprechende Arbeit $O\,A\,B$ aufwenden. Der ganze
Arbeitsverlust ist also dann $O\,C\,A\,B$. (Natürlich immer mit Berücksichtigung dessen, dafs diese Flächen noch durch 4π zu dividieren sind.)

Es wurde schon in § 77 der Vergleich mit der Elastizität her-
angezogen. Die Magnetisierung entspricht dem Spannen einer
elastischen Feder; dabei mufs eine gewisse Arbeit geleistet werden.
Ist dies geschehen, so bedarf es zur Aufrechterhaltung der Spannung keiner Arbeit. Läfst aber die Kraft nach, so leistet jetzt
die Feder Arbeit und gibt einen Teil der früher aufgewendeten
Arbeit zurück; der Rest geht infolge der unvollkommenen Elastizität verloren und setzt sich in Wärme um. Dasselbe gilt für den
Arbeitsverlust durch magnetische Hysteresis; auch dieser setzt sich
in Wärme um. Strenge genommen, ist der Ausdruck Verlust un-
passend, denn auch die Wärme ist eine Arbeit; er ist nur dann

gerechtfertigt, wenn man darunter einen Verlust an gleichartiger
Arbeit wie die aufgewendete versteht. Wenn z. B. das magnetische
Feld durch einen elektrischen Strom (Solenoid) erzeugt wird, so
wird durch den verschwindenden Magnetismus elektrische Arbeit
erzeugt (Extra-Strom) bis auf jenen Fehlbetrag infolge der Hysteresis, der das Eisen erwärmt. Man darf aber nicht den umgekehrten Schluß ziehen und die Erwärmung als ein Maß der Hysteresis betrachten, da gleichzeitig noch eine Wärmequelle auftritt,
nämlich Wirbelströme (§ 127), die das Eisen nach dem Joule'schen
Gesetz erwärmen.

82. Arbeitsverlust durch Hysteresis bei einem Kreisprozeß.

Läßt man die Magnetisierung einen Kreisprozeß durchlaufen
wie in § 77, wobei die Induktionswerte die Kurve $C\,B\,C'\,B'\,C$ be-
schreiben (Fig. 50), so folgt aus dem Vorhergehenden, daß der
Arbeitsverlust gleich ist der von dieser Kurve eingeschlossenen
Fläche dividiert durch $4\,\pi$.

Die Formel 17 können wir in eine andere Gestalt bringen
durch Benützung der Gleichung 14.

Daraus ist

$$d\,\mathfrak{B} = d\,\mathfrak{H} + 4\,\pi\,d\,\mathfrak{J}.$$

Also

$$A = \frac{1}{4\,\pi}\int_{\mathfrak{H}}^{\cdot\mathfrak{H}} \mathfrak{H}\,d\,\mathfrak{H} + \int_{\mathfrak{H}}^{\cdot\mathfrak{H}} \mathfrak{H}\,d\,\mathfrak{J}.$$

Da wir einen Kreisprozeß voraussetzen, so ist der Endwert
von $\mathfrak{H}$ derselbe wie der Anfangswert, also das erste Integral gleich
Null und

$$A = \int_{\mathfrak{H}}^{\cdot\mathfrak{H}} \mathfrak{H}\,d\,\mathfrak{J}.$$

Das ist nichts anderes als die von der Magnetisierungskurve
$\mathfrak{J}$ eingeschlossene Fläche. Nach § 76 erhalten wir diese aus der
Induktionskurve, wenn wir den Ordinatenmaßstab um das $4\,\pi$-
fache verkleinern.

83. Größe des Arbeitsverlustes in Eisen.

Zur Auswertung der theoretischen Formel für den Arbeitsverlust durch Hysteresis, müßte man die Abhängigkeit des $\mathfrak{J}$ oder
$\mathfrak{B}$ von $\mathfrak{H}$ kennen; das ist bekanntlich nicht der Fall. Doch ist es

Steinmetz[1]) gelungen, aus vielen Beobachtungen den Arbeitsverlust
bei einem Kreisprozeſs für 1 cm³ Eisen durch die empirische
Formel

$$A = \eta \, \mathfrak{B}^{1,6}$$

darzustellen, wenn sich der Kreisprozeſs zwischen den Grenzen
$+ \mathfrak{B}$ und $- \mathfrak{B}$ abspielt.

Bewegt sich der Kreisprozeſs zwischen den Grenzen $\mathfrak{B}_1$ und
$\mathfrak{B}_2$ so ist

$$A = \eta \, (\mathfrak{B}_2 - \mathfrak{B}_1)^{\,1,6}.$$

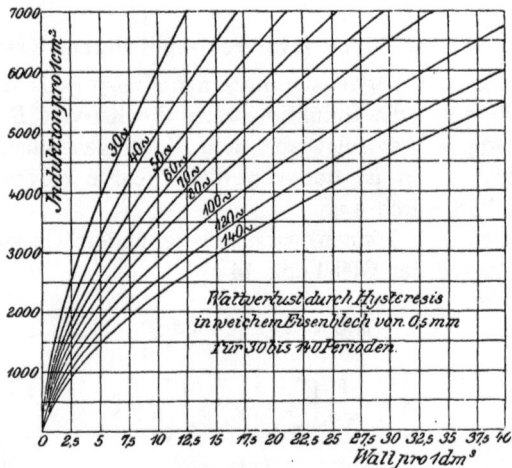

Fig. 53.

Dabei ist η für weiches Eisen 0,002 — 0,004, für weichen
Guſsstahl 0,002 — 0,008, für Guſseisen 0,016, für harten Stahl
0,01 — 0,02.

Diese Verluste sind für Wechselstrom-Elektromagnete von
groſser Wichtigkeit, da während jeder Periode des Stromes ein
solcher Kreisprozeſs stattfindet. Fig. 53 enthält Kurven[2]), aus
denen sich der Arbeitsverlust bei verschiedenen Periodenzahlen
für 1 Sekunde und 1 dm³ aus weichem Eisenblech in Watt entnehmen läſst.

---

[1]) Mehrere Abhandlungen in der Elektrotechnischen Zeitschrift 1892.
[2]) Kolben, Elektrot. Zeitschr. 15 S. 77, 1894.

84. Einflufs der Temperatur auf die Magnetisierung.

Die ferromagnetischen Stoffe verhalten sich Temperaturände-
rungen gegenüber verschieden, je nachdem sie kleineren oder
gröfseren magnetisierenden Kräften ausgesetzt sind. Bei kleineren
nimmt die Magnetisierung mit wachsender Temperatur anfangs zu,
und dann wieder ab bis zum gänzlichen Verschwinden; bei gröfseren
nimmt sie gleich ab. Jene Temperatur, wo die Magnetisierung
ganz verschwindet, nennt man die kritische Temperatur; sie
liegt für verschiedene Eisensorten zwischen 690° und 870°, für
Nickel bei etwa 300°.

Auch der remanente Magnetismus (Dauermagnete) nimmt mit
der Temperatur ab und verschwindet beim Glühen vollständig.
Das Ausglühen ist daher ein gutes Mittel zur Entmagnetisierung.
Reicht die Erwärmung nicht bis zum Glühen, so kehrt beim Ab-
kühlen ein Teil des remanenten Magnetismus wieder zurück.

85. Der magnetische Kreis.

In § 66 wurde gezeigt, dafs sich auf einen geschlossenen Ring
(Fig. 38) die Gesetze der Magnetisierung ohne Einschränkung anwenden lassen, weil dabei keine freien Enden auftreten, und infolgedessen keine Wirkung nach aufsen stattfindet. Die Kraftlinien verlaufen als konzentrische Kreise. Befindet sich im Innern
ein Eisenkern, so hat demnach jede Volumeinheit eine gewisse
Magnetisierung, wie man sofort sieht, wenn man ihn an einer
Stelle aufschneidet. Jetzt besitzt er Nord- und Südpol gemäfs der
Ampèrschen Regel, und die Kraftlinien haben die in Fig. 54 dargestellte Form.[1]

Ist N die Anzahl der Stromwindungen auf einem geschlossenen
eisernen Ring und l die Länge der Leitlinie desselben, so ist die
magnetisierende Kraft nach § 66

$$\mathfrak{H} = \frac{4\,\pi\,i\,N}{l}.$$

Ist die Dicke des Ringes klein im Verhältnis zum mittleren
Umfange l, so ist $\mathfrak{H}$ homogen; wenn nicht, so ist es in der Nähe
des äufseren Umfanges kleiner als in der Nähe des inneren, und $\mathfrak{H}$
ist ein Mittelwert, wenn l der Mittelwert aus dem äufseren und
inneren Umfang ist.

---

[1] Aus du Bois, Magnetische Kreise.

Ferner ist

$$\mathfrak{B} = \mu \mathfrak{H} = \mu \frac{4 \pi i N}{l}.$$

Die Gesamtzahl der Kraftlinien im Ring ist ($S =$ Querschnitt)

$$Z = S \mathfrak{B} = \mu \frac{4 \pi i N}{l} S.$$

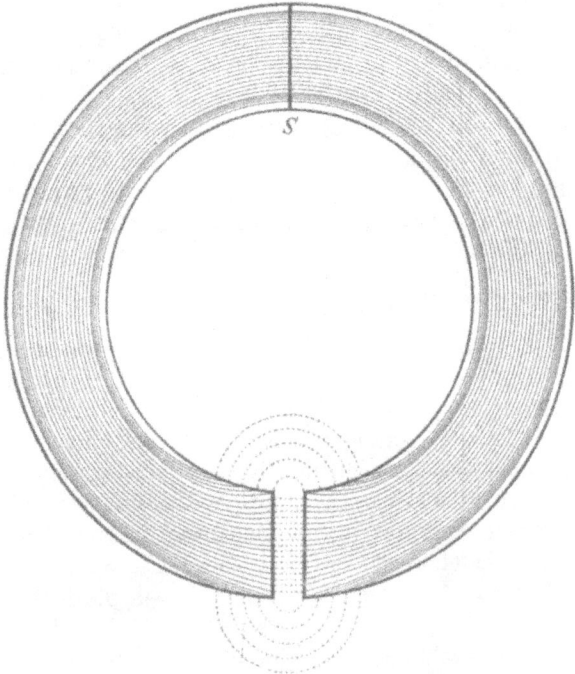

Fig. 54.

Schreibt man diese Gleichung in der Form

$$Z = \frac{4 \pi i N}{\frac{1}{\mu} \frac{l}{S}},$$

so erkennt man eine gewisse Ähnlichkeit mit dem Ohm'schen Gesetze, wenn man

$$4 \pi i N = \mathfrak{F} \qquad\qquad 18)$$

die **magnetomotorische Kraft** und

$$\frac{1}{\mu} \cdot \frac{l}{S} = \mathfrak{w} \qquad\qquad 19)$$

den magnetischen Widerstand nennt.

Dann ist

$$Z = \frac{\mathfrak{F}}{\mathfrak{w}}, \qquad\qquad 20)$$

d. h. die Gesamtzahl der Kraftlinien ist gleich der magnetomotorischen Kraft dividiert durch den magnetischen Widerstand.

Da wir die Kraftlinien im absoluten Maße ausdrücken, so haben wir, wenn i in Amper gegeben ist, durch 10 zu dividieren; es ist also

$$\mathfrak{F} = 0{,}4\,\pi\,i\,N = 1{,}257\,i\,N, \qquad 21)$$

$i\,N$ sind die gesammten Amperwindungen; also ist die magnetomotorische Kraft gleich den $0{,}4\,\pi$ fachen Amperwindungen.

Vergleicht man $\mathfrak{F}$ mit $\mathfrak{H}$, so sieht man, daß

$$\mathfrak{F} = \mathfrak{H}\,l.$$

Ferner folgt aus dem Ausdruck für den magnetischen Widerstand, daß $\dfrac{1}{\mu}$ dieselbe Rolle spielt wie der elektrische Widerstand, μ also dem spezifischen Leitungsvermögen entspricht. Man nennt $\dfrac{1}{\mathfrak{w}}$ auch magnetisches Leitungsvermögen.

86. Der magnetische Widerstand bei Hinter- und Nebeneinanderschaltung.

Besteht der magnetische Kreis aus zwei Teilen von der Länge l_1 und l_2 mit verschiedener Durchlässigkeit μ_1 und μ_2, so sind die magnetischen Widerstände

$$\mathfrak{w}_1 = \frac{l_1}{\mu_1\,S}, \qquad \mathfrak{w}_2 = \frac{l_2}{\mu_2\,S},$$

und die Gesamtzahl der Kraftlinien

$$Z = \frac{\mathfrak{F}}{\mathfrak{w}_1 + \mathfrak{w}_2}.$$

Der Widerstand bei Hintereinanderschaltung ist also gleich der Summe der einzelnen Widerstände, wie bei einem elektrischen Stromkreise.

Wir können daher jeden Magnet als ein Stück eines magnetischen Kreises betrachten, dessen anderer Teil die Luft ist. Nur

6*

hält es schwer, den Widerstand dieses Teiles zu bestimmen, da sich die Kraftlinien in der Luft ungleichmäfsig verteilen.

Teilt sich der Weg der Kraftlinien in zwei Teile mit den magnetischen Widerständen w_1 und w_2, so findet man den Gesamtwiderstand w der Nebeneinanderschaltung ähnlich der Verzweigung eines Stromes (§ 37) aus der Gleichung

$$\frac{1}{w} = \frac{1}{w_1} + \frac{1}{w_2}, \qquad 22)$$

also

$$w = \frac{w_1\, w_2}{w_1 + w_2}.$$

87. Magnetische Streuung.

Ist der magnetische Kreis durch eine Luftstrecke unterbrochen (Fig. 37), so breiten sich die Kraftlinien infolge der geringen Durchlässigkeit der Luft über einen viel gröfseren Querschnitt aus, als im Eisen. Aber auch bei einem geschlossenen Kreis treten Kraftlinien aus dem Eisen in die Luft über, namentlich dann, wenn die magnetisierende Wickelung nicht gleichmäfsig verteilt ist (Fig. 55),

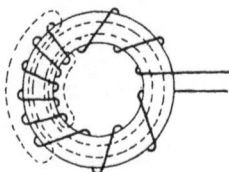

Fig. 55.

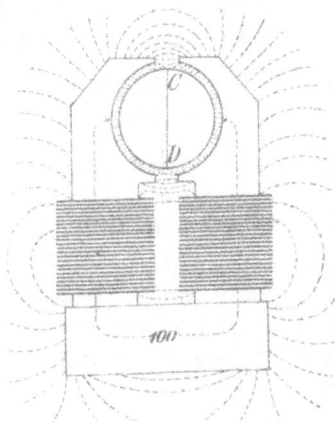

Fig. 56.

und wenn der Kern Kanten und Winkel besitzt. Man nennt dies magnetische Streuung oder Kraftlinienstreuung. Fig. 56 zeigt dieselbe bei einer Dynamomaschine. Ist Z die Anzahl der im Eisen erzeugten Kraftlinien und Z' die Anzahl der den gleichen Luftquerschnitt (Fig. 54) oder bei Dynamomaschinen der den Ankerquerschnitt CD durchsetzenden Kraftlinien, so bezeichnet man das Verhältnis $\frac{Z}{Z'} = \nu$ als Streuungskoëffizient

Ist keine Streuung vorhanden, so ist $\nu = 1$, sonst aber immer gröfser. Bei Gleichstrom-Dynamomaschinen beträgt er 1,10 bis 1,8, bei Wechselstromdynamos bis zu 2. Im letzteren Falle gehen also nur die Hälfte der Kraftlinien durch den Anker.

Der Streuungskoëffizient hängt unter sonst gleichen Umständen ab von dem Verhältnis der Durchlässigkeiten der beiden aneinander grenzenden Stoffe; denn jener Stoff, der die gröfsere Durchlässigkeit besitzt, nimmt mehr Kraftlinien auf und läfst weniger in das Nachbar-Medium übertreten.

In § 86 wurde erwähnt, dafs dort, wo Kraftlinien aus Eisen in Luft übertreten, freie magnetische Massen auf der Oberfläche vorhanden sind. Aus § 75 wissen wir, dafs solche magnetische

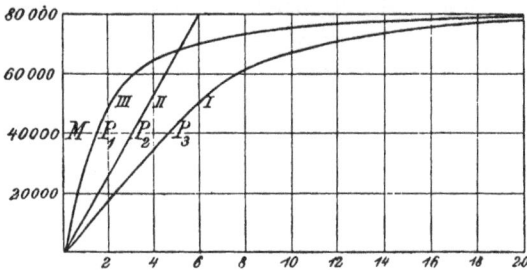

Fig. 57.

Massen eine entmagnetisierende Kraft ausüben. Der Einflufs der Kraftlinienstreuung ist also im Wesen derselbe, wie der freier magnetischer Massen. Man sieht dies auch leicht ein, wenn man sich den in Fig. 54 dargestellten magnetischen Ring ausgestreckt denkt; man hat dann einen gewöhnlichen Stabmagnet.

Den Einflufs der Kraftlinienstreuung, oder was nach dem eben Gesagten dasselbe ist, den entmagnetisierenden Einflufs freier magnetischer Massen kann man sehr übersichtlich in graphischer Weise darstellen. Lassen wir z. B. einen ungeschlossenen Ring (Fig. 54) durch den elektrischen Strom magnetisieren, so ist zunächst klar, dafs wegen des genannten schädlichen Einflusses mehr Amperwindungen notwendig sind, um dieselbe Anzahl von Kraftlinien zu erhalten, als wenn der Ring geschlossen ist. Trägt man die Kraftlinienzahlen des ungeschlossenen Ringes als Ordinaten, die magnetisierenden Kräfte als Abscissen auf, so erhält man die Kurve I (Fig. 57). Die gerade Linie in derselben Figur stellt die

Abhängigkeit der Kraftlinienzahl von den magnetisierenden Kräften im Luftzwischenraum dar; sie ist darum eine Gerade, weil Proportionalität besteht; denn für Luft ist $\mu = 1$, also

$$Z = \frac{\mathfrak{J}}{\mathfrak{w}} = \frac{4\pi i N}{l} = \mathfrak{H} S.$$

Da sie auch durch den Anfangspunkt gehen muß, so genügt zur Bestimmung ihrer Lage ein einziger Punkt, den man aus dieser Gleichung erhält. Denkt man sich nun den Ring wieder zusammengebogen, bis der Luftzwischenraum verschwindet, so ist jetzt der gesamte magnetische Widerstand des Ringes kleiner; man bedarf dann, um im Eisen allein dieselbe Kraftlinienzahl zu erhalten, eine um so viel kleinere magnetisierende Kraft, als zur Magnetisierung des Luftzwischenraumes notwendig ist. Man hat also jede Abscisse der Kurve I um den dazu gehörenden Wert für den Luftzwischenraum, also um die entsprechende Abscisse von II, zu vermindern. So ist z. B. $M P_1 = M P_3 - M P_2$. Man erhält so die Kurve III, welche die Abhängigkeit der Kraftlinien von der magnetisierenden Kraft ohne den Einfluß der Kraftlinienstreuung darstellt. Man nennt dieses Verfahren eine Scherung der Kurve I.

Aus dieser Kurve III erhält man ohne weiteres die Induktionskurve (§ 76), wenn man den Ordinatenmaßstab ändert, indem man durch den Querschnitt des Eisens dividiert. Dieses Verfahren muß man einschlagen, wenn man die Durchlässigkeit oder Induktion von einer Eisenprobe bestimmen will, die man nicht in einen geschlossenen Kreis bringen kann.

In der Praxis kommt häufig die umgekehrte Aufgabe vor: aus den Dimensionen und den bekannten magnetischen Eigenschaften eines Eisenkernes und dem Luftzwischenraum die wirklich vorhandenen Kraftlinienzahlen zu bestimmen, also aus den Kurven II und III die Kurve I zu bestimmen. Man nennt I die magnetische Charakteristik des betreffenden Eisenkernes. In manchen Fällen ist es zweckmäßiger, als Abscissen die Stromstärken aufzutragen.

Aus den Kurven I und III erkennt man sofort den entmagnetisierenden Einfluß der freien magnetischen Massen (Pole), bezw. der Gestalt des Eisenkernes. Die Kraftlinienzahl wird nämlich vermindert und die Kurve verflacht. Das stark ausgeprägte Knie der Induktionskurve bei geschlossenen Eisenkernen verschwindet bei ungeschlossenen Kernen umsomehr, je gröfser der Luftzwischenraum ist, und die Kurve geht nahezu in eine Gerade über, wenn der Kern zu einem Stab ausgestreckt wird. Bei stabförmigen Elektromagneten besteht also nahezu Proportionalität zwischen der magnetisierenden Kraft und der Induktion. Das ist für die Verwendung von Eisenkernen in Mefsinstrumenten von Wichtigkeit.

88. Magnetischer Widerstand von Luftschichten.

Die Bestimmung des Widerstandes von Luftschichten, die das Eisen des magnetischen Kreises unterbrechen, ist nur angenähert möglich, weil die Kraftlinien in der Luft manchmal grofse Kurven machen und verschiedene, mit der Entfernung abnehmende Dichte besitzen; man kennt also niemals genau den

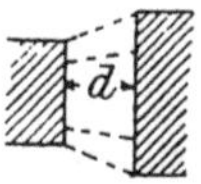

Fig. 58. 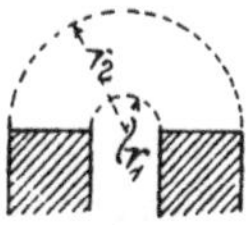   Fig. 59. 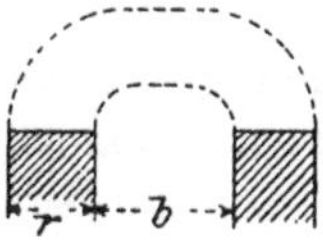   Fig. 60.

Querschnitt S, der in Rechnung zu bringen ist. Die Durchlässigkeit für Luft ist $\mu = 1$, da wir ja die ferromagnetischen Stoffe auf Luft beziehen.

Ist die Dicke der Luftschichte d klein im Verhältnis zum Eisenquerschnitt S, so kann man die über diesen Querschnitt hinausgehende Streuung vernachlässigen und $w = \dfrac{d}{S}$ setzen, wie es im vorigen Paragraphen geschehen ist.

Für drei andere einfache Fälle hat Forbes folgende Formeln aufgestellt:

Magnetischer Widerstand der Luft zwischen zwei ungleichen parallelen Flächen S_1, S_2 mit dem Abstande d (Fig. 58):

$$w = \frac{2d}{S_1 + S_2}.$$

Magnetischer Widerstand zwischen zwei nahe nebeneinander in derselben Ebene liegenden Flächen (Fig. 59), wenn a die Ausdehnung senkrecht zur Zeichenebene ist:

$$\mathfrak{w} = \frac{\pi}{a\,lg\,nat\,\dfrac{r_2}{r_1}}.$$

Magnetischer Widerstand derselben Anordnung, wenn die Flächen weiter auseinanderliegen, so dafs die Kraftlinien nicht mehr als Halbkreise betrachtet werden können (Fig. 60):

$$\mathfrak{w} = \frac{\pi}{a\,lg\,nat\left(1 + \dfrac{\pi\,r}{b}\right)}.$$

Der Einflufs solcher Luftzwischenräume zwischen Eisen ist wegen des grofsen Wertes von μ bedeutend. Er ist selbst dann noch zu bemerken, wenn die zwei Flächen sich berühren.

89. Praktische Anwendungen.

Zur Bestimmung der Kraftlinienzahl Z aus den Amperwindungen bietet die Formel für den magnetischen Kreis keinen Vorteil. Handelt es sich um einen geschlossenen Kreis, bei dem die Kraftlinienstreuung vernachlässigt werden kann, so ermittelt man aus den gesammten Amperwindungen, die auf die Längeneinheit entfallenden, indem man durch die Länge des magnetischen Kreises dividiert; daraus erhält man nach § 66 $\mathfrak{H}$, und aus Fig. 48 findet man die dazu gehörige Induktion $\mathfrak{B}$. Multipliziert man diese mit dem Querschnitt, so hat man Z. Dies darf man auch dann thun, wenn die Windungen nicht gleichmäfsig verteilt sind; denn wenn die Kraftlinienstreuung vernachlässigbar klein ist, so ist es gleichgültig, ob die Stromwindungen gleichmäfsig verteilt sind oder nicht; sie verlaufen doch alle im geschlossenen Eisenkreis. Ist dies nicht der Fall, so bleibt nichts anderes übrig, als Z oder $\mathfrak{B}$ experimentell zu bestimmen.

Wenn es sich aber um die umgekehrte Aufgabe handelt, nämlich die zu einer gewissen Kraftlinienzahl Z nötigen Amperwindungen zu finden, so ist jene Formel wertvoll. Besteht z. B. der magnetische Kreis aus mehreren Stücken von verschiedenen Abmessungen ($l_1 S_1$, $l_2 S_2 \ldots$), so ist

$$Z = \frac{\mathfrak{F}}{\mathfrak{w}_1 + \mathfrak{w}_2 + \mathfrak{w}_3 + \ldots} = \frac{1{,}257\,i\,N}{\dfrac{l_1}{\mu_1 S_1} + \dfrac{l_2}{\mu_2 S_2} + \dfrac{l_3}{\mu_3 S_3} + \ldots}.$$

Daraus ist

$$i N = \frac{1}{1,257} \left(\frac{Z l_1}{\mu_1 S_1} + \frac{Z l_2}{\mu_2 S_2} + \frac{Z l_3}{\mu_3 S_3} + \ldots \right)$$

oder

$$i N = \frac{1}{1,257} \left(\frac{\mathfrak{B}_1 l_1}{\mu_1} + \frac{\mathfrak{B}_2 l_2}{\mu_2} + \frac{\mathfrak{B}_3 l_3}{\mu_3} + \cdots \right),$$

wobei

$$\mathfrak{B}_1 = \frac{Z}{S_1}, \quad \mathfrak{B}_2 = \frac{Z}{S_2} \quad \text{u. s. w.}$$

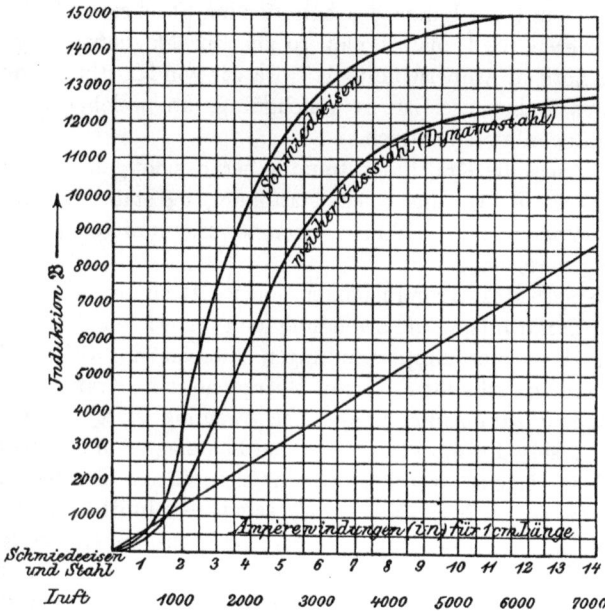

Fig. 61.

Nun hat man aus Fig. 49 die zu $\mathfrak{B}_1$, $\mathfrak{B}_2$, $\mathfrak{B}_3$ gehörigen Werte μ_1, μ_2, μ_3 zu suchen und erhält so $i N$.

Noch schneller kommt man zum Ziele, wenn man die Kurven in Fig. 61 benützt.

Denn es ist

$$\frac{\mathfrak{B}_1}{\mu_1} = \mathfrak{H}_1, \quad \frac{\mathfrak{B}_2}{\mu_2} = \mathfrak{H}_2 \quad \text{u. s. w.}$$

und

$$\frac{\mathfrak{H}_1}{1,257} = (i n)_1, \quad \frac{\mathfrak{H}_2}{1,257} = (i n)_2 \quad \text{u. s. w.}$$

Man hat nun

$$i N = l_1 \, (in)_1 + l_2 \, (in)_2 + l_3 \, (in)_3.$$

in- ist die Anzahl der Amperwindungen auf der Längeneinheit, und der Index zeigt an, zu welchem Induktionswerte sie gehört, so daſs man sie aus Fig. 61 entnehmen kann. Man verfährt also folgendermaſsen: Man bestimmt zuerst die Induktionswerte $\mathfrak{B}_1$, $\mathfrak{B}_2$, $\mathfrak{B}_3$ ... für jedes Stück des Kreises und sucht aus der Kurve die dazu gehörigen Amperwindungen auf der Längeneinheit. Diese sind mit der Länge des betreffenden Stückes l_1, l_2, l_3 ... zu multiplizieren, und man erhält so die zur Magnetisierung jedes Stückes nötigen Amperwindungen. Da wir von Kraftlinienstreuung abgesehen haben, so ist es gleichgültig, an welcher Stelle die N-Windungen sich befinden.

Will man die Kraftlinienstreuung berücksichtigen, so hat man für jenes Stück, wo eine solche stattfindet, $v Z$ statt Z einzusetzen, da um soviel mehr Kraftlinien erzeugt werden müssen, als durch Streuung verloren gehen.

Beispiel: Im Trommelanker einer Dynamomaschine seien 5 400 000 Kraftlinien zur Erzeugung eines gewissen Stromes notwendig. Wie viel Amperwindungen müssen die Schenkel des Feldmagneten erhalten? Beim Übergange der Kraftlinien vom Feldmagnete zum Anker findet eine Streuung statt, deren Koëffizient 1,2 sei. Es müssen also in den Feldmagneten 5 400 000 · 1,2 = 6 480 000 erzeugt werden. Die mittlere Länge der Kraftlinien im Feldmagnet sei $l_1 = 100$ (Fig. 56), sein Querschnitt $S_1 = 600$ cm². Die Dicke einer Luftschichte sei 1 cm; beide zusammen also $l_2 = 2$; ihr Querschnitt $S_2 = 1200$ cm². Die mittlere Länge der Kraftlinien im Anker sei $l_3 = 15$ cm, der von den Kraftlinien durchsetzte Querschnitt $S_3 = 450$ cm². Dann ist

$$\mathfrak{B}_1 = 6\,480\,000 : 600 = 10\,800$$
$$\mathfrak{B}_2 = 5\,400\,000 : 1200 = 4\,500$$
$$\mathfrak{B}_3 = 5\,400\,000 : 450 = 12\,000.$$

Nun haben wir aus der Kurve (Fig. 61), die zu diesen Induktionswerten gehörigen Amperwindungen pro Längeneinheit zu suchen und finden

$$(in)_1 = 4,5 \quad (in)_2 = 3600 \quad (in)_3 = 5,2.$$

Wenn wir mit den dazu gehörenden Längen multiplizieren, erhalten wir die gesamten Amperwindungen, die zur Erzeugung der in jedem Teile nötigen Induktion notwendig sind. Ihre Summe gibt die gesuchten Amperwindungen, mit denen der Feldmagnet zu versehen ist. Zur besseren Übersicht folgen die Zahlen in Zusammenstellung:

	l	S	$\mathfrak{B}$	in	$l\,(in)$
Feldmagnet	100	600	10 800	4,5	450
Luftschichte	2	1200	4 500	3600	7200
Anker . .	15	450	12 000	5,2	780
					8430

Der Feldmagnet ist also mit 8430 Amperwindungen zu versehen. In welcher Weise man diese herstellt, durch 8430 Windungen mit $1\,A$ Strom, oder durch 843 Windungen mit $10\,A$ Strom, oder durch eine andere Kombination, die dasselbe Produkt gibt; dafür sind andere Erwägungen mafsgebend; insbesondere der verfügbare Wickelungsraum, die gröfste zulässige Temperaturerhöhung und der gröfste Arbeitsverlust durch die Stromwärme.

90. ¡Elektromagnete.

Mit diesem Namen bezeichnet man im weitesten Sinne jedes durch Stromwindungen magnetisierte Eisenstück. Sie zerfallen in drei Hauptgruppen: geschlossene, hufeisenförmige und stabförmige. Bei der Herstellung derselben hat man natürlich den Zweck, dem sie dienen sollen, im Auge zu behalten, und hat dabei insbesondere zu unterscheiden, ob man eine möglichst grofse Induktion erzielen will, oder ob man eine gewisse Induktion mit dem geringsten Aufwand an Eisen und Kupferdraht erreichen will. Im ersten Falle kann man die Amperwindungen beliebig steigern und wird immer noch eine, wenn auch geringe Zunahme der Induktion (nach Formel 14 § 70) erreichen. Doch wird man über den Sättigungspunkt nur selten hinausgehen. Im zweiten Falle wird man, wenn nicht eine bestimmte Induktion, sondern eine bestimmte Gesamtzahl der Kraftlinien gefordert wird, dem Eisenkern einen solchen Querschnitt geben, dafs die Durchlässigkeit μ ihren gröfsten Wert erreicht; das ist der Fall, wenn die Induktion 8000 bis 12000 bei weichem Eisen beträgt. Kann man über die Gestalt des Querschnittes verfügen, so wird man ihn, um Draht zu sparen, kreisförmig machen, weil ein Kreis unter allen gleich grofsen Figuren den geringsten Umfang hat. Aus demselben

Grunde wird man die Windungen möglichst eng auf den Kern wickeln. Bei ungeschlossenen Kernen ist dies auch darum vorteilhaft, weil dann alle Kraftlinien durch das Eisen gehen, während, wenn die Spule bedeutend weiter ist als der Kern, die Induktion an den Enden kleiner ist als in der Mitte; bei geschlossenen hingegen ist die Weite der Wickelung in Bezug auf die Induktion gleichgültig, da schon das Feld ohne Eisenkern homogen ist.

Bei stabförmigen Elektromagneten ist die Induktion innerhalb gewisser Grenzen proportional der magnetisierenden Kraft, also auch der Stromstärke — trotzdem daſs μ keine Konstante ist. Der Grund dafür liegt in dem starken, entmagnetisierenden Einfluſs der Pole; man erkennt dies schon aus der Fig. 57, wo die Kurve I sich viel mehr der Proportionalität nähert, als die Kurve II. Das ist für Meſsinstrumente mit Eisenkern wichtig.

Sind die erforderlichen Amperwindungen bekannt, so handelt es sich nun darum, zu bestimmen, wie groſs i und n zu wählen sind. Dabei hat man auf den zulässigen Wickelungsraum, die Temperaturerhöhung und den Verlust durch die Stromwärme Rücksicht zu nehmen. Gewöhnlich rechnet man 1,5 bis 2,5 A für jedes Quadratmillimeter des Drahtquerschnittes.

91. Die Tragkraft der Magnete.

Die Stärke eines Magneten ist nicht zu verwechseln mit seiner Tragkraft. Unter jener versteht man die freien magnetischen Massen an den Enden (Polstärke), unter dieser das Gewicht, das ein Magnet an seinen Polflächen festzuhalten vermag. Ein mathematischer Ausdruck für die Tragkraft läſst sich nur in jenem idealen Fall angeben, wenn man sich einen Magnet (Dauer- oder Elektromagnet) mit der Induktion $\mathfrak{B}$ und dem Querschnitt S senkrecht zur Axe durchschnitten denkt. Dann wird das eine Stück von dem anderen mit einer Kraft K festgehalten, die

$$K = \frac{\mathfrak{B}^2 S}{8\pi} \text{ Dyn} = \frac{\mathfrak{B}^2 S}{8\pi \cdot 980} \text{ Gramm ist.}$$

Man kann also aus der Tragkraft den beiläufigen Wert von $\mathfrak{B}$ bestimmen.

Achtes Kapitel.

Elektrodynamik.

92. Die Kraftwirkung zweier Ströme.

Parallele Stücke zweier Stromkreise ziehen sich an, wenn die
Ströme gleiche Richtung haben, und stofsen sich ab, wenn sie
entgegengesetzte Richtung haben. Man erkennt diese Thatsache
auch aus dem Aussehen der magnetischen Felder, die man erhält,
wenn man die beiden Leiter durch ein steifes Papier steckt und
Eisenfeilspäne darauf streut. In nächster Nähe jedes Leiters

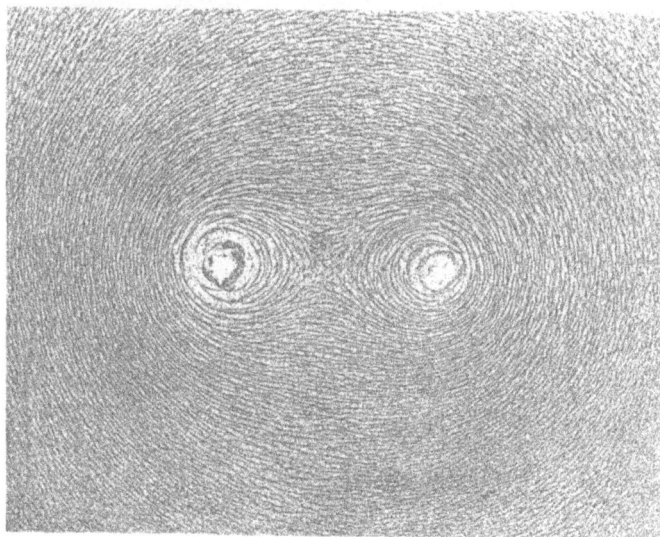

Fig. 62.

sind die Kraftlinien in beiden Fällen nahezu Kreise, so wie bei
einem einzelnen Leiter. Bei gleichgerichteten Strömen (Fig. 62)
schliefsen sich die entfernteren zu einer lemniskalenförmigen Figur
und umfassen beide Leiter. Da die Kraftlinien (§ 4) wie elastische
Fäden wirken, die sich zu verkürzen suchen, so erkennt man
daraus das Bestreben der beiden Leiter, sich einander zu nähern.
Haben aber die Ströme entgegengesetzte Richtung (Fig. 63), so
bestehen alle Kraftlinien jedes Leiters für sich; sie weichen aber

umsomehr von der Kreisform ab, je entfernter sie sind. Da die
Kraftlinien unter einander sich abstofsen und in diesem Falle die
vollkommene Kreisform zu erreichen suchen, so folgt daraus eine
Abstofsung zwischen den beiden Leitern.

Sind zwei Ströme gekreuzt, so suchen sie sich parallel zu
stellen, und zwar so, dafs sie gleiche Richtung haben; sie voll-
führen also die in Fig. 64 angedeutete Drehung.

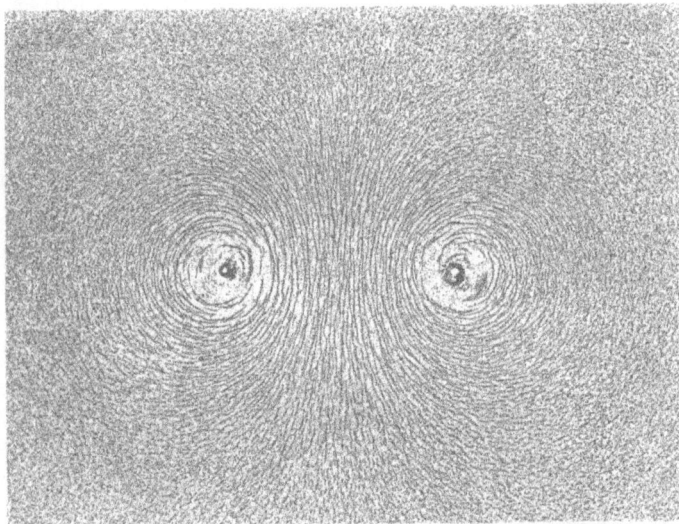

Fig. 63.

Da jeder stromführende Leiter ein Stück eines geschlossenen
Stromes ist, so folgt diese elektrodynamische Wirkung auch daraus,

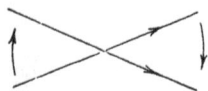

Fig. 64.

dafs ein geschlossener Strom durch eine magnetische Platte von gleichem Umfang ersetzt
werden kann (§ 65). Die Ampèr'sche Regel
lehrt dann, dafs parallele Stromkreise mit
gleicher Stromrichtung die ungleichnamigen
Flächen einander zukehren, also sich anziehen, und dafs umgekehrt
solche mit entgegengesetzte Stromrichtung sich abstofsen.

Die Kraft, mit der diese Anziehung oder Abstofsung stattfindet, ist bei sonst gleichen Verhältnissen proportional dem Produkte der beiden Stromstärken.

93. Arbeitswert zweier Ströme.

Aus dem Vorigen folgt, daſs zwischen zwei Strömen ein gewisser Arbeitswert[1]) bestehen muſs, der dem Potential entspricht; d. h. wir finden aus demselben die wirksame Kraft in irgend einer Richtung, wenn wir den Differentialquotienten nach dieser Richtung bilden und negativ nehmen.

Bedeutet ds ein unendlich kleines Stückchen des einen Stromkreises mit der Stromstärke i, und ds' ein ebensolches des anderen mit der Stromstärke i', r die Entfernung dieser beiden und ε ihren Neigungswinkel gegeneinander, so ist dieser Arbeitswert

$$A = - i i' \int \int \frac{\cos \varepsilon}{r} \, ds \, ds'.$$

Setzt man

$$\int \int \frac{\cos \varepsilon}{r} \, ds \, ds' = - M,$$

so ist

$$A = i i' M.$$

Man nennt M den Koëffizienten der gegenseitigen Induktion, da er für die Induktion elektrischer Ströme (§ 102) maſsgebend ist.

Vergleicht man diesen Ausdruck mit dem Arbeitswert żwischen einem geschlossenen Strome und einer magnetischen Masse m (§ 65), nämlich mit

$$A = i \omega m = i Z,$$

so sieht man, daſs $i' M$ die Anzahl der Kraftlinien ist, die von einem Stromkreise i' ausgehen und den Stromkreis i treffen. Umgekehrt ist $i M$ die Anzahl der Kraftlinien, die von dem Stromkreise i ausgehen und den anderen treffen. Also ist M die Anzahl der Kraftlinien, die von einem Stromkreise mit der Stromstärke Eins ausgehen und einen anderen von der gleichen Stromstärke treffen.

Die Kraftlinien entstehen gleichzeitig mit den Strömen $i \, i'$ und bleiben so lange unverändert bestehen, so lange die Stromkreise und die Stromstärken unverändert bleiben. Dasselbe gilt für den Arbeitswert A. Er ist also nichts anderes als die magnetische Arbeit, die zur Erzeugung der beiden Strom-

---

[1]) Der Ausdruck Potential wäre in diesem Falle unrichtig, da nach § 13 das Potential den Arbeitswert in Bezug auf eine magnetische oder elektrische Masse Eins bedeutet.

kreisen gemeinsamen Kraftlinien, also zur Herstellung des gemeinsamen magnetischen Feldes notwendig ist; und er besteht so lange als potentielle Energie weiter, so lange alles unverändert bleibt. Verschwindet einer der Ströme, so verschwindet auch das gemeinsame magnetische Feld, und die Energie A setzt sich in elektrische Arbeit um, da beim Verschwinden eines Stromes ein Induktionsstrom im anderen Stromkreise entsteht.

94. Spezielle Fälle.

Der Arbeitswert zweier Ströme, bezw. der Koëffizient der gegenseitigen Induktion läßt sich nur für einige einfache Fälle berechnen; meistens muß er experimentell bestimmt werden.

a) Die beiden Stromkreise bilden übereinander geschobene Spulen mit N bezw. N' Windungen und der Länge l. Die innere habe einen Querschnitt S. Nach § 66 ist die Feldstärke der äußeren Spule in ihrem Innern $\dfrac{4\,\pi\,N'}{l}$. Also wird jede Windung der inneren Spule von $\dfrac{4\,\pi\,N'S}{l}$ Kraftlinien getroffen. Da N Windungen vorhanden sind, so wird der ganze Stromkreis von

$$M = \frac{4\,\pi\,N\,N'\,S}{l}$$

Kraftlinien getroffen. Dabei wurde der Einfluß der freien Enden der Spulen vernachlässigt; d. h. diese Formel gilt strenge nur für unendlich lange Spulen, angenähert aber auch für solche, deren Länge groß ist gegenüber ihrem Durchmesser, und für ringförmige Spulen, deren Dicke klein ist gegenüber ihrem Durchmesser.

Ist das Innere der Spulen mit einem Eisenkerne von der Durchlässigkeit μ ausgefüllt, so vermehrt sich die Anzahl der Kraftlinien um das μ fache, und es ist daher

$$M = \frac{4\,\pi\,\mu\,N\,N'\,S}{l}.$$

Da aber μ keine Konstante ist, sondern von der magnetischen Induktion, bezw. von der magnetisierenden Kraft abhängt, so hängt M von der Stromstärke in den Spulen ab.[1])

---

[1]) Über andere Fälle sehe man Heydweiller, Hilfsbuch für elektrische Messungen.

b) Für zwei parallele Stromleiter, deren Länge l grofs ist gegenüber ihrem Abstande d, ist

$$M = -2l\left(\log \text{nat}\,\frac{2l}{d} - 1\right);$$

dann ist nach dem Früheren die Kraft, die zwischen ihnen wirkt:

$$K = -\frac{\partial A}{\partial d} = -\frac{\partial M}{\partial d}\,ii' = -2ii'\,\frac{l}{d}.$$

Haben i und i' gleiche Richtung, so ist K negativ, die Kraft also eine anziehende; haben sie entgegengesetzte Richtung, so ist K positiv, also abstofsend.

95. Arbeitswert eines Stromes in Bezug auf sich selbst; Koëffizient der Selbstinduktion.

Da jeder Stromleiter eine gewisse Dicke besitzt, so kann man ihn als ein Bündel unendlich vieler, leitender Fäden betrachten, wovon jeder einen gewissen Bruchteil des ganzen Stromes führt. Es wirkt also unter ihnen eine anziehende Kraft, die den ganzen Leiter dünner zu machen sucht, und daher besteht auch ein Arbeitswert zwischen jedem dieser Stromfäden und allen übrigen. Dies ist der Arbeitswert des Stromes in Bezug auf sich selbst. Er ist das Analogon der strömenden Elektrizität zu dem Selbstpotential der ruhenden Elektrizität (§ 16).

Ist der Draht nicht geradlinig, sondern etwa zu einem Solenoïd gewickelt, so besteht aufser der Kraftwirkung der Stromfäden untereinander auch noch eine zwischen jeder Windung und allen übrigen, und zwar ebenfalls eine anziehende, da die Stromrichtung in allen dieselbe ist. Die Windungen eines Solenoïdes suchen sich also näher zu kommen. In diesem Falle haben wir also noch einen zweiten Arbeitswert des Stromes in Bezug auf sich selbst.

Aus dem Gesagten erkennt man, dafs zwischen diesem Arbeitswerte und dem gemeinsamen zweier verschiedener Stromkreise kein wesentlicher Unterschied besteht, und dafs letzterer in ersteren übergeht, wenn man die zwei Stromkreise in einen zusammenfallen läfst. Doch mufs man jetzt durch 2 dividieren, da aus zwei Stromkreisen einer geworden ist. Das Produkt ii' geht über in i^2. Wir haben also für den Arbeitswert eines Stromes in Bezug auf sich selbst:

$$A = -\frac{i^2 L}{2},$$

wenn wir jetzt statt M entsprechend der anderen Bedeutung L setzen und dieses den **Koëffizienten der Selbstinduktion** nennen. iL ist dann die Anzahl der Kraftlinien, die von einem Stromkreise i ausgehen und den eigenen Stromleiter treffen, wenn er geradlinig ist. Im anderen Falle, wo der Stromleiter Windungen macht, kommt dazu noch ein zweiter, gleichartiger Ausdruck, der die Anzahl der Kraftlinien bedeutet, die von einer Windung ausgehen und alle übrigen treffen.

Die Kraftlinien entstehen gleichzeitig mit dem Strome i und bleiben so lange unverändert bestehen, als der Stromkreis und die Stromstärke unverändert bleiben. Dasselbe gilt für den Arbeitswert in Bezug auf sich selbst. Er ist also nichts anderes als **die magnetische Arbeit, die zur Erzeugung der eigenen Kraftlinien, also zur Herstellung des eigenen magnetischen Feldes notwendig ist**; und er besteht so lange als potentielle Energie weiter, so lange alles unverändert bleibt. Verschwindet der Strom, so verschwindet auch sein magnetisches Feld, und die Energie A setzt sich in elektrische Arbeit um, da beim Verschwinden des Stromes ein Induktionsstrom im **eigenen Kreise** (Extrastrom) entsteht.

96. Spezielle Fälle.

Nach dem Vorhergehenden erhalten wir offenbar die Koëffizienten der Selbstinduktion aus denen der gegenseitigen, wenn wir die beiden Stromkreise in einen zusammenfallen lassen.

Wir erhalten also aus § 94a für den Koëffizienten der Selbstinduktion einer unendlich langen Spule mit N Windungen:

$$L = \frac{4\pi N^2 S}{l}.$$

Wie dort, gilt diese Formel angenähert auch für Spulen, deren Länge groß ist im Verhältnis zum Durchmesser.

Ist das Innere der Spulen mit einem Eisenkern ausgefüllt, so ist

$$L = \frac{4\pi\mu N^2 S}{l}.$$

Dann ist aber aus demselben Grunde wie dort L von der Stromstärke abhängig.

b) Für einen geradlinigen Leiter, dessen Länge l sehr groß ist gegenüber seinem Radius r, erhält man:

$$L = -2\,l\left(\log \text{nat}\,\frac{2\,l}{r} - \frac{3}{4}\right).$$

Besteht der Leiter aus einem magnetischen Metalle, so ist

$$L = -2\,l\left(\log \text{nat}\,\frac{2\,l}{r} - 1 + \frac{\mu}{4}\right).$$

97. Verhältnis zwischen dem Koëffizienten der gegenseitigen und der Selbstinduktion.

Aus der Grundgleichung für den Koëffizienten der gegenseitigen Induktion (§ 93) folgt, dafs er um so gröfser ist, je kleiner der Abstand der beiden Stromkreise ist. Er erreicht also ein Maximum, wenn die beiden Stromkreise in einander fallen; dann ist $M^2 = LL'$.

Man sieht dies ohne weiteres bei Solenoïden, für welche

$$L = \frac{4\,\pi\,\mu\,N^2\,S}{l}$$

und

$$L' = \frac{4\,\pi\,\mu\,N'^2\,S}{l}$$

ist. Ferner ist in diesem Falle

$$\frac{M}{L} = \frac{N'}{N}\ \text{und}\ \frac{M}{L'} = \frac{N}{N'}.$$

Wenn diese Beziehung gelten soll, so müssen sämtliche Kraftlinien des einen Stromkreises alle Windungen des anderen treffen. Man kann sie also ziemlich angenähert verwirklichen, wenn die Windungen beider Stromkreise auf einen geschlossenen Eisenkern unmittelbar über- oder nebeneinander aufgewickelt sind. Die Kraftlinien beider Stromkreise verlaufen dann alle als geschlossene Kreise im Eisen. Sobald aber eine beträchtliche Streuung der Kraftlinien vorhanden ist, gilt diese Beziehung nicht mehr.

Beispiel: Nehmen wir einen Eisenring von 100 cm Länge und 2 cm² Querschnitt mit 1000 Windungen von 0,5 A Strom. Daher sind die Amperwindungen auf der Längeneinheit 5. Dazu findet man aus Fig. 61 eine Induktion von etwa 12 000 und dazu aus Fig. 49 $\mu = 1850$. Also ist die Selbstinduktion:

$$L = \frac{4 \cdot 3{,}14 \cdot 1850 \cdot 1000^2 \cdot 2}{100} = 464\,700\,000\ \text{absolute Einheiten.}$$

Und da eine praktische Einheit (Quadrant) gleich 10⁹ absoluten Einheiten ist, so ist $L = 0{,}4647$ Quadr.

7 *

Wickeln wir nun auf denselben Kern einen zweiten Stromkreis mit 100 Windungen und so kleiner Stromstärke, dafs dadurch die magnetische Induktion nicht wesentlich geändert wird, so ist

$$L' = 0{,}004\,647.$$

Und der Koëffizient der gegenseitigen Induktion

$$M = \frac{4 \cdot 3{,}14 \cdot 1850 \cdot 1000 \cdot 100 \cdot 2}{100} = 0{,}04\,647.$$

Dabei wurde von jeder Kraftlinienstreuung abgesehen, und man sieht daher, dafs zwischen diesen Zahlen die obigen Beziehungen bestehen.

_____

Neuntes Kapitel.
Elektrische Induktion.

98. Das Wesen der elektrischen Induktion.

Die Erzeugung einer Potentialdifferenz in irgend einem Leiter durch Induktion findet immer dann statt, wenn dieser Leiter magnetische Kraftlinien schneidet., Ist der Leiter geschlossen, so ist diese Potentialdifferenz oder elektromotorische Kraft die Ursache eines Stromes.

Dieses Gesetz gilt ohne jede Einschränkung; d. h. es ist gleichgiltig, ob das Schneiden der Kraftlinien durch Bewegung des Leiters in einem ruhenden magnetischen Felde, oder durch Bewegung der Kraftlinien bei einem ruhenden Leiter geschieht, und es ist ferner gleichgiltig, ob die Kraftlinien von Magneten oder Strömen herrühren.

Es entsteht demnach eine Potentialdifferenz in folgenden Fällen:

1. Bei der Bewegung eines Leiters in einem magnetischen Felde, ausgenommen jener Fall, wo sich der Leiter parallel zur Richtung der Kraftlinien bewegt, da er dann von diesen nicht geschnitten wird (Dynamomaschinen).

2. Beim Entstehen oder Verschwinden eines magnetischen Feldes in der Nähe eines Leiters. Beim Entstehen desselben schiefsen die Kraftlinien gewissermafsen aus dem Magnete oder dem Stromleiter heraus und erfüllen den umgebenden Raum. Dabei müssen sie die in ihrem Bereiche befindlichen Leiter schneiden. Beim Verschwinden des magnetischen Feldes schlüpfen die Kraftlinien gewissermafsen wieder in das Eisen oder den Stromleiter

zurück und schneiden dabei wieder die in ihrem Bereiche befindlichen Leiter. (Funkeninduktor.)

3. Bei jeder Änderung der Stärke eines magnetischen Feldes.
Denn bei jeder Zunahme in der Stärke entstehen neue Kraftlinien,
und bei der Abnahme verschwinden welche in der eben geschilderten Weise und schneiden dabei die in ihrem Bereiche befindlichen Leiter.

Aus all dem folgt, daſs die elektromotorische Kraft, beziehungsweise der induzierte Strom nur solange dauert, als die Bewegung
oder Veränderung dauert.

99. Gröſse der induzierten elektromotorischen Kraft.

Wir wissen aus § 56 u. f., daſs zwischen einem Stromleiter
und einem Magnete Kräfte bestehen, die eine Bewegung des einen
oder des andern verursachen können, und daſs deren Richtung
durch die Ampère'sche Regel bestimmt ist. Findet eine solche
Bewegung wirklich statt, wie bei dem in § 57 gegebenen Beispiele,
so wird dabei auch Arbeit geleistet. Diese kann unmöglich aus
nichts entstehen, sondern muſs auf Kosten einer anderen Arbeits-
form geleistet werden. Das ist in diesem Falle der elektrische
Strom, dessen Arbeit $(E\,J)$ um einen genau gleich groſsen Betrag
vermindert wird als die mechanische Arbeit der Bewegung beträgt.
Diese Verminderung erscheint als Schwächung des Stromes durch
einen während der Bewegung induzierten Strom von entgegengesetzter Richtung.

Ist ursprünglich kein Strom vorhanden, und wird dieselbe
Bewegung durch äuſsere mechanische Kräfte durchgeführt, so
wird ein Strom induziert, dessen Arbeit gleich der mechanischen
Arbeit der Bewegung ist.

Hat der induzierte Strom während eines Zeitelementes dt die
EMK e und die Stromstärke i, so ist seine elektrische Arbeit $e\,i\,dt$.
Die mechanische Arbeit, die zur Durchführung der Bewegung
während derselben Zeit notwendig war, ist $\mathfrak{H}\,i\,ds\,dl$, weil $\mathfrak{H}\,i\,ds$
die Kraft zwischen dem Felde $\mathfrak{H}$ und dem Stromelemente ds ist
(wenn die Bewegung senkrecht zu den Kraftlinien erfolgt § 61)
und wenn dl das Wegstückchen ist, das während der Zeit dt
zurückgelegt wurde.

Diese Arbeiten sind nach dem Satze von der Erhaltung der
Energie gleich; also $e\,i\,dt = \mathfrak{H}\,i\,ds\,dl$.

Demnach ist die induzierte elektromotorische Kraft

$$e = \mathfrak{H} \, ds \, \frac{d\,l}{d\,t}.$$

Oder da $\frac{d\,l}{d\,t} = v$, wo v die Geschwindigkeit der Bewegung ist, so folgt

$$e = \mathfrak{H} \, v \, ds. \qquad\qquad 23)$$

Schliefst das Leiterstückchen ds mit der Richtung der Kraftlinien einen Winkel α ein (Fig. 65) und erfolgt die Bewegung nicht

senkrecht zur Richtung der Kraftlinien
sondern in einer um den Winkel β abweichenden Richtung $O\,R$, so ist

$$e = \mathfrak{H} \, v \sin \alpha \cos \beta \, ds. \qquad 23a)$$

Dieser Wert ist am gröfsten, wenn
$\alpha = 90^0$, $\beta = 0^0$ ist, also wenn das Leiter-
element senkrecht zur Richtung der Kraftlinien ist und auch senkrecht zu ihnen
bewegt wird. Das ist der zuerst ange-
nommene Fall.

Fig. 65.

Ist aber $\alpha = 0^0$, oder $\beta = 90^0$ so ist $e = 0$. D. h. es findet
keine Induktion statt, wenn das Leiterstückchen ds
in der Richtung der Kraftlinien liegt, oder wenn die
Bewegung in der Richtung der Kraftlinien geschieht.

Man kann das Gesetz auch in andere Form bringen. Da
$ds \cdot dl$ die von dem Elemente ds während der Fortbewegung um
das Stück dl bestrichene Fläche ist, und weil ferner $\mathfrak{H}$ die Anzahl
der Kraftlinien ist, die auf eine zur Richtung der Kraftlinien
senkrechte Flächeneinheit treffen, so ist

$$\mathfrak{H} \, ds \, dl = z$$

beziehungsweise $\qquad \mathfrak{H} \, ds \, dl \sin \alpha \cos \beta = z$

die Anzahl der Kraftlinien, die während dieser Bewegung von dem
Elemente ds geschnitten wurden. Also

$$e = \frac{z}{dt}, \qquad\qquad 24)$$

das heifst: die induzierte $\mathfrak{EMK}$ ist gleich den in der Zeiteinheit von dem Leiter geschnittenen Kraftlinien.

Beispiel: An jedem Orte der Erde gibt der Inklinationswinkel die
Richtung der Kraftlinien der Erde an. Im mittleren Europa ist die
Feldstärke etwa 0,45 abs. Einh., d. h. soviel Kraftlinien treffen auf die

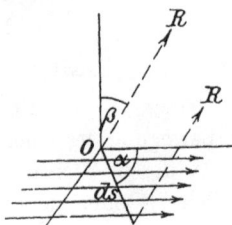

zu ihrer Richtung senkrechte Flächeneinheit. Wird ein 100 cm langer Draht in 1 Sekunde 100 cm weit bewegt und zwar so, dafs er die Kraftlinien senkrecht schneidet, so haben die Enden des Drahtes eine Potentialdifferenz $e = 0,45 \cdot 100 \cdot 100 = 4500$ abs. Einh., und weil 10^8 abs. Einh. $= 1$ Volt sind, so ist $e = 0,000045$ Volt.

100. Die Richtung der induzierten $\mathfrak{E}\,\mathfrak{M}\,\mathfrak{K}$. Die Gesetze von Lenz und Fleming.

An dem Beispiel in § 99 haben wir gesehen, dafs bei einer durch elektromagnetische Kräfte eingeleiteten Bewegung die induzierte $\mathfrak{E}\,\mathfrak{M}\,\mathfrak{K}$ eine solche Richtung hat, dafs sie den bestehenden Strom schwächt. Wenn aber durch äufsere Kräfte eine Bewegung gegen die elektromagnetischen Kräfte durchgeführt wird, so leisten jene eine Arbeit, die der Arbeit des bestehenden Stromes zugute kommt; d. h. die induzierte $\mathfrak{E}\,\mathfrak{M}\,\mathfrak{K}$ hat jetzt dieselbe Richtung wie dieser. In beiden Fällen sucht die induzierte $\mathfrak{E}\,\mathfrak{M}\,\mathfrak{K}$, beziehungsweise der induzierte Strom, die Bewegung, durch die er zustande kommt, zu hindern.

Dieses Gesetz mufs natürlich auch auf die Wechselwirkung zweier Ströme anwendbar sein. Haben wir z. B. zwei parallele, gleichgerichtete Ströme, so ziehen sie sich an. Geschieht diese Bewegung wirklich, so werden Ströme induziert, die sie zu hindern suchen, also solche von entgegengesetzter Richtung wie die bestehenden. Entfernt man sie aber von einander, so mufs man die anziehende Kraft überwinden; dabei werden Ströme von derselben Richtung wie die bestehenden induziert, weil dadurch die zu überwindende Anziehung verstärkt wird.

Entfernt man zwei geschlossene Stromkreise, von denen nur einer Strom führt, von einander, so wird in dem vorher stromlosen ein gleichgerichteter Strom induziert; nähert man sie, so hat der induzierte Strom entgegengesetzte Richtung wie der bestehende.

Dieses Gesetz, wonach die induzierte $\mathfrak{E}\,\mathfrak{M}\,\mathfrak{K}$ immer eine solche Richtung hat, dafs sie die Bewegung oder Veränderung, durch die sie zustande kommt, zu hindern sucht, wurde von Lenz aufgestellt und führt daher seinen Namen. Dabei entspricht das Verschwinden eines magnetischen Feldes oder das Unterbrechen eines Stromes einem Entfernen bis ins Unendliche, das Entstehen hingegen einer Annäherung aus dem Unendlichen.

Fleming hat diesem Gesetz eine andere Form gegeben, das aus der Richtung der Kraftlinien und der Bewegung die Richtung der induzierten E M K zu bestimmen gestattet. Es lautet:

Hält man die drei ersten Finger der rechten Hand (Fig. 66) so, daſs sie drei zu einander senkrechte Richtungen andeuten, und

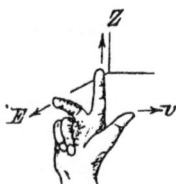

Fig. 66.

zeigt der Daumen in die Richtung der Bewegung v und der Zeigefinger in die Richtung der Kraftlinien Z, so hat die induzierte E M K die Richtung des Mittelfingers.

Das Gesetz von Lenz läſst sich natürlich auch auf die Induktion im eigenen Stromkreise anwenden. Wird ein Strom unterbrochen, so entsteht in demselben Stromkreise ein anderer (Extrastrom), der die Unterbrechung zu hindern sucht, also gleiche Richtung hat. Wird der Strom geschlossen, so hat der Extrastrom entgegengesetzte Richtung, weil er das Zustandekommen des Stromes zu verhindern sucht.

101. Andere Form des Induktionsgesetzes für geschlossene Stromkreise.

Dem in § 99 enthaltenen Grundgesetze kann man eine andere Form geben, wenn es sich um geschlossene Stromkreise handelt, was immer der Fall ist, wenn ein Strom zustande kommen soll. Wir fanden dort, daſs die bei der Bewegung eines Leiterstückes induzierte E M K gleich der Anzahl der Kraftlinien ist, die dabei in einer Zeiteinheit geschnitten werden. Ist dieses Leiterstück ein Bestandteil eines geschlossenen Stromkreises, dessen Fläche von Z Kraftlinien getroffen wird, so wird Z um so viel vermehrt oder vermindert, als dieses Leiterstück bei seiner Bewegung Kraftlinien schneidet. Die induzierte E M K ist also gleich der Änderung der die Stromfläche treffenden Kraftlinien

$$e = \frac{dZ}{dt}. \qquad\qquad 25)$$

102. Die induzierte Stromstärke; Spannungsgleichung.

Bei der Bestimmung der Gröſse der induzierten E M K sind wir ausgegangen von dem Fall, wo in dem Stromkreise schon eine E M K E und ein Strom J vorhanden war. Bezeichnen wir die induzierte E M K mit e, so vermehrt oder vermindert sich die ursprünglich bestehende um diesen Betrag, und wir haben eine andere Stromstärke, die wir mit i bezeichnen. Nimmt Z zu mit wachsender Zeit, so ist e positiv, aber es wirkt der ursprünglichen 𝕰𝔐𝔎 entgegen. Die Differenz beider ist also jetzt diejenige 𝕰𝔐𝔎, auf die das Ohm'sche Gesetz angewendet werden kann

$$i = \frac{E - e}{w}.$$

Nimmt Z ab, so ist e negativ und wirkt in derselben Richtung wie E; man erhält also dieselbe Gleichung. Man schreibt sie gewöhnlich in der Form

$$E = i\,w + \frac{d\,Z}{d\,t}. \qquad \qquad 26)$$

Rühren die Kraftlinien von einem anderen Strome i' her, so ist nach § 93 die Anzahl der Kraftlinien, die von diesem ausgehen und den Stromkreis i treffen,

$$Z = i'\,M.$$

Also ist die induzierte 𝕰𝔐𝔎

$$e = \frac{d\,(i'\,M)}{d\,t}.$$

Ist i' konstant und M, d. h. die Gestalt oder Entfernung der Stromleiter veränderlich, so ist

$$e = i'\,\frac{d\,M}{d\,t}.$$

Ist M konstant und i' veränderlich, so ist

$$e = M\,\frac{d\,i'}{d\,t}.$$

Man sieht jetzt ein, warum M der Koëffizient der gegenseitigen Induktion heifst.

Die Spannungsgleichungen sind dann

$$E = i\,w + i'\,\frac{d\,M}{d\,t} \qquad \qquad 27)$$

beziehungsweise

$$E = i\,w + M\,\frac{d\,i'}{d\,t}. \qquad \qquad 28)$$

103. Richtungswechsel der induzierten 𝕰𝔐𝔎.

Aus dem Früheren geht hervor, dafs die Richtung der induzierten 𝕰𝔐𝔎 abhängt von der Richtung der Kraftlinien und von der Bewegungsrichtung. Wenn daher eine von diesen beiden sich ändert, geht die Richtung der induzierten 𝕰𝔐𝔎 in die entgegengesetzte über; wenn aber beide gleichzeitig sich ändern, findet kein Richtungswechsel statt. Betrachten wir z. B. die Wickelung eines Trommelankers einer Dynamomaschine (Fig. 67). Die Polschuhe *NS* erzeugen ein Feld von der angedeuteten Richtung, in dem sich ein Drahtrechteck um die Axe *O O* dreht. Nehmen wir

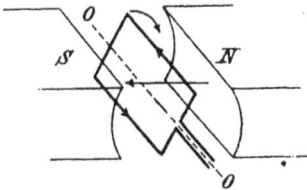

Fig. 67.

das Grundgesetz (§ 98) her, so erkennen wir, daſs Induktion nur in den beiden Längsseiten des Rechteckes stattfindet, da die kurzen Seiten die Kraftlinien während der Drehung nicht schneiden. Aus dem Gesetz von Fleming erkennen wir, daſs bei einer Drehung im Sinne des Uhrzeigers in den beiden Längsseiten entgegengesetzt gerichtete 𝔈𝔐𝔎 (in Bezug auf den Raum) induziert werden, die aber in Bezug auf das geschlossene Rechteck in demselben Sinne wirken, also sich addieren. Diese Richtung bleibt während einer halben Drehung. Während der zweiten halben Drehung aber bewegt sich jene Seite, die vorher von oben nach unten ging, von unten nach oben. Da die Richtung der Kraftlinien ungeändert geblieben ist, muſs die induzierte 𝔈𝔐𝔎 während dieses Überganges ihre Richtung ändern.

Geht man von der anderen Form des Induktionsgesetzes — aus (§ 101), wonach die 𝔈𝔐𝔎 gleich ist der Änderung der Kraftlinien die die Stromfläche treffen, so muſs ein Richtungswechsel dort eintreten, wo die Änderung der Kraftlinienzahl von positiven zu negativen Werten übergeht, also Null ist. Das ist der Fall, wenn die meisten Kraftlinien die Fläche treffen, also wenn sie senkrecht auf dieser stehen.

104. Graphische Darstellung einer induzierten 𝔈𝔐𝔎.

Fig. 68 stellt den Querschnitt der vorigen Figur in der Richtung der Kraftlinien dar. Die Linie *A B* ist der Querschnitt der rechteckigen Stromfläche, die sich um die Achse *O* dreht. In der Stellung *A B* gehen die meisten Kraftlinien durch dieselbe; ihre Anzahl sei *Z*. Dreht sich das Rechteck um den Winkel *α*, so ist die Anzahl der Kraftlinien, die bei dieser Stellung die Fläche treffen, $$z = \mathfrak{Z} \cos \alpha.$$

Das gilt natürlich für jeden beliebigen Winkel *α*. Daher ist die induzierte 𝔈𝔐𝔎 in jedem Augenblicke:

$$e = -\frac{d\,z^{1)}}{d\,t} = -\frac{d\,(\mathfrak{Z}\cos\alpha)}{d\,t} = \mathfrak{Z}\sin\alpha\,\frac{d\,\alpha}{d\,t}.$$

Geschieht die Drehung mit gleichmäfsiger Geschwindigkeit, so ist α proportional der Zeit t, $\alpha = p\,t$ und daraus:

$$\frac{d\,\alpha}{d\,t} = p, \qquad e = p\,\mathfrak{Z}\sin\alpha;$$

p ist also die Winkelgeschwindigkeit.

Setzt man $p\,Z = \mathfrak{E}$, so ist

$$e = \mathfrak{E}\sin\alpha = \mathfrak{E}\sin p\,t.$$

Für $\alpha = \dfrac{\pi}{2}$ oder $t = \dfrac{\pi}{2\,p}$ ist $e = \mathfrak{E}$.

$\mathfrak{E}$ ist also der gröfste Wert, den die $\mathfrak{EMK}$ erlangen kann. Setzt man $O\,B = \mathfrak{E}$, so ist $O\,D = \mathfrak{E}\sin\alpha = e$. Die Strecke $O\,D$

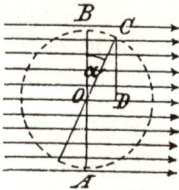

Fig. 68.

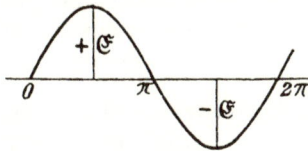

Fig. 69.

stellt also den jeweiligen Wert von e vor. Läfst man daher $O\,B$ eine ganze Umdrehung ausführen, und trägt die Gröfse des Drehungswinkels auf der Abscissenaxe (Fig. 69) auf und die entsprechenden Werte von $O\,D = e$ als die Ordinaten, so erhält man eine Sinuskurve als graphische Darstellung der $\mathfrak{EMK}$ während einer ganzen Umdrehung. Dabei wird zweimal $e = 0$, nämlich bei $\alpha = 0$ und $\alpha = \pi$. Für $\alpha = \dfrac{\pi}{2}$ ist $e = \mathfrak{E}$; für $\alpha = \dfrac{3\,\pi}{2}$ ist $e = -\mathfrak{E}$. Ist eine ganze Drehung um $\alpha = 2\,\pi$ vollendet und setzt man sie dann noch weiter fort, so wiederholt sich ganz dasselbe. Zwischen 0 und $2\,\pi$ liegt also eine ganze Periode. Die Zeit, die dazu notwendig ist, erhält man aus $2\,\pi = p\,t$.

Man nennt sie die Dauer einer Periode oder Schwingungsdauer und bezeichnet sie mit τ; es ist also:

$$\tau = \frac{2\,\pi}{p}.$$

---

[1] Das $-$Zeichen wurde darum gesetzt, damit e bei der ersten halben Drehung positiv erscheint.

Setzt man $\dfrac{1}{\tau} = n$, so ist n die Anzahl der Perioden in der Zeiteinheit, und man nennt sie Periodenzahl oder Schwingungszahl.

Setzt man diese Werte für p ein, so kann man auch schreiben:

$$e = \mathfrak{E} \sin \frac{2\pi}{\tau} t = \mathfrak{E} \sin 2\pi n t.$$

Die Abscissen der Fig. 69 kann man im Zeitmafs ausdrücken, wenn man sie um das p fache verkleinert, weil $t = \dfrac{\alpha}{p}$ ist.

Aus der Kurve oder der Gleichung für e erkennt man, dafs e von 0 bis π positive, von π bis 2π negative Werte hat; d. h. die $\mathfrak{E}\,\mathfrak{M}\,\mathfrak{K}$ wechselt bei $\alpha = \pi$ und $\alpha = 2\pi$, also zweimal während einer Periode und $2\,n$ mal während einer Zeiteinheit (Sekunde) ihre Richtung. Ebenso oft geht das Stromrechteck an den Magnetpolen, die das Feld erzeugen, vorüber; man nennt daher $2\,n$ die Polwechselzahl oder auch Frequenz des Stromes.

105. Phasenverschiebung zwischen der $\mathfrak{E}\,\mathfrak{M}\,\mathfrak{K}$ und dem erzeugenden magnetischen Felde.

Für die Anzahl der Kraftlinien, die das Stromrechteck treffen und die $\mathfrak{E}\,\mathfrak{M}\,\mathfrak{K}$ $e = \mathfrak{E} \sin \alpha$ erzeugen, haben wir gefunden:

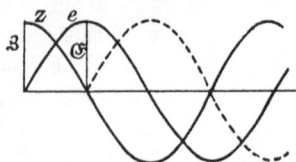

Fig. 70.

$z = \mathfrak{Z} \cos \alpha$. Stellen wir den Verlauf von z durch eine Kurve dar über derselben Abscissen-Axe wie e, so erhalten wir die Fig. 70 und ersehen daraus, dafs z denselben Verlauf nimmt wie e, nur dafs es mit dem gröfsten Werte $\mathfrak{Z}$ beginnt, während e mit Null beginnt. Den gröfsten Wert $\mathfrak{E}$ erreicht e erst bei $\dfrac{\pi}{2}$, also um eine Viertelperiode später als z.

Man sagt: e ist um eine Viertelperiode in der Phase verspätet oder verzögert gegenüber z.

Man erkennt dies auch aus den Gleichungen, wenn man e durch dieselbe trigonometrische Funktion ausdrückt wie z, also:

$$e = \mathfrak{E} \sin \alpha = \mathfrak{E} \cos \left(\alpha - \frac{\pi}{2}\right).$$

Vergleicht man nun mit $z = \mathfrak{Z} \cos \alpha$, so erkennt man, dafs z für $\alpha = 0$ seinen gröfsten Wert erreicht, e aber erst für $\alpha = \dfrac{\pi}{2}$, also erst nach einer Viertelperiode; oder während z für $\alpha = \dfrac{\pi}{2}$ Null wird, ist dies bei e erst für $\alpha = \pi$ der Fall.

Es folgt dies endlich auch unmittelbar aus den Induktionsgesetzen; wir fanden nämlich, daſs die induzierte $\mathfrak{E}\,\mathfrak{M}\,\mathfrak{K}$ gleich ist der Änderung der Kraftlinienzahl, von der die Stromfläche getroffen wird: $e = \dfrac{dz}{dt}$. Wo diese Änderung am gröſsten ist, dort ist auch jene am gröſsten. Das ist dort der Fall, wo die Kurve für z am steilsten ist, also bei $\alpha = \dfrac{\pi}{2}, \dfrac{3\pi}{2}, \dfrac{5\pi}{2} \ldots$; immer, wo sie durch Null geht. An diesen Stellen muſs also die induzierte $\mathfrak{E}\,\mathfrak{M}\,\mathfrak{K}$ ihren gröſsten Wert $\mathfrak{E}$ erreichen. Dort aber, wo die Änderung von z Null ist, dort muſs auch e Null sein; das ist bei jenen Abscissenwerten der Fall, wo z den gröſsten Wert erreicht, denn hier ist z während einer unendlich kleinen Zeit konstant.

Ist das Stromrechteck geschlossen, so entsteht thatsächlich ein Strom in demselben, und dieser erzeugt ein magnetisches Feld, ähnlich dem in Fig. 34. Da der Strom periodisch ist, so muſs auch sein Eigenfeld periodisch sein. Aber es ist um eine Viertelperiode gegenüber der $\mathfrak{E}\,\mathfrak{M}\,\mathfrak{K}$ des Stromes verspätet. (In Fig. 70 ist es durch die gestrichelte Kurve dargestellt.) Daraus folgt, daſs es gegenüber dem erzeugenden Felde z um eine halbe Periode verspätet ist; d. h. es hat in jedem Augenblicke entgegengesetzte Richtung wie dieses. (Vergl. § 130 und 146.)

106. Stromstärke und Arbeit, wenn keine Selbstinduktion vorhanden ist.

Ist der Stromkreis, in dem eine periodische $\mathfrak{E}\,\mathfrak{M}\,\mathfrak{K}$ erzeugt wird, geschlossen, und besitzt er den Widerstand w und keine Selbstinduktion, so gilt in jedem Augenblicke das Ohmsche Gesetz:

$$i = \frac{e}{w}.$$

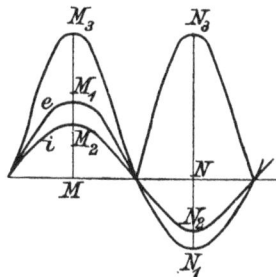

Fig. 71.

Die Stromstärke läſst sich also auch durch eine Sinuskurve darstellen, wovon jede Ordinate der $w$te Teil von e ist. Das gibt die Kurve i in Fig. 71. Der gröſste Wert derselben ist: $\dfrac{\mathfrak{E}}{w} = M M_2$; e und i werden zu gleicher Zeit Null und erreichen zu gleicher Zeit ihre gröfsten Werte. Es besteht also keine Phasenverschiebung zwischen beiden.

Die Arbeit dieses periodischen Stromes ist in jedem Augenblicke $dA = ie\,dt$.

Wir erhalten also eine Kurve für die Arbeit, wenn wir die
zusammengehörenden Ordinate von e und i miteinander multiplizieren. Wir erhalten so die Kurve $M_3\,N_3$. Dieselbe bleibt
immer auf der positiven Seite, weil das Produkt aus $-i$ und $-e$
doch positiv ist.

107. Elektromotorische Kraft der Selbstinduktion.

Die allgemeine Gleichung:

$$E = iw + \frac{dz}{dt}$$

gilt natürlich auch dann, wenn die Kraftlinien z nicht von einem
fremden Systeme, sondern vom eigenen Strome i herrühren. Aus
§ 95 wissen wir schon, dafs wir uns jeden Stromleiter aus einzelnen Fäden bestehend denken müssen, wovon jedem ein Bruchteil des ganzen Stromes zukommt. Ändert sich die Gestalt derselben, oder die Stromstärke, so induziert jeder Faden in allen
übrigen eine $\mathfrak{E}\,\mathfrak{M}\,\mathfrak{K}$, gerade so, als ob es fremde Stromkreise
wären. Besteht der Stromleiter überdies aus parallelen Windungen
(Solenoïd), so verhält sich jede Windung allen übrigen gegenüber
wie ein fremder Stromkreis mit gleicher Stromstärke. Die aus
diesen Ursachen vom Strome selbst erzeugte $\mathfrak{E}\,\mathfrak{M}\,\mathfrak{K}$ nennt man
elektromotorische Kraft der Selbtinduktion

$$\varepsilon = \frac{dz}{dt},$$

wobei jetzt z die vom eigenen Strome herrührenden Kraftlinien bedeutet. Die Anzahl derselben für eine Stromstärke Eins ist nach § 95 L.
Also ist ihre Anzahl für eine Stromstärke i gleich iL, und daher:

$$\varepsilon = \frac{d\,(i\,L)}{d\,t}.$$

Ist E und i konstant, L aber veränderlich (wenn die Gestalt des Stromkreises veränderlich ist), so geht die allgemeine
Gleichung (26) über in:

$$E = iw + i\,\frac{dL}{dt}. \qquad\qquad 29)$$

Ist aber L konstant und die ursprüngliche $\mathfrak{E}\,\mathfrak{M}\,\mathfrak{K}$ eine
veränderliche, etwa die in den vorhergehenden Absätzen be-

sprochene **periodisch** veränderliche e, die wir im Folgenden immer als **gegebene** bezeichnen wollen, so ist auch i veränderlich, und es ist

$$e = iw + L\frac{di}{dt}. \qquad 30)$$

Wäre die Selbstinduktion $L = 0$, so wäre $e = iw$; das ist der im vorigen Paragraphen besprochene Fall.

Jetzt sieht man ein, warum L der **Koëffizient der Selbstinduktion** heißt.

108. Berechnung der Stromstärke; scheinbarer Widerstand; Phasenverschiebung.

Wir setzen eine veränderliche $\mathfrak{E}\mathfrak{M}\mathfrak{K}$ voraus von der Form:

$$e = \mathfrak{E} \sin pt.$$

Diese wirke in einem Stromkreise mit dem Widerstande w und dem Selbstinduktionskoëffizienten L. Es gilt also für die $\mathfrak{E}\mathfrak{M}\mathfrak{K}$ die Gleichung:

$$e = iw + L\frac{di}{dt}.$$

Die Stromstärke muß natürlich auch eine Sinusfunktion sein; weil aber jetzt noch die $\mathfrak{E}\mathfrak{M}\mathfrak{K}$ der Selbstinduktion wirkt, müssen wir annehmen, daß zwischen der gegebenen $\mathfrak{E}\mathfrak{M}\mathfrak{K}$ und dem Strome eine vorläufig noch unbekannte Phasenverschiebung ψ besteht, so daß wir die Stromstärke von der Form

$$i = \mathfrak{J} \sin (pt + \psi)$$

voraussetzen müssen. Man erkennt, daß $\mathfrak{J}$ der größte Wert ist, den die Stromstärke erreichen kann. Die Größe derselben, sowie ψ werden wir im Folgenden bestimmen.

Setzen wir e und i in die Differentialgleichung ein, so ist:

$$\mathfrak{E} \sin pt = w\mathfrak{J} \sin(pt + \psi) + pL\mathfrak{J} \cos (pt + \psi)$$

oder

$$\mathfrak{E} \sin pt = w\mathfrak{J} \sin pt \cos \psi + w\mathfrak{J} \cos pt \sin \psi + pL\mathfrak{J} \cos pt \cos \psi$$
$$- pL\mathfrak{J} \sin pt \sin \psi.$$

Diese Gleichung hat zu jeder Zeit Gültigkeit, also auch zur Zeit $t = 0$ und zur Zeit $t = \frac{\pi}{2p}$.

Setzen wir in der Gleichung $t = 0$, so geht sie über in:

$$0 = w\mathfrak{J} \sin \psi + pL\mathfrak{J} \cos \psi.$$

Setzen wir $t = \dfrac{\pi}{2p}$, so erhalten wir:

$$\mathfrak{E} = w\,\mathfrak{J}\,\cos\psi - p\,L\,\mathfrak{J}\,\sin\psi.$$

Quadriert man die beiden letzten Gleichungen und addiert sie dann, so ist

$$\mathfrak{E}^2 = w^2\,\mathfrak{J}^2 + p^2\,L^2\,\mathfrak{J}^2,$$

oder

$$\mathfrak{J} = \frac{\mathfrak{E}}{\sqrt{w^2 + p^2\,L^2}}. \qquad\qquad 31)$$

Ferner erhalten wir aus der ersten Gleichung:

$$tg\,\psi = -\,\frac{p\,L}{w}.$$

Da p, L und w nur positiv sein können, so muſs ψ negativ sein, und wir setzen daher:

$$i = \frac{\mathfrak{E}}{\sqrt{w^2 + p^2\,L^2}}\,\sin\,(p\,t - \psi),$$

wobei

$$tg\,\psi = \frac{p\,L}{w}. \qquad\qquad 32)$$

Die Stromstärke i ist also um den Winkel ψ in der Phase verspätet gegenüber der gegebenen $\mathfrak{E}\,\mathfrak{M}\,\mathfrak{K}$. Denn während für

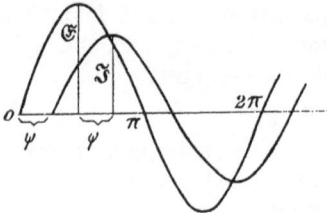

Fig. 72.

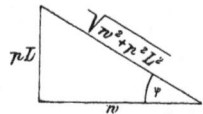

Fig. 73.

$t = 0$ auch $e = 0$ ist, wird i erst für $pt = \psi$, also zur Zeit $t = \dfrac{\psi}{p}$ Null und erreicht um ebensoviel später seinen gröſsten Wert als e. Stellen wir beide durch Kurven dar (Fig. 72), so sieht man dies deutlich. Im Zeitmaſs ausgedrückt, beträgt die Phasenverspätung $t = \dfrac{\psi}{p}$. Da $tg\,\psi$ zunimmt, wenn ψ zunimmt, so folgt, daſs diese Phasenverzögerung um so gröſser ist, je gröſser p und L, also je gröſser die Periodenzahl und die Selbstinduktion, und je kleiner der Widerstand ist.

Aus der Gleichung für die Stromstärke folgt, daſs die Selbstinduktion nicht nur eine **Phasenverschiebung**, sondern auch
eine **Schwächung** des Stromes verursacht; denn an Stelle des
gewöhnlichen Widerstandes steht der Ausdruck:

$$\sqrt{w^2 + p^2 L^2},$$

der immer gröſser ist als w. Man nennt ihn den **scheinbaren
Widerstand**. Man kann ihn als Hypothenuse eines rechtwinkligen Dreieckes darstellen, dessen Katheten der Widerstand w
und der sogenannte **induktive Widerstand** $p L$ sind (Fig. 73).
Der dem letzteren gegenüberliegende Winkel ist die Phasenverzögerung ψ, weil $tg\,\psi = \dfrac{p\,l}{w}$.

Ist $L = 0$, so ist $\Im = \dfrac{\mathfrak{E}}{w}$ und $\psi = 0$; das ist der in § 106 be-
handelte Fall.

Aus dem Dreiecke folgt auch:

$$\sqrt{w^2 + p^2 L^2} = \frac{w}{\cos\psi}. \qquad 33)$$

Setzt man dies in den Ausdruck für die Stromstärke ein,
so ist

$$\Im = \frac{\mathfrak{E}\cos\psi}{w}. \qquad 34)$$

**109. Diagramm der elektromotorischen Kräfte; elektro-
motorische Nutzkraft.**

Die letzte Form des Ausdruckes für $\Im$ entspricht dem physikalischen Vorgange besser als die andere, die den scheinbaren
Widerstand enthält. Denn in Wahrheit erleidet der Widerstand
keine Veränderung, und auch das Ohmsche Gesetz muſs in jedem
Augenblicke Geltung haben. Der Einfluſs der Selbstinduktion ist
vielmehr der, daſs sie eine $\mathfrak{E}\mathfrak{M}\mathfrak{K}$ verursacht, welche der gegebenen
in jedem Augenblicke entgegengewirkt, sie also schwächt. Der
gröſste Wert ist dann nicht mehr $\mathfrak{E}$, sondern $\mathfrak{E}\cos\psi$. Die aus
der gegebenen $\mathfrak{E}\mathfrak{M}\mathfrak{K}$ und der der Selbstinduktion resultierende ist
es, auf die in jedem Augenblicke das Ohmsche Gesetz anzuwenden
ist; man nennt sie die **elektromotorische Nutzkraft**. Die
Gleichung

$$i\,w = e - L\frac{d\,i}{d\,t}$$

ist nichts anderes als der mathematische Ausdruck dieser Thatsache, da $i\,w$ die elektromotorische Nutzkraft, e die gegebene und

$L \dfrac{d i}{d t}$ die $\mathfrak{EMK}$ der Selbstinduktion ist. Bezeichnet man die gröfsten Werte dieser drei der Reihe nach mit $\mathfrak{E}_n$, $\mathfrak{E}$, $\mathfrak{E}_s$, so folgt aus Gleichung 34, dafs

$$\mathfrak{E} \cos \psi = \mathfrak{E}_n$$

sein mufs, weil für diese und $\mathfrak{J}$ das Ohmsche Gesetz ohne weiteres gilt. Daraus folgt weiter, dafs diese drei $\mathfrak{EMK}$ den Seiten eines rechtwickeligen Dreieckes (Fig. 74) entsprechen. Aus diesem folgt wieder, dafs

$$\mathfrak{E}_s = \mathfrak{E} \sin \psi,$$

oder

$$\mathfrak{E}^2 = \mathfrak{E}_n^2 + \mathfrak{E}_s^2 = w^2 \mathfrak{J}^2 + p^2 L^2 \mathfrak{J}^2; \qquad 35)$$

denn aus Fig. 73 ergibt sich:

$$\sin \psi = \frac{p L}{\sqrt{w^2 + p^2 L^2}}, \qquad 36)$$

also

$$\mathfrak{E}_s = \frac{\mathfrak{E} p L}{\sqrt{w^2 + p^2 L^2}} = p L \mathfrak{J}. \qquad 37)$$

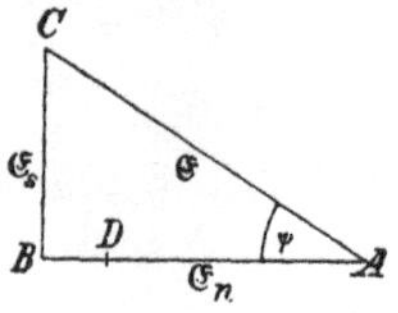

Fig. 74.

Aus dem Dreiecke der $\mathfrak{EMK}$ kann man sofort alle Phasenverschiebungen ersehen; denn die Stromstärke fällt der Phase nach mit der elektromotorischen Nutzkraft zusammen, da zwischen beiden das Ohm'sche Gesetz $\mathfrak{J} = \dfrac{\mathfrak{E}_n}{w}$ besteht. Der Gröfse nach ist also $\mathfrak{J}$ durch den $w$ten Teil der Seite $A B$, das ist die Strecke $A D$, dargestellt.

Der Winkel ψ ist die schon bekannte Phasenverzögerung des Stromes gegenüber der $\mathfrak{EMK}$. Zwischen der $\mathfrak{EMK}$ der Selbstinduktion und dem Strome besteht eine Phasenverschiebung von $\dfrac{\pi}{2}$, und zwar eilt erstere voraus, weil sich der rechte Winkel nach der anderen Seite öffnet als ψ. Fig. 75 zeigt den Verlauf der drei $\mathfrak{EMK}$ und des Stromes. Man ersieht daraus, dafs der Strom und die elektromotorische Nutzkraft gleiche Phase haben und beide gegenüber e um ψ verzögert sind, und dafs die $\mathfrak{EMK}$ der Selbstinduktion ε dem Strome um eine Viertelperiode vorauseilt. Ferner sieht man, dafs gemäfs der Gleichung $i w = e - L \dfrac{d i}{d t}$ die $\mathfrak{EM}$-Nutzkraft in jedem Augenblicke gleich der Differenz zwischen der gegebenen $\mathfrak{EMK}$ und der der Selbstinduktion ist.

Die Phasenverschiebung zwischen ε und i ergibt sich auch unmittelbar aus $\varepsilon = -L\dfrac{di}{dt}$; denn ε erreicht seinen gröfsten Wert, wenn der Differentialquotient am gröfsten ist; das ist dort der Fall, wo die Änderung von i am gröfsten, d. h. wo die Kurve i am steilsten ist, also beim Durchgang durch Null. Dort aber, wo i seinen gröfsten Wert hat, ist $\dfrac{di}{dt} = 0$ also auch $\varepsilon = 0$.

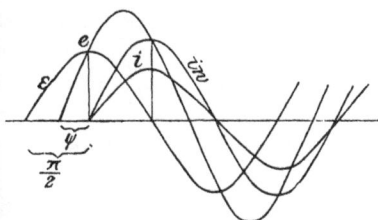

Fig. 75.

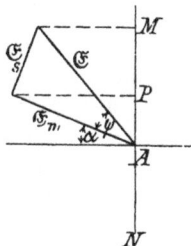

Fig. 76.

Die Fig. 75 erhält man entweder auf die Weise, dafs man die Werte aus den Gleichungen berechnet und als Ordinaten aufträgt, oder noch einfacher, wenn man das Dreieck Fig. 76 um den Punkt A dreht und für jeden Winkel α die Projektionen der drei Seiten auf eine feststehende Gerade MN bestimmt und als Ordinaten aufträgt. AM ist also der zur Abscisse α gehörige Wert von e, AP der von der elektromotorischen Nutzkraft iw und PM der von der $\mathfrak{EMK}$ der Selbstinduktion. Aus dieser Figur zeigt sich wiederum, dafs

$$iw = e - L\frac{di}{dt}.$$

110. Zusammensetzung beliebig vieler elektromotorischer Kräfte.

In gleicher Weise, wie sich in diesem Falle zwei $\mathfrak{EMK}$, die gegebene und die der Selbstinduktion, zu einer elektromotorischen Nutzkraft zusammensetzen, geschieht dies auch bei beliebig vielen, die in demselben Stromkreise wirken. Sind AB, BC, CD, DE die gröfsten Werte von vier in einem Stromkreise gleichzeitig wirkenden $\mathfrak{EMK}$ (Fig. 77), setzt man diese so zu einer Figur zusammen, dafs die Winkel zwischen zweien den Phasen-

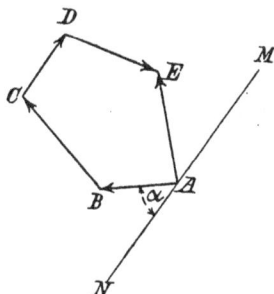

Fig. 77.

verschiebungen, die zwischen ihnen bestehen, entsprechen; dann ist die Linie $A\,E$, die diese Figur schliefst, der gröfste Wert der resultierenden $\mathfrak{E\,M\,K}$. Die jeweiligen, einem gewissen Winkel α (von der Resultierenden aus gerechnet) entsprechenden Werte findet man durch Projektion auf eine feste Gerade $M\,N$.

111. Die Elektrizitätsmenge eines veränderlichen Stromes.
Die von einem konstanten Strome J während der Zeit t gelieferte Elektrizitätsmenge ist $Q = J\,t$. Diese Grundgleichung darf bei einem veränderlichen Strome nur für ein unendlich kleines Zeitteilchen $d\,t$, innerhalb dessen die Stromstärke i als konstant angesehen werden kann, angewendet werden. Die während dieser Zeit $d\,t$ vom Strome gelieferte Elektrizitätsmenge $d\,Q$ ist also

$$d\,Q = i\,d\,t.$$

Dann ist die während einer Zeit t gelieferte Menge Q gleich der Summe aller dieser, also

$$Q = \Sigma\,d\,Q = \Sigma\,i\,d\,t.$$

Oder wenn man die Summierung durch eine Integration ersetzt

$$Q = \int_0^t i\,d\,t.$$

Ist i von der Form $i = \mathfrak{J} \sin p\,t$ und durch die Fig. 78 dargestellt, wobei die Zeiten als Abscissen aufgetragen sind, so ist

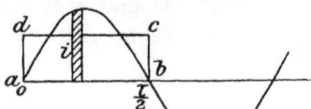

$i\,d\,t$ der Flächeninhalt des schmalen schraffierten Rechteckes mit der Höhe i und der Grundlinie $d\,t$. Die während einer halben Periode gelieferte Elektrizitätsmenge ist demnach durch die von der halben

Fig. 78.

Kurve und der Abscissenaxe eingeschlossene Fläche dargestellt und ist der Gröfse nach

$$Q = \int_0^{\frac{\tau}{2}} i\,d\,t = \int_0^{\frac{\tau}{2}} \mathfrak{J} \sin p\,t\,d\,t.$$

Führen wir statt p die Zeit ein $p = \dfrac{2\,\pi}{\tau}$ (§ 104), so ist

$$Q = \int_0^{\frac{\tau}{2}} \mathfrak{J} \sin \frac{2\,\pi}{\tau}\,t\,d\,t = -\,\mathfrak{J}\,\frac{\tau}{2\,\pi}\left[\cos \frac{2\,\pi}{\tau}\,t\right]_0^{\frac{\tau}{2}}$$

$$= -\Im \frac{\tau}{2\pi}\left[-1-1\right] = \Im \frac{\tau}{\pi}.$$

Die während der nächsten halben Periode gelieferte Menge
ist $Q = -\Im \frac{\tau}{\pi}$.

112. Mittelwert der Stromstärke und $\mathfrak{EMK}$.

Die veränderlichen Werte e und i eines periodischen Stromes,
sowie die gröfsten Werte $\mathfrak{E}$ und $\Im$ gelten nur für einen Augenblick.
Wir brauchen aber einen Mittelwert, den wir für beliebig lange
Zeiten anwenden können. Diesen Mittelwert, den wir mit J_{mi}
bezeichnen, finden wir, wenn wir die während einer halben Periode
gelieferte Elektrizitätsmenge durch die Zeitdauer der halben Periode
$\frac{\tau}{2}$ dividieren. Es ist also

$$J_{mi} = \frac{2\Im}{\pi} = 0,6366\,\Im.$$

Dieser Mittelwert J_{mi} ist also gleich der Stromstärke eines konstanten Stromes, der in derselben Zeit dieselbe Elektrizitätsmenge liefern würde. Hat das Rechteck $a\,b\,c\,d$ (Fig. 78) denselben Flächeninhalt wie die von der halben Sinuskurve und der
Axe eingeschlossene Fläche, so ist J_{mi} die Höhe $a\,d$ desselben.

Wenn vorhin gesagt wurde, dafs dieser Mittelwert für beliebig
lange Zeiten gelten soll, so gilt dies nur für solche Zeiten, die ein
Vielfaches von halben Perioden sind. Für einen Teil ϑ einer halben
Periode ist der Mittelwert

$$J_{mi} = \frac{1}{\vartheta} \int_0^\vartheta i\,dt.$$

Dasselbe gilt für den Mittelwert E_{mi} der $\mathfrak{EMK}$. Er ist

$$E_{mi} = \frac{2\mathfrak{E}}{\pi} = 0,6366\,\Im.$$

Zwischen den Mittelwerten besteht natürlich dieselbe Beziehung, wie zwischen $\mathfrak{E}$ und $\Im$. Nämlich

$$J_{mi} = \frac{E_{mi}}{\sqrt{w^2 + p^2\,L^2}}.$$

Diese Mittelwerte würden z. B. bei elektrolytischen Prozessen
in Betracht kommen, die durch einen in gleiche Richtung ge-
brachten Wechselstrom vollführt werden.

113. Mittelwert eines Stromes in Bezug auf Arbeitsleistung.

Die Arbeit eines konstanten Stromes J ist

$$A = J^2 \, w \, t.$$

Bei einem veränderlichen Strome dürfen wir diese Grundgleichung wieder nur für ein unendlich kleines Zeitteilchen $d\,t$ anwenden; also

$$d\,A = i^2 \, w \, d\,t.$$

Daraus ergibt sich für die in einer gewissen Zeit t geleistete

Arbeit $A = w \int_0^t i^2 \, d\,t.$

Nun ist $i = \Im \sin p\,t$; daher

$$A = w\,\Im^2 \int_0^t \sin{}^2 p\,t\,dt = \frac{w\,\Im^2}{2} \int_0^t (1 - \cos 2\,p\,t)\,d\,t.$$

Nehmen wir die Grenzen 0 und $\dfrac{\tau}{2}$, so erhalten wir für die Arbeit, die während einer halben Periode geleistet wird,

$$A = \frac{w\,\Im^2}{2} \left[\frac{\tau}{2} - \frac{\sin 2\,p\,t}{2\,p} \right]_0^{\frac{\tau}{2}} = \frac{w\,\Im^2}{2}\,\frac{\tau}{2}.$$

Um daraus die mittlere Arbeit während einer Sekunde, das
ist die Leistung V, zu finden, haben wir durch $\dfrac{\tau}{2}$ zu dividieren. Also

$$V = w\,\frac{\Im^2}{2},$$

und die Arbeit während der Zeit t ist

$$A = w\,\frac{\Im^2}{2}\,t.$$

Setzt man $\dfrac{\Im^2}{2} = J^2$, so gilt dasselbe Gesetz wie für einen Gleichstrom.

Dieser Mittelwert

$$J = \frac{\Im}{\sqrt{2}} = 0{,}707\,\Im$$

ist also die Quadratwurzel aus dem Mittelwert der Quadrate der
Stromstärken und gleich der Stärke eines konstanten Stromes von
gleicher Leistung.

Vergleicht man mit dem vorigen Paragraphen, so erkennt man, dafs es gefehlt wäre, in jenen Fällen, wo es auf das Quadrat der Stromstärke ankommt, den Mittelwert J_{mi} zu verwenden, indem man diesen auf das Quadrat erhebt. Der Mittelwert J_{mi} darf nur dort verwendet werden, wo es auf die Elektrizitätsmenge ankommt.

Der Mittelwert $J = \dfrac{\mathfrak{J}}{\sqrt{2}}$ ist auch derjenige, der von Wechsel-strom-Mefsgeräten angegeben wird. Denn dazu sind nur solche Vorrichtungen brauchbar, die vom Richtungswechsel des Stromes unabhängig, also dem Quadrate der Stromstärke J^2 proportional sind. Wo geaichte Skalen vorhanden sind, geben diese ohne weiteres den Wert J an.

Für die $\mathfrak{EMK}$ gilt natürlich derselbe Begriff:

$$E = \frac{\mathfrak{E}}{\sqrt{2}}.$$

Und zwischen beiden besteht dieselbe Beziehung wie zwischen $\mathfrak{J}$ und $\mathfrak{E}$, nämlich:

$$J = \frac{E}{\sqrt{w^2 + p^2 L^2}} = \frac{E \cos\psi}{w}.$$

Da J und E jene Werte sind, die den Strom nach seiner Arbeitsleistung während einer beliebigen Zeit charakterisieren und ihn einem konstanten Strom in dieser Hinsicht gleichstellen, werden wir sie im Folgenden kurzweg »Stromstärke«, »elektromotorische Kraft« oder »Spannung« nennen. Wo aber eine besondere Unterscheidung gegenüber i, $\mathfrak{J}$ oder J_{mi} notwendig ist, werden wir sie als »gemessene Stromstärke«, »gemessene $\mathfrak{EMK}$« bezeichnen.

114. Mittelwert der Arbeit.

Aus dem Vorhergehenden ergibt sich für die Arbeit eines Wechselstromes während einer Zeit t, die ein Vielfaches von halben Perioden ist:

$$A = J^2 w\, t,$$

wenn J der gemessene Wert der Stromstärke ist. Ersetzt man ein J durch Gleichung (31) (§ 108), so ist

$$A = \frac{J E w}{\sqrt{w^2 + p^2 L^2}}\, t,$$

oder

$$A = J E t \cos\psi = \frac{\mathfrak{J}\mathfrak{E}}{2}\, t \cos\psi,$$

wobei ψ die Phasenverschiebung zwischen e und i ist. Diesen Wert erhält man direkt, wenn man ausgeht von der Arbeit während eines unendlich kleinen Zeitteilchens dt:

$$dA = e\,i\,dt,$$

und nach Einsetzung von $e = \mathfrak{E} \sin \dfrac{2\pi}{\tau} t$ und $i = \mathfrak{J} \sin \left(\dfrac{2\pi}{\tau} - \psi \right) t$ den Mittelwert während einer halben Periode, also die Leistung:

$$V = \frac{1}{\dfrac{\tau}{2}} \int_0^{\frac{\tau}{2}} e\,i\,dt = \frac{\mathfrak{E}\,\mathfrak{J}}{2} \cos \psi$$

bildet.

Also ist die Arbeit während der Zeit t:

$$A = \frac{\mathfrak{J}\,\mathfrak{E}}{2} t \cos \psi = J\,E\,t \cos \psi.$$

Will man die Arbeit durch die $\mathfrak{E}\,\mathfrak{M}\,\mathfrak{K}$ allein ausdrücken, so ist

$$A = \frac{E^2 w}{w^2 + p^2 L^2}\, t = \frac{E^2 \cos \psi^2}{w}\, t.$$

Bei einem konstanten Strom ist die Arbeit durch das Produkt $J\,E\,t$ gegeben; bei einem Wechselstrom kommt noch $\cos \psi$ als

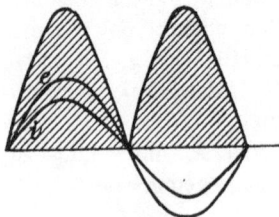

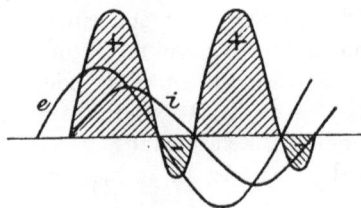

Fig. 79.   Fig. 80.

Faktor hinzu. Die Arbeit ist also um so kleiner, je gröfser die Phasenverschiebung ist, weil $\cos \psi$ mit zunehmendem ψ abnimmt. Die folgenden Figuren werden dies erläutern. Die erste stellt einen Wechselstrom ohne Phasenverschiebung dar. Die Arbeit desselben ist in jedem Augenblicke durch das Produkt aus den gleichzeitigen Werten von e und i gegeben. (Vergl. § 106.) Die ganze Arbeit während einer Periode ist gleich der schraffierten Fläche.

Betrachten wir nun einen Strom, der gegenüber seiner $\mathfrak{E}\,\mathfrak{M}\,\mathfrak{K}$ um 45^0 verzögert ist (Fig. 80). Man sieht, dafs das Produkt $e\,i$,

wenn es positiv ist, durch die schraffierten Flächen über der
Abscissenachse und, wenn es negativ ist, durch die schraffierten
Flächen unter derselben dar-
gestellt wird. Im ersten Falle
ist die Arbeit positiv, im zweiten negativ.

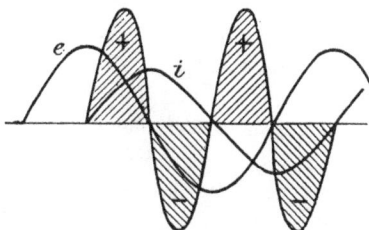

Fig. 81.

Die gesamte Arbeit ist
gleich der algebraischen Summe
dieser, also kleiner wie im
vorigen Falle.

Nehmen wir nun an, ein
Strom wäre um 90° gegenüber
der EMK verzögert (Fig. 81). Dieser Fall ist zwar nicht möglich,
aber man kann ihm sehr nahe kommen, wenn $\operatorname{tg}\psi = \dfrac{pL}{w}$ sehr grofs
ist. In diesem Falle sind die positiven und negativen Flächen
gleich grofs, also die Arbeit während einer halben Periode gleich
Null.[1]

115. Beispiel für einen Wechselstrom mit Selbstinduktion.

In einer Spule mit 16 Ohm Widerstand und 0,5 Quadrant Selbstinduktion wirke ein Wechselstrom von 100 Volt gemessener Spannung
und 48 Perioden[2] in der Sekunde. Dann ist p etwa 300.

Der induktive Widerstand ist 150. Der scheinbare Widerstand:
$$\sqrt{16^2 + 150^2} = \sqrt{22\,756} = 151 \text{ Ohm}.$$

Also ist die gemessene Stromstärke $J = 100 : 151 = 0{,}66\,A$.

Für einen konstanten Strom wäre in derselben Spule $J = 100 : 16$
$= 6{,}25\,A$. Man sieht daraus, wie grofs der Einflufs der Selbstinduktion ist.

Die Phasenverschiebung ist:
$$\operatorname{tg}\psi = \frac{150}{16} = 9{,}375 \quad \psi = 83^0\,55'.$$

---

[1] »Positive« und »negative« Arbeit ist relativ zu nehmen, denn
absolut genommen ist jede Arbeit positiv. Wenn sie aber dem be-
absichtigten Zwecke entgegenwirkt, kann sie als negativ bezeichnet
werden. Bei einem Motor z. B. äufsert sich dies darin, dafs er, solange
das Produkt $e\,i$ negativ ist, nicht als Motor, sondern als Dynamo wirkt
und auf Kosten der vorher erhaltenen Bewegungsenergie Strom erzeugt.

[2] Auf dem europäischen Festlande sind 40—50 gebräuchlich. In
England und Amerika kommen 100—150 vor.

Die Arbeit des Stromes in der Spule finden wir entweder
$$A = J^2 w = 0{,}66^2 \cdot 16 = 7 \text{ Watt},$$
oder $\qquad A = J E \cos \psi = 0{,}66 \cdot 100 \cdot 0{,}106 = 7 \text{ Watt.}$

Die gröſsten Werte der E M K und Stromstärke finden wir durch Multiplikation mit $\sqrt{2}$ also:
$$\mathfrak{E} = 141{,}4 \ V, \quad \mathfrak{J} = 0{,}93 \ A.$$

Der gröſste Wert der E M Nutzkraft ist:
$$\mathfrak{E}_n = 141{,}4 \cdot 0{,}106 = 14{,}9 \ V$$
und der der Selbstinduktion:
$$\mathfrak{E}_s = 141{,}4 \cdot 0{,}9944 = 140{,}5 \ V.$$

116. Vergleich der Selbstinduktion mit der Trägheit.

Aus dem Vorhergehenden und dem Lenz'schen Gesetze (§ 100) wissen wir, daſs die Selbstinduktion jeder Veränderung des Stromes oder Stromleiters widerstrebt, indem sie beim Zunehmen des Stromes einen anderen von entgegengesetzter Richtung induziert und beim Abnehmen einen von derselben Richtung. Sie sucht also ebenso wie die Trägheit oder das Beharrungsvermögen schwerer Körper den früheren Zustand aufrecht zu erhalten. Besonders auffallend ist dieser Vergleich beim Öffnen und Schlieſsen eines Stromes. Beim Öffnen wird nämlich ein gleichgerichteter Strom (Öffnungsextrastrom) induziert, der für einen Augenblick so stark ist, daſs er in Form eines Funkens die Luftstrecke durchschlägt; er sucht den Strom aufrecht zu erhalten, ebenso wie die Trägheit es unmöglich macht, einen in Bewegung befindlichen schweren Körper augenblicklich zur Ruhe zu bringen. Beim Schlieſsen eines Stromes wird ein Extrastrom induziert von entgegengesetzter Richtung, der das plötzliche Anwachsen desselben verhindert, ebenso wie ein schwerer Körper nur allmählich in Bewegung versetzt werden kann.

Puluj hat diesen Vergleich noch weiter ausgeführt. Ein Schwungrad, das in Drehung versetzt werden soll, braucht einige Zeit dazu. Die Arbeit, die dabei zur Überwindung der Trägheit notwendig ist, entspricht beim Schlieſsen eines Stromes jener Arbeit, die zur Entstehung des magnetischen Feldes (§ 95) aufgewendet werden muſs. Ist die richtige Geschwindigkeit erreicht, so bedarf es jetzt nur soviel Arbeitsaufwand, als zur Überwindung des Reibungswiderstandes, beim Strome nur soviel, als zur Überwindung des Leitungswiderstandes notwendig ist. Hört die Bewegung

des Rades auf, so vermag es dabei infolge seiner Trägheit soviel
Arbeit zu leisten, als beim Inbewegungsetzen aufgewendet wurde.
Ebenso sucht das verschwindende magnetische Feld beim Öffnen
des Stromes denselben aufrecht zu erhalten, und leistet dabei soviel Arbeit, als beim Entstehen aufgewendet wurde.

Die Erzeugung eines periodischen Stromes entspricht dem
Versuche, dem Rade eine pendelnde Bewegung zu geben. Dazu
ist eine periodisch wechselnde Kraft notwendig. Dieser wirkt
entgegen die Kraft des Pendels infolge seiner Trägheit; diese ist
am kleinsten bei der gröfsten Ausweichung und am gröfsten,
während es durch die Ruhelage geht; dieselbe Beziehung besteht
zwischen der E M K der Selbstinduktion und dem Strome. Ferner
sieht man ein, dafs die Geschwindigkeit niemals so grofs wird,
als wenn der gröfste Wert der Kraft immer in derselben Richtung
wirken würde. Die Trägheit scheint ebenso wie die Selbstinduktion
den Widerstand zu vergröfsern.

117. Beginn und Ende eines Stromes.

In §§ 95, 100, 116 haben wir von Extraströmen gesprochen,
die beim Schliefsen und Öffnen eines Stromes induziert werden.
Das entspricht der in § 98 gegebenen dritten Art der Induzierung
elektrischer Ströme. Wir wollen nun mit Benützung der Spannungsgleichung

$$E = i\,w + L\,\frac{d\,i}{d\,t},$$

ebenso wie in § 108, die aus der gegebenen E M K und der der
Selbstinduktion resultirende Stromstärke bestimmen.

Setzen wir die gegebene E M K E als konstant voraus (Gleichstrom), so können wir die Gleichung in die Form bringen:

$$\frac{d\,i}{E - i\,w} = \frac{d\,t}{L}.$$

Die Integration derselben gibt:

$$- \frac{1}{w}\,\log\,(E - i\,w) = \frac{t}{L} + \log C.$$

Die Integrationskonstante führen wir, da sie willkürlich ist,
als Logarithmus ein, um sie mit dem ersten Logarithmus vereinigen
zu können. Also ist

$$\log\,[(E - iw)\,C] = - \frac{w\,t}{L}.$$

Daraus folgt

$$(E - iw)\, C = \varepsilon^{-\frac{w}{L}t},$$

wobei ε die Basis der natürlichen Logarithmen ist.

Diese Gleichung muſs für jeden Augenblick Geltung haben. Zur Bestimmung der Konstante C haben wir zu unterscheiden zwischen Schlieſsen und Öffnen des Stromes.

Rechnen wir die Zeit t vom Schlieſsen des Stromes an, so ist für $t = 0$

$$i = 0,$$

weil da der Strom noch nicht vorhanden ist. Dann geht die Gleichung über in:

$$EC = 1,$$

also

$$C = \frac{1}{E}.$$

Dies eingesetzt, gibt:

$$i = \frac{E}{w}\left(1 - \varepsilon^{-\frac{w}{L}t}\right) = J - J\varepsilon^{-\frac{w}{L}t},$$

wobei J die der konstanten 𝔈𝔐𝔎 E entsprechende Stromstärke ist. Dieselbe wird erst für $t = \infty$ erreicht, kommt diesem Werte

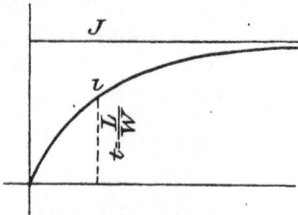

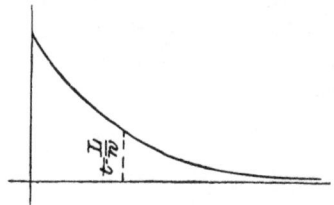

Fig. 82.   Fig. 83.

aber schon nach kurzer Zeit sehr nahe, wie man aus Fig. 82 ersieht. Dies geht um so rascher, je gröſser $\frac{w}{L}$ ist. Zur Zeit $t = \frac{L}{w}$ ist

$$i = J\left(1 - \frac{1}{\varepsilon}\right) = 0{,}63\, J.$$

Zu dieser Zeit erreicht also die Stromstärke einen Wert, der etwas kleiner ist als der endgiltige. Der Wert $\frac{L}{w}$ ist also ein Kennzeichen für das mehr oder minder rasche Zunehmen des Stromes, und man nennt ihn daher die Zeitkonstante.

Um den Verlauf des Stromes bei seinem Verschwinden zu erfahren, müssen wir ihm Gelegenheit dazu geben, d. h. wir dürfen

nicht den Stromkreis unterbrechen, sondern bloſs die $\mathfrak{E}\mathfrak{M}\mathfrak{K}$ aus-
schalten. Es ist $E = 0$ zu setzen, und die Grundgleichung geht
über in:

$$- i\,w\,C = \varepsilon^{-\frac{w}{L}\,t.}$$

Zur Zeit $t = 0$ hat der Strom noch seine volle Stärke

$$i = J = \frac{E}{w}.$$

Dies eingesetzt, gibt:

$$C = -\frac{1}{E};$$

daher

$$i = \frac{E}{w}\,\varepsilon^{-\frac{w}{L}\,t} = J\,\varepsilon^{-\frac{w}{L}\,t.}$$

Das ist also der sogenannte Öffnungsextrastrom; er wird Null
erst für $t = \infty$, erreicht aber schon nach kurzer Zeit einen sehr
kleinen Wert, wie man aus Fig. 83 ersieht. Für die Zeit $t = \dfrac{L}{w}$ ist

$$i = \frac{J}{\varepsilon} = 0,37\,J.$$

Die Zeitkonstante ist also auch hier ein Maſs für die mehr
oder minder rasche Abnahme des Stromes.

Beim Unterbrechen des Stromkreises findet diese allmähliche
Abnahme nicht statt, sondern es erfolgt ein plötzliches Anwachsen
und Abfallen des Extrastromes statt, der sich als Funke äuſsert.

118. Gegenseitige Induktion.

Nach § 102 ist die $\mathfrak{E}\mathfrak{M}\mathfrak{K}$, die in einem Leiter durch einen
benachbarten Strom i' induziert wird, $\varepsilon = \dfrac{d}{dt}\,(M\,i')$, und die Gleichung für die $\mathfrak{E}\mathfrak{M}\mathfrak{K}$:

$$e = w\,i + \frac{d}{d\,t}\,(M\,i'),$$

wenn e eine schon ursprünglich vorhandene $\mathfrak{E}\mathfrak{M}\mathfrak{K}$, w den Widerstand und i die Stromstärke in dem der Induktion ausgesetzten
Stromkreise bedeuten. Der Strom i wirkt nun aber ganz in derselben Weise auf den induzierenden Strom i' zurück; daher gilt
für diesen die Gleichung:

$$e' = w'\,i' + \frac{d}{d\,t}\,(M\,i).$$

Haben die beiden Stromkreise Selbstinduktion mit den Koëf-
fizienten L und L', so kommen nach § 107 auch noch die $\mathfrak{E}\mathfrak{M}\mathfrak{K}$

der Selbstinduktion $\dfrac{d}{dt}(Li)$ bzw. $\dfrac{d}{dt}(L'i')$ hinzu, und man erhält:

$$\left.\begin{aligned}
e &= wi + \frac{d}{dt}(Li) + \frac{d}{dt}(Mi') \\
e' &= w'i' + \frac{d}{dt}(L'i') + \frac{d}{dt}(Mi).
\end{aligned}\right\} \quad 38)$$

Für die gegenseitige Induktion gibt es einen gröfsten Wert, der bestimmt ist durch

$$M^2 = LL',$$

der dann erreicht würde, wenn beide Stromkreise in einen zusammenfielen.

Sind sowohl die Ströme, als auch die Induktionskoëffizienten veränderlich, so lautet die allgemeinste Form:

$$e = wi + L\frac{di}{dt} + i\frac{dL}{dt} + M\frac{di'}{dt} + i'\frac{dM}{dt},$$

und ganz ähnlich die zweite Gleichung.

119. Lösung für einen besonderen Fall.

Wir wollen im Folgenden den Fall behandeln, wo nur einem Stromkreise, dem primären, eine gegebene $\mathfrak{EMK}$ von der Form $e = \mathfrak{E}\sin pt$ zugeführt wird, und wo die Induktionskoëffizienten MLL' konstant sind, wo also beide Stromkreise unveränderliche Lage und Gestalt haben. Dann gehen die vorigen Gleichungen über in:

$$\left.\begin{aligned}
e &= wi + L\frac{di}{dt} + M\frac{di'}{dt} \\
0 &= w'i' + L'\frac{di'}{dt} + M\frac{di}{dt}.
\end{aligned}\right\} \quad 39)$$

Infolge der Selbstinduktion erfahren beide Ströme eine Verzögerung gegen die $\mathfrak{EMK}$ e; sie werden daher von der Form sein:

$$i = \mathfrak{J}\sin(pt - \varphi),$$
$$i' = \mathfrak{J}'\sin(pt - \varphi').$$

Durch Einsetzen dieser Werte in die Differentialgleichungen erhält man die Lösungen, über deren Durchführung auf Maxwell verwiesen sei. Derselbe findet für die Konstanten $\mathfrak{J}$ und φ die Werte:

$$\mathfrak{J} = \frac{\mathfrak{E}}{\sqrt{\varrho^2 + p^2\lambda^2}}, \qquad\qquad 40)$$

$$tg\,\varphi = \frac{p\lambda}{\varrho}, \qquad\qquad 41)$$

also

$$i = \frac{l}{\sqrt{\varrho^2 + p^2 \lambda^2}} \sin (pt - \varphi).$$

Dabei ist

$$\left.\begin{array}{l} \varrho = w + \dfrac{p^2 M^2}{w^{2\prime} + p^2 L^{2\prime}}\, w' \\[3mm] \lambda = L - \dfrac{p^2 M^2}{w^{2\prime} + p^2 L^{2\prime}}\, L'. \end{array}\right\} \quad 42)$$

Man sieht, dafs der Ausdruck für den gröfsten Wert der primären Stromstärke und die Phasenverschiebung dieselbe Form haben, wie bei einem einfachen Stromkreise (§ 108), dafs aber an Stelle des wirklichen Wertes der Selbstinduktion L und des Widerstandes w die äquivalenten Werte ϱ und λ eintreten.

Der Grund dafür liegt darin, dafs der sekundäre Strom auf den primären zurückwirkt. Man kann gemäfs diesen Gleichungen sagen, dafs die Gegenwart eines induzierten Stromes den Widerstand des induzierenden scheinbar vergröfsert und die Selbstinduktion scheinbar verkleinert. Man nennt daher den Ausdruck:

$$\sqrt{\varrho^2 + p^2 \lambda^2}$$

den äquivalenten scheinbaren Widerstand des primären Stromkreises.

Es entsteht nun die Frage, ob durch die Rückwirkung des sekundären Stromes der primäre verstärkt oder geschwächt wird, d. h. ob der äquivalente scheinbare Widerstand kleiner oder gröfser ist, als der scheinbare. Man erkennt dies aus der Differenz beider, nämlich aus:

$$(\varrho^2 + p^2 \lambda^2) - (w^2 + p^2 L^2) = \frac{2 p^2 M^2 w}{w' + \dfrac{p^2 L'^2}{w'}} - \frac{p^4 M^2 (2 L L' - M^2)}{w'^2 + p^2 L'^2};$$

wenn w' so klein ist, dafs das erste Glied auf der rechten Seite vernachlässigt werden kann, so ist der ganze Ausdruck negativ, da $(L L' - M^2)$ immer positiv oder höchstens gleich Null sein kann (§ 97). Der äquivalente scheinbare Widerstand ist also in diesem Falle kleiner. Ist w' unendlich grofs, d. h. ist der sekundäre Stromkreis unterbrochen, so dafs kein Strom zustande kommt, so ist die rechte Seite Null, d. h. der äquivalente scheinbare Widerstand ist gleich dem scheinbaren, wie nicht anders zu erwarten war. Ebenso ist dann auch

$$\varrho = w \quad \text{und} \quad \lambda = L.$$

Durch die Gegenwart des sekundären Stromes
wird also der primäre verstärkt. Was die Phasenver-
schiebung φ zwischen primärer $\mathfrak{EMR}$ und Stromstärke anbelangt,
so erkennt man aus den Ausdrücken für ϱ und λ, daſs tg φ, also
auch φ, durch den sekundären Strom verkleinert wird. (Man vergleiche die Tabelle auf Seite 185, wo diese Veränderungen bei ab-
nehmendem sekundärem Widerstande, bezw. zunehmender Stromstärke, zu ersehen sind.)

Die durch die gegenseitige Induktion im sekundären Kreise
induzierte $\mathfrak{EMR}$ ist, vom Vorzeichen abgesehen, $M\dfrac{di}{dt}$. Bildet man
diesen Ausdruck, indem man den obigen Wert für i nach t differenziert, so erhält man für den gröſsten Wert dieser $\mathfrak{EMR}$:

$$\frac{p\,M\,\mathfrak{E}}{\sqrt{\varrho^2+p^2\,\lambda^2}}. \qquad 43)$$

Da sie in einem Stromkreise mit dem Widerstande w' und
der Selbstinduktion L' wirkt, so ist nach § 108 die gröſste sekundäre Stromstärke:

$$\mathfrak{J}' = \frac{\dfrac{p\,M\,\mathfrak{E}}{\sqrt{\varrho^2+p^2\,\lambda^2}}}{\sqrt{w'^2+p^2\,L'^2}}. \qquad 44)$$

und die Phasenverschiebung zwischen dieser $\mathfrak{EMR}$ und der
Stromstärke:

$$\operatorname{tg}\psi = \frac{p\,L'}{w'} \qquad 45)$$

Um die Phasenverschiebung zwischen primärer und sekundärer
Stromstärke, das ist $\varphi' - \varphi = \chi$ zu ermitteln, verfahren wir fol-
gendermaſsen. Da es uns jetzt nur auf das Verhältnis der beiden
Ströme ankommt, so können wir sie darstellen durch:

$$i = \mathfrak{J} \sin p\,t$$
$$i' = \mathfrak{J}' \sin (p\,t - \chi);$$

setzen wir sie in die zweite der Gleichungen (39) ein und setzen
dann $t = \dfrac{\pi}{2}$, was gestattet ist, da ja die Gleichung zu jeder Zeit
gelten muſs, so erhalten wir daraus:

$$0 = w'\,\mathfrak{J}' \cos\chi + p\,L'\,\mathfrak{J}' \sin\chi$$

und daraus

$$\operatorname{tg}\chi = -\frac{w'}{p\,L'}.$$

Dies kann man in andere Form bringen, wenn man die Gleichung 45)

$$\frac{p\,L'}{w'} = \operatorname{tg}\psi$$

benützt. Dann ist

$$\operatorname{tg}\chi = -\operatorname{ctg}\psi = \operatorname{tg}(90 + \psi),$$

also ist

$$\chi = 90 + \psi.$$

Bildet man aus den Werten für $\mathfrak{J}'$ und $\mathfrak{J}$ das Verhältnis:

$$\frac{\mathfrak{J}'}{\mathfrak{J}} = \frac{p\,M}{\sqrt{w'^2 + p^2\,L'^2}},$$

so erkennt man, daſs für dieses, ebenso wie für die Phasenverschiebung χ, nur Widerstand und Selbstinduktion des sekundären, nicht aber des primären Stromkreises maſsgebend sind.

Ist w' so klein, daſs es gegen $p\,L'$ vernachlässigt werden kann, so ist

$$\frac{\mathfrak{J}'}{\mathfrak{J}} = \frac{M}{L'} \text{ und } \operatorname{tg}\psi = \infty,$$

also

$$\psi = 90^0 \text{ und } \chi = 180 = \pi,$$

d. h. der sekundäre Strom ist gegen den primären um eine halbe Periode verzögert. Aus Fig. 84 erkennt man, daſs in diesem Falle die beiden Ströme in jedem Augenblicke entgegengesetzte Richtung haben, da der eine immer negativ ist, während der andere positiv ist; sie stoſsen sich also ab.

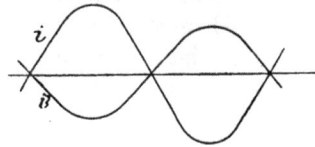

Fig. 84.

Aus den bisher bestimmten Phasendifferenzen φ, ψ und χ ergeben sich leicht alle anderen. So ist die Phasendifferenz zwischen primärer $\mathfrak{E}\mathfrak{M}\mathfrak{K}$ und sekundärer Stromstärke, die mit φ' bezeichnet wurde, $\varphi' = \varphi + \chi$.

In die Gleichungen 39 können wir auch das magnetische Feld einführen, wenn wir mit N die Anzahl der Stromwindungen des primären und mit N' die des sekundären Kreises bezeichnen. Setzen wir voraus, daſs das magnetische Feld beiden Stromkreisen gemeinsam ist, und bezeichnen wir die Kraftlinienanzahl desselben mit z, so sind die in beiden Stromkreisen induzierten $\mathfrak{E}\mathfrak{M}\mathfrak{K}$ nach § 101:

$$N\frac{dz}{dt} = L\frac{di}{dt} + M\frac{di'}{dt}$$

und
$$N' \frac{dz}{dt} \models L' \frac{di}{dt} + M \frac{di}{dt}.$$

Dann lauten die Gleichungen 39):
$$e = w\,i + N\,\frac{dz}{dt},$$
$$0 = w'\,i' + N'\,\frac{dz}{dt}.$$

Die gröfsten Werte der induzierten $\mathfrak{E}\,\mathfrak{M}\,\mathfrak{K}$ sind nach § 104 und mit Berücksichtigung dessen, dafs nicht eine, sondern N bezw. N' Windungen vorhanden sind:

$$p\,N\,\mathfrak{Z} \quad \text{im primären Kreise}$$
und $\qquad p\,N'\,\mathfrak{Z} = \mathfrak{E}'$ im sekundären Kreise.

Da das magnetische Feld von der im primären Kreise induzierten $\mathfrak{E}\,\mathfrak{M}\,\mathfrak{K}$ abhängt, so ist es nach § 105 um eine Viertelperiode gegen dieses verspätet. Und da die sekundäre induzierte $\mathfrak{E}\,\mathfrak{M}\,\mathfrak{K}$ $\mathfrak{E}'$ vom Felde abhängt, so ist sie gegen dieses um eine Viertelperiode verspätet. Daraus folgt, dafs die sekundäre induzierte $\mathfrak{E}\,\mathfrak{M}\,\mathfrak{K}$ gegen die primäre um eine halbe Periode verspätet ist; d. h. sie sind einander gerade entgegengesetzt. Zwischen beiden liegt die Phase des magnetischen Feldes.

Die primäre induzierte $\mathfrak{E}\,\mathfrak{M}\,\mathfrak{K}$ unterscheidet sich von der primären Klemmenspannung e nur durch den Spannungsabfall $i\,w$, wie man oben sieht; da dieser in der Regel klein ist, so kann man sie meistens einander gleich setzen.

120. Scheinbarer Widerstand bei Hintereinanderschaltung.

Befinden sich in einem Stromkreise hintereinander zwei Leiterstücke mit den Widerständen w_1 und w_2 und den Selbstinduktionen L_1 und L_2, und bedeuten P_1, P_2, P_3 die Potentialwerte an den Endpunkten (Fig. 85) und ist $P_1 - P_3 = e$, so lautet die Gleichung der $\mathfrak{E}\,\mathfrak{M}\,\mathfrak{K}$ (§ 107):

$$e = i\,(w_1 + w_2) + (L_1 + L_2)\,\frac{di}{dt}.$$

Daher ist die Stromstärke:

$$\left.\begin{aligned} i &= \frac{\mathfrak{E}}{\sqrt{(w_1 + w_2)^2 + p^2\,(L_1 + L_2)^2}}\,\sin\,(p\,t - \psi), \\[2mm] \mathfrak{J} &= \frac{\mathfrak{E}}{\sqrt{(w_1 + w_2)^2 + p^2\,(L_1 + L_2)^2}}, \end{aligned}\right\} \quad 46)$$

wobei
$$\operatorname{tg} \psi = \frac{p(L_1 + L_2)}{w_1 + w_2}. \qquad 47)$$

Also ist der gesamte, scheinbare Widerstand:
$$W_s = \sqrt{(w_1 + w_2)^2 + p^2(L_1 + L_2)^2}. \qquad 48)$$

Es wäre also falsch, wenn man den gesamten scheinbaren Widerstand aus der algebraischen Summe der scheinbaren Widerstände der einzelnen Leiterstücke bilden wollte; sondern man hat die g e o m e t r i s c h e Summe zu bilden. (Fig. 86 gibt die graphische Darstellung dieses Falles; man vergleiche sie mit Fig. 73.)

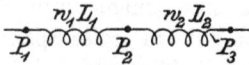

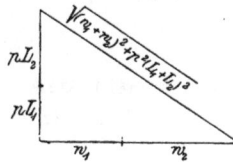

Fig. 85.   Fig. 86.

Daraus folgt noch eine andere in der Selbstinduktion begründete Abweichung. Mißt man die Werte der Potentialdifferenzen an den Enden dieser Leiterstücke, nämlich:
$$P_1 - P_3 = E, \quad P_1 - P_2 = E_1, \quad P_2 - P_3 = E_2,$$
so gilt für einen konstanten Strom $E = E_1 + E_2$.

Dies gilt aber nicht mehr für einen Wechselstrom, wenn der Stromleiter Selbstinduktion besitzt. Bezeichnen wir die jeweiligen Werte dieser Potentialdifferenzen mit e, e_1, e_2 und die dazu gehörigen ·größten Werte mit $\mathfrak{E}$, $\mathfrak{E}_1$, $\mathfrak{E}_2$, so muß wohl in jedem Augenblicke die Beziehung
$$e = e_1 + e_2$$
gelten, keineswegs aber die gleiche Beziehung für die größten Werte. Der Grund dafür ergibt sich aus folgender Betrachtung:

Die Stromstärke muß an allen Stellen des ganzen Stromkreises dieselbe sein, da sonst an einer Stelle ein Mangel oder ein Überschuß von Elektrizität auftreten würden. Es gelten also für die beiden Leiterstücke die Gleichungen:
$$\mathfrak{J} = \frac{\mathfrak{E}_1}{\sqrt{w_1^2 + p^2 L_1^2}}, \quad \operatorname{tg} \psi_1 = \frac{p L_1}{w_1},$$
$$\mathfrak{J} = \frac{\mathfrak{E}_2}{\sqrt{w_2^2 + p^2 L_2^2}}, \quad \operatorname{tg} \psi_2 = \frac{p L_2}{w_2}.$$

9*

Vergleicht man damit die obige, so sieht man, daſs drei verschiedene Phasenverschiebungen bestehen zwischen der Stromstärke und den Potentialdifferenzen e, e_1, e_2. Es müssen also auch Phasenverschiebungen zwischen diesen Potentialdifferenzen untereinander bestehen. Daraus folgt, daſs die gröſsten Werte derselben $\mathfrak{E}$, $\mathfrak{E}_1$, $\mathfrak{E}_2$ nicht gleichzeitig auftreten, und daher dürfen sie auch nicht addiert werden.

Nur wenn keine Phasenverschiebungen unter einander bestehen, also wenn $\psi = \psi_1 = \psi_2$ ist, gilt $\mathfrak{E} = \mathfrak{E}_1 + \mathfrak{E}_2$. Das ist der Fall, wenn $L_1 = L_2$ und $w_1 = w_2$, oder wenn $L_1 = L_2 = 0$ ist.

121. Drosselspule.

Man versteht darunter eine Spule mit einem unterteilten Eisenkern (§ 127), welche die Aufgabe hat, eine zu groſse Spannung von einem Apparate fernzuhalten (Vorschaltwiderstand bei Bogenlampen oder Triebmaschinen). Ist E die Spannung des Stromes, in den man einen Apparat einschalten will, der nur eine Spannung von $E-E'$ braucht, so wird bei Gleichstrom ein Widerstand W vorgeschaltet, in dem die Spannung um den Betrag $E' = WJ$ abfällt; auf den Apparat entfällt dann nur, wie gefordert wurde, eine Spannung $E - E'$. In diesem Vorschaltwiderstande findet aber ein Arbeitsverlust gleich $J^2 W$ durch Erwärmung des Drahtes statt.

Bei einem Wechselstrom ist dies anders. Hat die Drosselspule einen scheinbaren Widerstand

$$\sqrt{w^2 + p^2 L^2} = W,$$

so ist der Spannungsabfall auch JW. Der Arbeitsverlust ist aber nur $J^2 w$, also bedeutend kleiner als beim Gleichstrom, da bei solchen Drosselspulen w klein ist gegenüber pL.

122. Verzweigung eines veränderlichen Stromes.

Teilt sich ein veränderlicher Strom i in zwei Zweige, i_1 und i_2 (Fig. 87), so haben wir zu unterscheiden zwischen der Verteilung der momentanen Werte und der gröſsten Werte der Stromstärken.

Zunächst ist klar, daſs wie für einen konstanten Strom, so auch für jeden beliebig veränderlichen, das erste Kirchhoff'sche Gesetz (§ 36) in jedem Augenblicke gelten muſs, also:

$$i = i_1 + i_2,$$

weil an den Verzweigungspunkten P_1 und P_2 weder ein Verlust, noch ein Gewinn an Elektrizität von selbst stattfinden kann.

Für die beiden Zweige gelten ferner die Gleichungen der E M K, wenn $P_1 - P_2$ die Potentialdifferenz zwischen den Verzweigungspunkten ist:

$$P_1 - P_2 = w_1 i_1 + L_1 \frac{di_1}{dt},$$

$$P_1 - P_2 = w_2 i_2 + L_2 \frac{di_2}{dt}.$$

Daraus folgt für die Augenblickswerte i_1 und i_2 die Bedingungsgleichung

$$w_1 i_1 + L_1 \frac{di_1}{dt} = w_2 i_2 + L_2 \frac{di_2}{dt}. \qquad 49)$$

Sind die Zweige ohne Selbstinduktion, also $L_1 = 0$, $L_2 = 0$, so wird daraus dieselbe Gleichung wie für konstante Ströme, nämlich $w_1 i_1 = w_2 i_2$.

Die Rolle, welche die Selbstinduktion bei der Verteilung spielt, sieht man am besten, wenn man einen Zweig frei von dieser voraussetzt, z. B. $L_2 = 0$. Dann gilt die Gleichung

$$w_1 i_1 + L_1 \frac{di_1}{dt} = w_2 i_2.$$

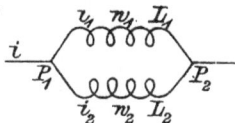

Fig. 87.

Daraus sieht man: solange der Zweigstrom i_1 zunimmt, ist der Differentialquotient positiv, i_1 also kleiner als in jenem Falle, wo auch $L_1 = 0$ ist, oder ein konstanter Strom die Verzweigung durchströmt. Nimmt i_1 ab, so ist das Umgekehrte der Fall.

Die größten Werte der Stromstärken sind:

$$\mathfrak{J}_1 = \frac{\mathfrak{E}}{\sqrt{w_1{}^2 + p^2 L_1{}^2}}, \quad \mathfrak{J}_2 = \frac{\mathfrak{E}}{\sqrt{w_2{}^2 + p^2 L_2{}^2}},$$

wobei $\mathfrak{E}$ den größten Wert der Spannung $P_1 - P_2$ bedeutet. Daraus folgt:

$$\mathfrak{J}_1 : \mathfrak{J}_2 = \sqrt{w_2{}^2 + p^2 L_2{}^2} : \sqrt{w_1{}^2 + p^2 L_1{}^2}, \qquad 50)$$

das heißt: die größten Werte der Zweigströme verhalten sich umgekehrt wie die scheinbaren Widerstände. Ist $L_1 = 0$, $L_2 = 0$, so verhalten sie sich ebenso wie konstante Ströme, nämlich umgekehrt wie die Widerstände. Was für die größten Werte gilt, gilt natürlich auch für die Mittelwerte (§ 112, 113).

Die Phasenverzögerungen der Zweigströme hinter der Spannung $P_1 - P_2$ sind nach § 108:

$$\operatorname{tg} \psi_1 = \frac{p\,L_1}{w_1}, \quad \operatorname{tg} \psi_2 = \frac{p\,L_2}{w_2}.$$

Daraus folgt für die Phasenverschiebung β zwischen den Strömen i_1 und i_2:

$$\operatorname{tg} \beta = \operatorname{tg}(\psi_1 - \psi_2) = \frac{\operatorname{tg}\psi_1 - \operatorname{tg}\psi_2}{1 + \operatorname{tg}\psi_1 \operatorname{tg}\psi_2} = p\,\frac{w_2 L_1 - w_1 L_2}{w_1 w_2 + p^2 L_1 L_2}.$$

Da ψ_1 und ψ_2 Verzögerungen bedeuten, so ist i_1 hinter i_2 verzögert, wenn ψ_1 gröfser ist als ψ_2, d. h. wenn β positiv ist; das ist der Fall, wenn

$$w_2 L_1 > w_1 L_2 \text{ ist.}$$

Sind die während einer gewissen Zeit durch die Zweigströme gelieferten Elektrizitätsmengen Q_1 und Q_2, so folgt aus Gl. 46 durch Integration von 0 bis t:

$$Q_1 w_1 + [L_1 i_1]_0^t = Q_2 w_2 + [L_2 i_2]_0^t.$$

Bezieht sich diese Gleichung auf eine oscillatorische Entladung, so ist die gesamte Ladung $Q = Q_1 + Q_2$. Ist zur Zeit t schon die ganze Entladung vorüber, so ist jetzt ebenso wie zur Zeit Null die Stromstärke in beiden Zweigen Null, und die Gleichung geht über in

$$Q_1 w_1 = Q_2 w_2,$$

also auch

$$\mathfrak{J}_1 : \mathfrak{J}_2 = w_2 : w_1$$

wie bei einem konstanten Strome.

Dasselbe gilt für einen Wechselstrom, wenn t ein Vielfaches von einer halben Periode ist und zwischen i_1 und i_2 keine Phasenverschiebung besteht; denn dann haben beide Ströme am Anfang und Ende der Zeit t gleiche Werte; das ist also dann, wenn:

$$\frac{L_1}{w_1} = \frac{L_2}{w_2}.$$

123. Scheinbarer Widerstand einer Verzweigung.

Wir haben nun den gesamten scheinbaren Widerstand der im Vorhergehenden betrachteten Verzweigung zu suchen. Es ist dies jener, den ein einziger Leiter haben müfste, wenn er die Verzweigung ersetzen soll. Die EMK der Verzweigung ist:

$$P_1 - P_2 = e = \mathfrak{E} \sin pt.$$

Dann ist der Strom

$$i = \frac{\mathfrak{E}}{W_s} \sin(pt - \psi),$$

wobei W_s der gesuchte scheinbare Widerstand und ψ die Phasenverzögerung des Gesamtstromes gegenüber e ist.

Es gelten folgende Gleichungen:

$$e = i_1 w_1 + L_1 \frac{d i_1}{dt}. \qquad\qquad \text{I}$$

$$e = i_2 w_2 + L_2 \frac{d i_2}{dt}. \qquad\qquad \text{II}$$

$$i = i_1 + i_2. \qquad\qquad\qquad \text{III}$$

Daraus haben wir eine Gleichung zu bilden, die blofs i enthält.

Differentiert man die letzte nach t, so ist

$$\frac{di}{dt} = \frac{d i_1}{dt} + \frac{d i_2}{dt}. \qquad\qquad \text{IV}$$

Setzt man III und IV in II ein, so wird

$$e = i w_2 - i_1 w_2 + L_2 \frac{di}{dt} - L_2 \frac{d i_1}{dt}. \qquad \text{V}$$

Eliminiert man aus dieser und I zuerst i_1 und dann $\frac{d i_1}{dt}$, so erhält man:

$$\frac{d i_1}{dt} (w_1 L_2 - w_2 L_1) = -e(w_1 + w_2) + w_1 w_2 i + w_1 L_2 \frac{di}{dt},$$

$$i_1 (w_1 L_2 - w_2 L_1) = e(L_1 + L_2) - w_2 L_1 i - L_1 L_2 \frac{di}{dt}.$$

Differenziert man die letzte nach t, so folgt aus dieser und der vorletzten:

$$L_1 L_2 \frac{d^2 i}{dt^2} + (w_1 L_2 + w_2 L_1) \frac{di}{dt} + w_1 w_2 i = (w_1 + w_2) e + (L_1 + L_2) \frac{de}{dt}.$$

Setzt man in diese die Funktionen i und e und ihre Differentialquotienten ein, so erhält man eine Gleichung, mit der man so verfährt wie in § 108, indem man $t = 0$ und $t = \frac{\pi}{2p}$ setzt. So erhält man zwei Gleichungen, aus welchen sich ergibt:

$$\left.\begin{aligned}
\mathfrak{J} &= \frac{\mathfrak{E}}{\sqrt{\dfrac{(w_1{}^2 + p^2 L_1{}^2)(w_2{}^2 + p^2 L_2{}^2)}{(w_1 + w_2)^2 + p^2 (L_1 + L_2)^2}}}; \\[2ex]
\operatorname{tg} \psi &= \frac{p L_1 (w_2{}^2 + p^2 L_2{}^2) + p L_2 (w_1{}^2 + p^2 L_1{}^2)}{w_1 (w_2{}^2 + p^2 L_2{}^2) + w_2 (w_1{}^2 + p^2 L_1{}^2)}.
\end{aligned}\right\} \quad 51)$$

Der gesamte scheinbare Widerstand ist also:

$$W_s = \frac{\sqrt{w_1^2 + p^2 L_1^2} \; \sqrt{w_2^2 + p^2 L_2^2}}{\sqrt{(w_1 + w_2)^2 + p^2 (L_1 + L_2)^2}}. \qquad 52)$$

Diesen Ausdrücken kann man dieselbe Form geben, wie bei einem einzigen Leiter; nämlich:

$$W_s = \sqrt{R^2 + p^2 N^2}, \qquad 53)$$

$$\operatorname{tg} \psi = \frac{pN}{R}. \qquad 54)$$

Es bedeutet also R den Widerstand und N den Koëffizienten der Selbstinduktion, den ein einziger Leiter haben müfste, wenn er die Verzweigung ersetzen soll. Diese sind:

$$R = \frac{A}{A^2 + p^2 B^2}, \quad N = \frac{B}{A^2 + p^2 B^2}.$$

Dabei bedeuten:

$$A = \frac{w_1}{w_1^2 + p^2 L_1^2} + \frac{w_2}{w_2^2 + p^2 L_2^2},$$

$$B = \frac{L_1}{w_1^2 + p^2 L_1^2} + \frac{L_2}{w_1^2 + p^2 L_2^2}.$$

Besteht die Verzweigung aus mehreren Zweigen, so ist ganz allgemein:

$$A = \Sigma \frac{w}{w^2 + p^2 L^2}, \quad B = \Sigma \frac{L}{w^2 + p^2 L^2}.$$

Wie man sieht, kann man W_s und $\operatorname{tg} \psi$ in folgende für die Rechnung bequemste Form bringen:

$$W_s = \frac{1}{\sqrt{A^2 + p^2 B^2}}, \quad \operatorname{tg} \psi = \frac{pB}{A}.$$

124. Graphische Darstellung der Stromverzweigung.

Zur graphischen Darstellung einer Stromverteilung in zwei Zweige benützen wir das Dreieck der ℰℳℜ Fig. 88. Da für beide

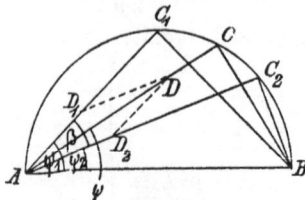

Fig. 88.

Zweige dieselbe ℰℳℜ e gilt, so haben wir zwei Dreiecke mit derselben Hypotenuse $e = AB$ zu konstruieren, deren Katheten sind:

$$A C_1 = w_1 \mathfrak{J}_1, \quad B C_1 = p L_1 \mathfrak{J}_1,$$
$$A C_2 = w_2 \mathfrak{J}_2, \quad B C_2 = p L_2 \mathfrak{J}_2.$$

Teilen wir die Katheten $A C_1$ und $A C_2$ so, dafs $A D_1 = \mathfrak{J}_1$ und $A D_2 = \mathfrak{J}_2$

ist, so gibt die geometrische Addition den Gesamtstrom $\mathfrak{J} = AD$. Durch Verlängerung desselben bis zum Schnitt mit dem Halbkreis erhält man die elektromotorische Nutzkraft des gesamten Stromes AC.

Die Phasenverschiebungen ersieht man ohne weiteres aus der Figur und erkennt, daſs die des einen Zweigstromes gröſser, die des anderen kleiner sein muſs als die des Gesamtstromes.

125. Erweiterung des Vorigen.

Im Vorigen haben wir die Verzweigung ohne Zuleitungsdrähte behandelt. Gehen wir aber von der $\mathfrak{EMK}$ der Stromquelle e aus (Fig. 89), und haben die Zuleitungs-
drähte den Widerstand w und die Selbstinduktion L, so finden wir mit Hilfe der letzten Paragraphen ohne weiteres den scheinbaren Widerstand und die Phasenverschiebung des gesamten Stromes gegenüber e. Wir haben nämlich ge-

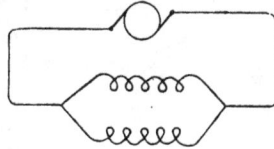

Fig. 89.

funden, daſs sich die Verzweigung ersetzen läſst durch einen einzigen Draht mit dem Widerstande R und den Koëffizienten der Selbstinduktion N. Dieser ist mit den Zuleitungsdrähten hintereinandergeschaltet, also folgt aus § 120:

$$W_s = V\overline{(w + R)^2 + p^2 (L + N)^2}, \quad tg\,\psi = \frac{p\,(L + N)}{w + R}.$$

126. Stromverzweigung mit gegenseitiger Induktion.

Besteht zwischen den beiden Zweigen auch noch eine gegenseitige Induktion, deren Koëffizient M sei, so lauten die Spannungsgleichungen:

$$e = w_1\,i_1 + L_1\frac{d\,i_1}{d\,t} + M\frac{d\,i_2}{d\,t},$$

$$e = w_2\,i_2 + L_2\frac{d\,i_2}{d\,t} + M\frac{d\,i_1}{d\,t}.$$

Für die Stromverteilung gilt also die Bedingung:

$$w_1\,i_1 + (L_1 - M)\frac{d\,i_1}{d\,t} = w_2\,i_2 + (L_2 - M)\frac{d\,i_2}{d\,t}.$$

127. Wirbelströme.

Die Induktion von Strömen findet nicht nur in linearen geschlossenen Leitern statt, sondern auch in jeder beliebig

gestalteten leitenden Masse, wenn sie von Kraftlinien getroffen wird. Sie sind daher unvermeidlich vorhanden in jedem metallischen Bestandteil eines Wechselstromapparates, insbesondere
aber in den Eisenkernen von Wechselstromelektromagneten. Sie
haben in diesem Falle die Gestalt konzentrischer, zu den Stromwindungen paralleler Kreise (Fig. 90) und sind dem Strome nahezu
entgegengesetzt gerichtet, weil der Ohm'sche Widerstand sehr klein
ist (§ 119). In anderen Fällen läfst sich ihre Gestalt nicht immer
angeben; doch gilt die Regel, dafs ihre Ebene senkrecht ist zu
den Kraftlinien.

Die Wirbelströme entwickeln natürlich auch Joule'sche Wärme
in ihrem Träger, und zwar auf Kosten des Stromes, da ihre

Fig. 90.

Existenz an diesen geknüpft ist. Sie sind ja nichts
anderes als sekundäre Ströme, und von diesen
wissen wir aus § 119, dafs sie den scheinbaren
Widerstand des primären Stromes verkleinern.
Das heifst, die primäre Stromstärke wird durch
die Wirbelströme vergröfsert. Aufserdem wird auch
die Phasenverschiebung zwischen primärer Spannung und Stromstärke verringert. Da nun die Leistung ausgedrückt ist durch $E J \cos \varphi$, so sind beide Umstände Ursache
einer Vergröfserung derselben, ohne dafs diese in einer Vergröfserung der äufseren nützlichen Leistung begründet wäre.

Die Wirbelströme müssen daher möglichst vermieden werden
und das geschieht dadurch, dafs man ihre freie Entwickelung
möglichst verhindert. Zu dem Zwecke unterteilt man die Eisenkerne, und zwar so, dafs ihre Bahn möglichst oft unterbrochen
wird, also durch Schnitte parallel zu den Kraftlinien. Man stellt
sie also am geeignetsten aus einem Bündel dünner Drähte oder
aus dünnen Eisenblechen her. Die Unterteilung durch Schnitte
senkrecht zu den Kraftlinien wäre zwecklos.

Nach dem Induktionsgesetze (Gl. 44) ist die Stromstärke der
Wirbelströme proportional $p M$, also auch proportional der Periodenzahl n und der magnetischen Induktion $\mathfrak{B}$; und da die Erwärmung
proportional ist dem Quadrate der Stromstärke, so ist der Arbeitsverlust durch Wirbelströme in der Zeiteinheit proportional dem
Quadrate der Periodenzahl und der Induktion; also

$$W = \beta\, n^2\, \mathfrak{B}^2.$$

Man sieht, daſs β der Arbeitsverlust bei der Periodenzahl Eins und der Induktion Eins ist; er hängt ab von der Art der Unterteilung und dem Leitungsvermögen des Kernes. Für 1 cm³ eines Eisenkernes aus weichem Eisenblech von 0,5 mm Dicke beträgt der Arbeitsverlust nach Eving:

$$W = 0{,}004\, n^2\, \mathfrak{B}^2\, 10^{-8},$$

wenn W in Watt und $\mathfrak{B}$ in absoluten Einheiten ausgedrückt wird.

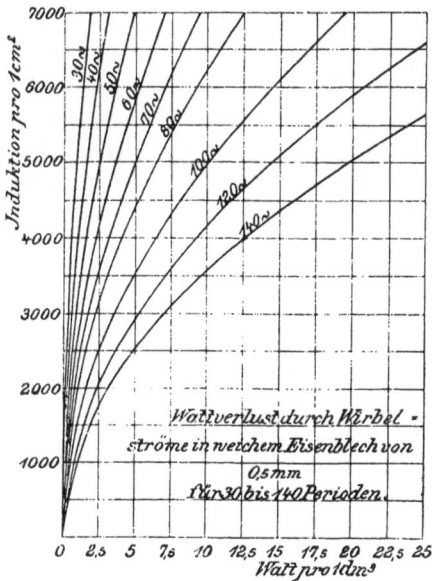

Fig. 91.

Fig. 91[1]) gibt eine graphische Darstellung der Wirbelstromverluste in ihrer Abhängigkeit von der magnetischen Induktion $\mathfrak{B}$ für Kerne aus weichem Eisenblech. Die Zahlen bei den Kurven geben die Periodenzahl an.

Was die Abhängigkeit der Wirbelströme von der Art der Unterteilung des Kernes anbelangt, so ergibt sich folgendes. Setzt man einen kreisförmigen Eisenquerschnitt voraus, der von den Kraftlinien senkrecht getroffen wird, so ist die $\mathfrak{EMK}$ der Wirbel-

---

[1]) Nach E. Kolben, Elektrot. Zeitschrift, 1894.   Seite 77.

ströme proportional diesem Querschnitt, also proportional dem Quadrate des Durchmessers. Der Widerstand ist unabhängig vom Radius, weil mit zunehmendem Radius wohl der Umfang, also gewissermaſsen die Länge der Leitung zunimmt, der Querschnitt aber abnimmt. Der Arbeitsverlust W bezw. der Faktor β ist also proportional der vierten Potenz des Durchmessers. Besteht der Kern aus Blechen, so findet man, daſs der Verlust der vierten Potenz der Dicke derselben proportional ist. Man kann also die Wirbelströme verschwindend klein machen, wenn man die Kerne aus genügend dünnen Drähten oder Blechen herstellt.

Auſser diesen in den ruhenden metallischen Bestandteilen der Wechselstromapparate auftretenden Wirbelströmen gibt es noch eine zweite Art, die dem Punkte 1 des Induktionsgesetzes (§ 98) entspricht und an Apparaten für konstanten Strom auftritt, wenn bewegliche Teile vorhanden sind. Das einfachste Beispiel dieser Art bietet eine rotierende Metallscheibe in der Nähe eines Magnetes oder umgekehrt die Bewegung eines Magnetes ʻin der Nähe einer metallischen Masse. In beiden Fällen werden Kraftlinien geschnitten und induzieren nach dem Lenz'schen Gesetze Ströme von solcher Richtung, daſs sie die Bewegung zu hindern suchen.

Diese Art von induzierten Strömen wurde zuerst von Foucault beobachtet und sie heiſsen daher auch Foucault'sche Ströme. Ihre Eigenschaft, die Bewegung zu hindern, nennt man elektrodynamische Dämpfung und verwendet sie zur Beruhigung der Nadelausschläge von Meſsinstrumenten und zur Regelung der Geschwindigkeit von Elektrizitätszählern.

128. Einfluſs der Wirbelströme auf die Magnetisierung.

Auſser dem Arbeitsverluste durch Erwärmung üben die Wirbelströme in Eisenkernen auch noch eine schädliche magnetische Wirkung aus. Da sie um nahezu 180° in der Phase verschoben sind gegenüber dem Strome in der Wickelung, so wirken sie während des gröſsten Teiles einer Periode diesem entgegen; ihr magnetisches Feld wirkt also dem des Stromes entgegen. Diese Schwächung ist aber nicht überall gleich, sondern in der Mitte des Querschnittes gröſser als in den oberflächlichen Schichten. Denn auf die Mitte wirken sämtliche Wirbelströme in dieser Weise. Weiter gegen die Oberfläche zu wird die Schwächung

nur von jenen Wirbelströmen verursacht, welche die betreffende
Schichte solenoidartig umgeben. In der Oberfläche selbst findet
also keine Schwächung statt. Sie üben demnach eine S c h i r m -
w i r k u n g auf die innerhalb ihrer geschlossenen Bahn liegenden
Teile des Kernes aus. Um daher dieselbe magnetische Induktion
zu erzielen, wie unter den gleichen Verhältnissen bei einem konstanten Strome, ist eine gröfsere Zahl Amperwindungen notwendig.
Man sieht ein, dafs dieser schädliche Einflufs umso stärker ist,
je dicker das Eisen ist, und dafs bei einer gewissen Dicke das
Innere gänzlich unmagnetisch sein kann; ein Grund mehr, die
Eisenkerne möglichst oft zu unterteilen.

Fig. 92 [1]) läfst die ungleiche Verteilung des Magnetismus über
den Querschnitt von Eisenblechen bei 100 periodigem Strome er-
kennen. Die Ordinaten geben das Verhältnis $\frac{\mathfrak{B}_x}{\mathfrak{B}_0}$ an, wobei $\mathfrak{B}_0$ die
Induktion in der äufsersten Oberflächenschichte und $\mathfrak{B}_x$ die In-
duktion in der Tiefe x der Platte bedeutet. Die Abscissen geben
das Verhältnis in der Tiefe x zur halben Plattendicke $\frac{d}{2}$ an.

Kurve I bezieht sich auf eine Blechdicke von $d = 0,5$ mm,
Kurve II auf eine Blechdicke von $d = 1$ mm, Kurve III auf eine
Blechdicke von $d = 2$ mm. Man
ersieht aus diesen Kurven z. B., dafs
bei 2 mm Blechdicke die Induktion
in der Mitte etwa ein Zehntel der
in der Oberfläche ist, bei 1 mm
Blechdicke etwa die Hälfte und bei
0,5 mm Blechdicke etwa 0,92.

Eving hat diesen Einflufs der
Wirbelströme dadurch charakterisiert, dafs er eine äquivalente Plattendicke einführte. Es ist dies jene
Dicke, die eine Platte bei gleich-
förmiger Magnetisierung (durch einen

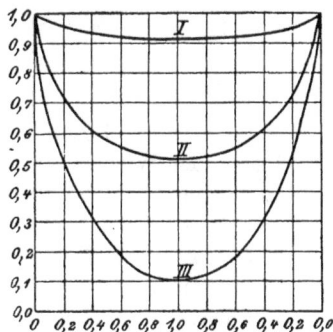

Fig. 92.

konstanten Strom) besitzen müfste, um dieselbe Gesamtzahl von
Kraftlinien zu enthalten, wenn die Induktion im Innern überall
dieselbe ist wie an der Oberfläche.

---

[1]) Aus: Feldmann, Wechselstrom-Transformatoren. Seite 150.

Diese äquivalente Dicke beträgt bei 100 periodigem Strom für eine

$$d = \infty \quad \text{dicke Platte } 0,50 \text{ mm,}$$

2,0 mm	»	»	0,50 »
1,5 »	»	»	0,51 »
1,0 »	»	»	0,56 »
0,75 »	»	»	0,56 »
0,5 »	»	»	0,466 »
0,25 »	»	»	0,249 »

Man ¦sieht, daſs es zwecklos wäre, zu Kernen von Wechsel-
strommagneten bei dieser Periodenzahl Platten von gröſserer
Dicke als 0,75 mm zu verwenden, weil dickere Platten doch nur
an den beiden Seitenflächen bis etwa 0,25 mm Tiefe magnetisch
werden.

Eine Folge dieser Anhäufung der Kraftlinien an der Oberfläche ist eine Vergröſserung der Hysteresis trotz der gleichen
mittleren (gemessenen) Induktion. Denn nach § 83 ist die Gröſse
der Hysteresis von dem gröſsten Werte der Induktion abhängig,
und dieser beträgt

bei 2	mm dicken Platten	1,37	
» 1,5	»	»	»	1,23
» 1,0	»	»	»	1,115
» 0,5	»	»	»	1,01
» 0,25	»	»	»	1,00

der gemessenen In-
duktion, bei gleich-
mäſsiger Magneti-
sierung.

Eine weitere Folge des die Magnetisierung schwächenden
Einflusses der Wirbelströme ist eine Vergröſserung der magnetischen Streuung. Wir wissen ja aus § 87, daſs letztere um so
gröſser ist, je kleiner der Unterschied zwischen der magnetischen
Durchlässigkeit des Kernes und der der Luft ist. Die hier ge-
schilderte Schwächung der Magnetisierung ist aber gleichbedeutend
mit der Verminderung der Durchlässigkeit des Kernes. Also folgt
daraus eine Vergröſserung der Streuung.

Alle diese Einflüsse wachsen natürlich wie die Wirbelströme
mit der Periodenzahl. Die hier gegebenen Kurven und Tabellen
lassen aber erkennen, daſs sie für 100 periodigen Strom und Blech-
dicken von 0,5 mm schon sehr klein sind; sie können daher für
den gewöhnlich verwendeten 50 periodigen Strom und dieselbe
Blechdicke vernachlässigt werden.

129. Ungleichmäfsige Verteilung des Wechselstromes über den Leiterquerschnitt.

Wie schon in § 95 auseinandergesetzt wurde, müssen wir einen Leiter als ein Bündel unendlich dünner, leitender Fäden betrachten. Zwischen jedem dieser und allen übrigen besteht eine gewisse gegenseitige Induktion, welche die Selbstinduktion des Leiters genannt wird. Nun ist aber die gegenseitige Induktion aller Fäden auf einen Faden in der Mitte gröfser als auf einen in der Oberfläche, weil ersterer ringsum Fäden in unmittelbarer Nähe hat, letzterer aber nur auf einer Seite. Es ist also die Selbstinduktion und daher auch der scheinbare Widerstand für verschiedene Partien des Querschnittes verschieden, und zwar in der Mitte am gröfsten, nimmt von da an gegen die Oberfläche zu ab und ist hier am kleinsten. Die Folge davon ist, dafs die Verteilung des Stromes über den Leiterquerschnitt (die Stromdichte) nicht gleichmäfsig sein kann, wie bei einem konstanten Strome, sondern von innen nach aufsen hin zunimmt.

Dieses Hinausdrängen des Stromes an die Oberfläche hat zur Folge: erstens eine Vergröfserung des gesamten Ohmschen Widerstandes, weil dem Strome jetzt ein geringerer Querschnitt zur Verfügung steht, zweitens eine Verminderung des gesamten induktiven Widerstandes, weil nach dem eben Gesagten die Selbstinduktion der äufseren, an der Stromleitung hauptsächlich beteiligten Schichten kleiner ist als die der inneren. Man kann daher von vornherein nicht entscheiden, ob eine Vergröfserung oder Verkleinerung des gesamten scheinbaren Widerstandes also eine Verminderung oder Vermehrung der Stromstärke dadurch stattfindet. Die Rechnung lehrt aber, dafs bei Leitern aus unmagnetischem Metall der erste Einflufs gröfser ist als der zweite, der scheinbare Widerstand also gröfser ist. Bei Eisendrähten hingegen, deren Selbstinduktionskoëffizient, wie aus § 96 b ersichtlich, bedeutend gröfser ist, wird bei hohen Periodenzahlen der zweite Einflufs stärker, der scheinbare Widerstand also kleiner. So berechnete Stefan[1]), dafs in einem Eisendrahte von 300 km Länge und 4 mm Dicke bei 500 Perioden die Stromstärke 1,5 mal gröfser ist als bei gleichmäfsiger Verteilung über den Querschnitt, und bei 1000 Perioden 7,5 mal gröfser.

---

[1]) Stefan, Berichte der Wiener Akad. 45. (2) Seite 930.

Würde dem Hinausdrängen des Stromes an die Oberfläche nicht ein anderer Umstand entgegenwirken, so müfste
der ganze Strom in einer unendlich dünnen Schichte strömen.
Dieser Umstand ist der Leitungswiderstand, und die wirklich vor
handene Verteilung ist gewissermafsen ein Ausgleich auf gütlichem
Wege zwischen jenem und diesem. Der Arbeitsverlust durch
Joule'sche Wärme ist dabei unter allen Umständen gröfser als bei
gleichmäfsiger Verteilung, da der Ohmsche Widerstand gröfser ist.

Eine weitere Folge der verschiedenen Selbstinduktion in den
verschiedenen Teilen des Drahtquerschnittes ist eine verschiedene
Phasenverschiebung der einzelnen Stromfäden gegenüber
der 𝔈 𝔐 𝔨; und zwar nimmt dieselbe von aufsen nach innen zu,
weil die Selbstinduktion in derselben Richtung zunimmt, so dafs
der Fall eintreten kann, dafs der Strom in einer gewissen Tiefe
in entgegengesetzter Richtung fliefst als in der Oberfläche.

Wir haben hier einen ganz ähnlichen Fall, wie bei der
Wärmeleitung. Bringt man einen Körper in einen Raum von
periodisch wechselnder Temperatur (die Erde unter dem Einflufs
der täglichen Temperaturveränderungen), so werden die Änderungen immer weniger bemerkbar, je tiefer in das Innere man
eindringt; aufserdem tritt eine zeitliche Verschiebung in diesen
Änderungen ein.

Schliefst man einen elektrischen Strom, so breitet er sich
infolge der eben geschilderten Verhältnisse zuerst an der Oberfläche aus, dringt dann immer tiefer ein und füllt endlich, wenn
er konstant geworden, den ganzen Querschnitt gleichmäfsig aus.

Einen Einblick in die Gröfsenverhältnisse gewähren folgende
Zahlen von Stefan.

Für einen Eisendraht von 4 mm Dicke ist die Stromstärke
an der Oberfläche bei 250 Perioden 2,52 mal so grofs als in
der Achse, bei 500 Perioden 5,8 mal, bei 1000 Perioden 20,6 mal
so grofs. Zwischen dem Strome an der Oberfläche und in
der Achse bestehen bezw. die Phasenunterschiede 116⁰, 174⁰ 50',
215⁰ 38'. Dieselben Verhältnisse bietet ein Kupferdraht von 20 mm
Dicke. Bei dem Eisendrahte sind diese Verhältnisse darum stärker
ausgeprägt trotz des gröfseren Widerstandes, weil wegen des
magnetischen Metalles die Selbstinduktion viel gröfser ist.

Bei einer Periodenzahl von 50 Millionen findet man in einem
Eisendrahte die Stromstärke in 0,0085 mm Tiefe schon 100 mal

kleiner als in der Oberfläche. In der Tiefe von 0,0058 beträgt die Phasenverschiebung gegenüber der Oberfläche gerade eine halbe Periode (180⁰), sie sind also entgegengesetzt. Für einen Kupferdraht sind die Tiefen mit den angeführten Eigenschaften 5 mal, für einen Neusilberdraht 18 mal größer als die für den Eisendraht angegebenen; der Leitungswiderstand wirkt eben der ungleichmäßigen Verteilung entgegen.

Diese Verhältnisse treten, wie man sieht, erst bei sehr hohen Periodenzahlen oder sehr dicken Leitern maßgebend auf. Sie sind aber von großer Wichtigkeit bei oscillatorischen Entladungen (Blitz).

Die folgende, von Mordey berechnete Tabelle gibt die früher erwähnte Zunahme des scheinbaren Widerstandes von Kupferdrähten an.

Periodenzahl des Stromes	Dicke des Drahtes in mm	Zunahme des Widerstandes in Prozenten	Stromstärke in Amper
40	10	weniger als 1	55
	15	2,5	133
	20	8	220
	40	68	220
	100	380	220
50	9	weniger als 1	45
	13,4	2,5	98,5
	18	8	178
66	7,75	weniger als 1	32
	11,6	2,5	74
	15,5	8	131,4

130. Wechselstrom - Elektromagnete. Magnetisierungsstrom und Nutzstrom.

Zur Beurteilung von Gleichstromelektromagneten genügt es, die Abhängigkeit der magnetischen Induktion von der magnetisierenden Kraft oder den Amperwindungen zu kennen. Bei Wechselstrom-Elektromagneten sind noch andere Umstände von Wichtigkeit, insbesondere der nichtproportionale Verlauf der magnetischen Induktion und die Hysteresis.

Um diese Einflüsse besser übersehen zu können, zerlegen wir
den Strom in zwei Komponenten, ebenso wie in § 109 die $\mathfrak{EMK}$.
Es entspricht dann der $\mathfrak{EM}$-Nutzkraft ein Nutzstrom

$$\mathfrak{J} \cos \psi = \frac{\mathfrak{E}_n}{w} = \mathfrak{J}_n$$

und der $\mathfrak{EMK}$ der Selbstinduktion ein nutzloser Strom

$$\mathfrak{J} \sin \psi = \frac{\mathfrak{E}_s}{w} = \mathfrak{J}_0.$$

Diese bilden die Katheten eines rechtwinkligen Dreiecks, das
ähnlich ist dem der $\mathfrak{EMK}$ (Fig. 74). Dasselbe gilt natürlich auch
für die gemessenen Werte der Stromstärken (Fig. 93). Da diese
Zerlegung in Komponenten nach dem Winkel der Phasenverschie-

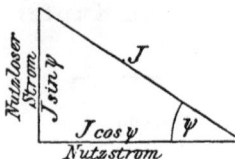

Fig. 93.

bung ψ geschieht, so ist der Nutzstrom in
gleicher Phase mit der Klemmenspannung,
und die Leistung ist gleich dem Produkte
beider: $EJ \cos \psi$. Die andere Komponente
ist gegenüber der Klemmenspannung um
90° in der Phase verschoben, ihre Leistung
ist also $EJ \cos 90 = 0$, und darum heißt
sie nutzloser oder wattloser Strom, und
dient, wie wir schon aus § 116 wissen, bloß zur Erregung des
magnetischen Feldes (wenn keine Hysteresis vorhanden ist;
sie heißt daher auch Magnetisierungsstrom. Es ist also
$J^2 = J_0{}^2 + J_n{}^2$.

Beispiel: In § 115 hatten wir als Beispiel einen Wechselstrom
von 100 Volt gemessener Spannung, 0,66 Amper gemessener Stromstärke und einer Phasenverschiebung $\psi = 83^0\ 55'$. Demnach ist
der Nutzstrom: $0,66 \cdot 0,106 = 0,07$ Amp. und der wattlose Strom:
$0,66 \cdot 0,9944 = 0,65$ Amp. Die Leistung ist das Produkt aus Spannung und Nutzstrom, also $100 \cdot 0,07 = 7$ Watt, so wie in § 115.
Der wattlose Strom überwiegt also in diesem Beispiel die andere
Komponente weitaus.

Hat die Magnetspule einen Eisenkern, so tritt die Hysteresis
in Erscheinung, die, wie wir aus § 82 wissen, eine gewisse Arbeit

---

¹) Der Unterschied zwischen dieser und der in § 109 gegebenen
Darstellung besteht also darin, daß wir dort an der Stromstärke fest-
hielten und die $\mathfrak{EMK}$ (Klemmenspannung) in zwei Komponenten zer-
legten, während wir hier an der Klemmenspannung festhalten und den
Strom in zwei Komponenten zerlegen.

verzehrt. Es ist dann der wattlose Strom nicht mehr identisch mit dem Magnetisierungsstrom, sondern letzterer enthält nun auch eine Wattkomponente. Da ferner bei Eisen keine Proportionalität besteht zwischen magnetisierender Kraft und Kraftlinienzahl, so wird die Kurvenform des Magnetisierungsstromes und in weiterer Folge auch die des Gesamtstromes verändert. Es ergibt sich dies aus folgender Betrachtung.

Der Magnetisierungsstrom hat seine Existenzbedingung ebenso wie die $\mathfrak{EMK}$ der Selbstinduktion lediglich in dem magnetischen Felde. Ist dasselbe verschwindend klein, wie z. B. bei einem geradlinigen Draht, so gilt dies auch für den Magnetisierungs- strom. Daher ist auch sein Verlauf abhängig von der Änderung des magnetischen Feldes.

Es wurde schon in § 105 erwähnt, dafs eine veränderliche $\mathfrak{EMK}$ ein magnetisches Feld erzeugt, das gegen diese um eine Viertelperiode verspätet ist. Es folgt dies auch aus der Grund- gleichung $\varepsilon = \dfrac{dz}{dt}$. Denn aus dieser folgt

$$z = \int \varepsilon \, dt.$$

Ist nun ε z. B. sinusförmig, so ist

$$z = \int \mathfrak{E}_s \sin p\,t = -\frac{\mathfrak{E}_s}{p} \cos p\,t = -\mathfrak{Z} \cos p\,t = \mathfrak{Z} \sin\left(p\,t - \frac{\pi}{2}\right),$$

wobei $\mathfrak{Z} = \dfrac{\mathfrak{E}_s}{p}$ der gröfste Wert der Kraftlinienzahl ist. Diesen Fall haben wir hier; nur ist zu bemerken, dafs die $\mathfrak{EMK}$ $\mathfrak{E}_s$, von der wir eben sprachen, nicht identisch ist mit der Klemmen- spannung des Elektromagnetes, sondern diese setzt sich zusammen aus jener und der $\mathfrak{EM}$ Nutzkraft $i\,w$ nach Fig. 74. Da letztere aber in der Regel bei Elektromagneten mit Eisenkern sehr klein ist, so kann man für $\mathfrak{E}_s$ die Klemmenspannung $\mathfrak{E}$ setzen. Die Kurve für z ist also um $\dfrac{\pi}{2}$ gegen e verschoben (Fig. 94 a).

Aus Fig. 50 kennen wir den Zusammenhang zwischen der magnetischen Induktion und der magnetisierenden Kraft. Ver- ändern wir den Mafsstab der Ordinaten gemäfs der Gleichung $\mathfrak{Z} = S\mathfrak{B}$ und den der Abscissen gemäfs der Gleichung

$$i = \frac{\mathfrak{H}}{4\,\pi\,n},$$

so erhalten wir die Kurve Fig. 94 b, welche den Zusammenhang zwischen der Kraftlinienzahl z und dem Magnetisierungsstrome

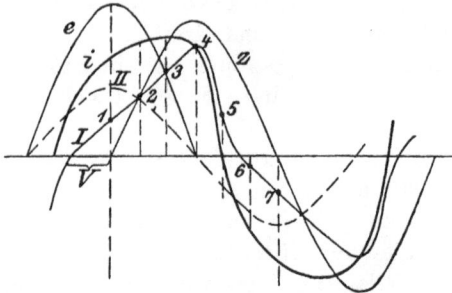

Fig. 94 a.

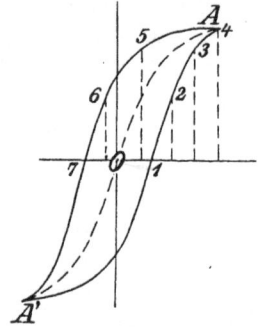

Fig. 94 b.

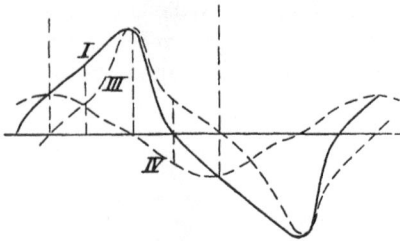

Fig. 94 c.

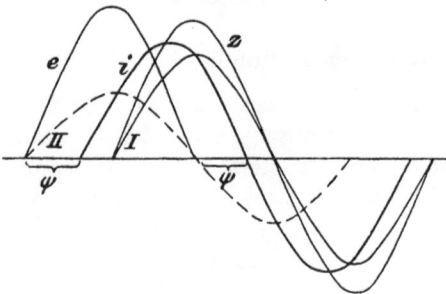

Fig. 94 d.

darstellt.[1]) Diese Kurve ist aufserdem so angelegt, dafs ihre gröfste Ordinate gleich ist dem gröfsten Werte von z in Fig. 94 a. Nun sucht man zu den Ordinaten von z in a die gleich grofsen in b, nimmt die dazu gehörenden Abscissen in den Zirkel und trägt sie als Ordinaten in a ein. So erhält man die Punkte 1, 2, 3, ... und durch Verbindung derselben die Kurve des Magnetisierungsstromes (I), die, wie man sieht, bedeutend von der Sinusform abweicht. Die andere Komponente, d. i. der Nutzstrom, behält die Sinusform und stimmt in der Phase mit der 𝔈𝔐𝔎 überein;

---

[1]) Das gilt für einen geschlossenen Eisenkern; bei einem offenen ist auch der Einflufs der Pole zu berücksichtigen, d. h. es ist dann die magnetische Charakteristik (Kurve I in Fig. 57) als Grundlage zu benützen.

er ist durch die Kurve II dargestellt. Addiert man die Ordinaten, so erhält man die Kurve des Gesamtstromes i, die nun natürlich auch von der Sinusform abweicht, und zwar umsomehr, je gröfser der Magnetisierungsstrom gegenüber dem Nutzstrom ist. Dies erkennt man auch aus den Kurven für die primäre Stromstärke eines Umformers (§ 152 Fig. 124 und 125). Die erste Figur gilt bei unterbrochenem sekundärem Stromkreis, enthält also den sog. Leerlaufstrom; derselbe besteht zum weitaus gröfsten Teile aus dem Magnetisierungsstrom, und nur eine kleine Komponente ist Arbeitsstrom, entsprechend der in den Drahtwindungen auftretenden Stromwärme und dem Verluste durch Hysteresis. Die andere Figur gilt bei voller Beanspruchung des Umformers — d. i. in diesem Falle bei 10,65 Amper sekundärer Stromstärke. In der primären Stromstärke überwiegt also jetzt der Arbeitsstrom bedeutend, daher ist auch der Gesamtstrom nahezu eine Sinuskurve.

Wie schon erwähnt, ist bei Eisenkernen infolge der Hysteresis, die einen Teil der Arbeit in Wärme umsetzt, der Magnetisierungsstrom kein vollständig wattloser, sondern es entfällt auf ihn ein dieser Wärmemenge entsprechender Teil der Gesamtleistung des Stromes. Um den wirklich nutzlosen oder wattlosen Strom zu erhalten, müssen wir auch den Magnetisierungsstrom in zwei Komponenten zerlegen, in eine, die mit der $\mathfrak{E} \mathfrak{M} \mathfrak{K}$ zusammenfällt, und in eine, die um 90^0 verschoben ist, wie vorhin. Die erste gibt mit der $\mathfrak{E} \mathfrak{M} \mathfrak{K}$ multipliziert den Arbeitsverlust durch Hysteresis, die andere ist der arbeitslose oder wattlose Strom.

Die Kurve des letzteren finden wir in derselben Weise wie die des Magnetisierungsstromes, wenn wir statt der Hysteresis-Schleife (Fig. 94 b) die Kurve $O A A'$ benützen, die wohl den nicht proportionalen Verlauf der Induktion, aber o h n e Hysteresis zum Ausdruck bringt. Wir erhalten so in Fig. 94 c die Kurve III. Die Hysteresis-Kurve IV finden wir, indem wir die Differenz aus den Ordinaten des Magnetisirungsstromes I und der Kurve III bilden; denn III und IV sind ja die Komponenten des Magnetisierungsstromes.

Es besteht also die Gleichung:

$$J_\mu^i = J_0^2 + J_h^2,$$

wobei J_μ den Magnetisierungsstrom und J_h den Hysteresis-strom bedeutet, welch letzterer einen Teil des Wattstromes ausmacht.

Die Veränderung der Stromkurve hat noch eine weitere Folge; man sieht nämlich sofort aus den Figuren, daſs für die von der Sinuslinie abweichenden Kurven der Begriff Phasenverschiebung unbestimmt wird; in Fig. 94 a z. B. stimmen wohl die gröſsten Werte des Magnetisierungsstromes I und der Kraftlinienzahl z überein, die Nullwerte hingegen sind um den Winkel V gegeneinander verschoben. Überhaupt hat jede Ordinate dieser beiden Kurven eine andere Phasenverschiebung. Dasselbe gilt für die Phasenverschiebung zwischen der Spannung z und dem Gesamtstrome i.

Wir können daher nur von einem gewissen Mittelwerte der Phasenverschiebung sprechen, und das ist jener, der in dem Ausdruck für die Leistung $EJ \cos \psi$ vorkommt. Man nennt dann $\cos \psi$ den Leistungsfaktor und definiert ihn ganz allgemein als jenen Faktor, mit dem das Produkt EJ multipliziert werden muſs, wenn man die Leistung erhalten will. Wenn daher bei einem Elektromagnete mit Eisenkern von einer Phasenverschiebung gesprochen wird, so ist darunter jener Winkel zu verstehen, dessen Kosinus gleich ist dem Leistungsfaktor.

Eine nähere Betrachtung der Kurven lehrt ferner, daſs die Hysteresis eine Verkleinerung der Phasenverschiebung zwischen Spannung und Strom bewirkt. Denn wäre keine Hysteresis vorhanden, so würde der Magnetisierungsstrom vollständig mit der Kurve z in der Phase übereinstimmen. Man erkennt dies aus Fig. 94 c, wo die Kurve III den Magnetisierungsstrom ohne Hysteresis darstellt, und aus Fig. 94 d, die für eine Stromspule ohne Eisenkern gilt, wo also Magnetisierungsstrom I und Kraftlinienzahl z einander proportional sind, also auch in der Phase genau übereinstimmen. Ist aber Hysteresis vorhanden, so stimmen nur die gröſsten Werte überein, während alle übrigen eine Phasen-Voreilung gegenüber den entsprechenden Werten von z besitzen. Der Mittelwert der Phasenverschiebung ist also auch eine Voreilung, und diese vermindert die Phasenverzögerung des Gesamtstromes i gegenüber der Spannung e; aus dem Vergleiche der Fig. 94 a und d erkennt man dies deutlich. Dasselbe lehrt ein Vergleich der Tabellen auf Seite 185 und 191. Die erstere, die für einen idealen Umformer ohne Hysteresis gilt, enthält beträchtliche

Phasenverschiebungen zwischen primärer Spannung und Strom. Die andere, die für einen wirklich ausgeführten Umformer mit Eisenkern gilt, enthält den Leistungsfaktor cos φ; dieser ist durchaus nur wenig von 1 verschieden, der dazu gehörige Winkel also sehr klein.

Wir wollen nun die Elektromagnete für Gleich- und Wechselstrom mit Rücksicht auf ihre Bewicklung mit einander vergleichen.

Die Kraftlinienzahl im Kern eines Wechselstrommagnetes ist durch die vorhin gegebene Beziehung $\mathfrak{E} = p\mathfrak{Z}$ bestimmt, wenn eine einzige Stromwindung vorhanden ist. Besteht die Wicklung aus N Windungen, so ist

$$\mathfrak{E} = p\,N\mathfrak{Z}.$$

Dabei bedeutet $\mathfrak{E}$ die $\mathfrak{EMK}$ der Selbstinduktion und näherungsweise auch die Klemmenspannung. Wollen wir die gemessene Spannung E einführen, so ist nach § 113

$$E = \frac{\mathfrak{E}}{\sqrt{2}}.$$

Wir könnten nun auch für die Kraftlinienzahl denselben Mittelwert einführen; das hätte aber keinen Sinn, da sowohl in Bezug auf den Sättigungsgrad des Eisenkernes, als auch auf die Hysteresis nicht der Mittelwert, sondern der gröfste Wert der Magnetisierung mafsgebend ist. Wir erhalten also:

$$E = \frac{p}{\sqrt{2}}\,N\mathfrak{Z},$$

oder weil

$$p = 2\pi n,$$

$$E = \frac{2\pi n}{\sqrt{2}}\,N\mathfrak{Z} = 4{,}44\,n\,N\mathfrak{Z}.$$

Soll E in Volt ausgedrückt werden, so haben wir noch durch 10^8 zu dividieren. Diese Formel ist für die Berechnung von Wechselstromelektromagneten und Umformern von grofser Wichtigkeit.

Für die Beziehung zwischen Kraftlinienanzahl und Stromstärke gilt nach § 85:

$$\mathfrak{Z} = \mu\,\frac{4\pi\mathfrak{J}N}{l}\,S.$$

Oder wenn man. den gemessenen Wert J einführt:

$$\mathfrak{Z} = \mu \,\frac{4\,\sqrt{2}\,\pi\,J\mathrm{N}}{l}\,{}_iS.$$

Soll J in Amper ausgedrückt werden, so hat man durch 10 zu dividieren.

Hier macht sich nun ein Unterschied bemerkbar zwischen Gleich- und Wechselstrom-Elektromagneten in Bezug auf ihre Wickelung.

Bei ersterem nimmt der Ohmsche Widerstand proportional der Windungszahl zu, bei letzterem nimmt der induktive Widerstand pL proportional dem Quadrate der Windungszahl zu, und gegenüber diesem ist der Ohmsche Widerstand in der Regel verschwindend klein. Unter sonst gleichen Verhältnissen hat also ein Wechselstrom-Elektromagnet viel weniger Windungen als ein Gleichstrom-Elektromagnet. Sollen beide die gleiche Leistung haben, so hat man zu bedenken, daſs sie bei Gleichstrom durch EJ und bei Wechselstrom durch $EJ\cos\psi$ bestimmt ist. Da nun $\cos\psi$ immer kleiner als Eins ist, so muſs bei gleichem E die Stromstärke des Wechselstromes gröſser sein, als die des Gleichstromes. Daraus folgt ebenfalls, daſs ersterer weniger Windung haben muſs als dieser, aber dafür aus dickerem Drahte.

Was den Eisenkern anbelangt, so wissen wir schon aus § 127, daſs derselbe aus Drähten oder Blechen bestehen soll, um die Wirbelströme zu vermeiden. Zur Isolierung genügt bei Drähten meist schon die Oxydschichte auf der Oberfläche, während bei Blechen das Eintauchen in Schellacklösung oder Trennung durch dünnes Papier notwendig ist.

Es ist natürlich, daſs infolge dieser Unterteilung nicht der ganze Raum von Eisen ausgefüllt ist. Bei Drähten werden etwa 80%, bei Blechen mit Zwischenlage etwa 78% des Raumes ausgenützt.

Die Raumausnützung in Bezug auf den Magnetismus ist ferner auch wegen der früher geschilderten Schirmwirkung der Wirbelströme auf das Innere der Eisendrähte oder Bleche nur eine teilweise, wie aus der Tabelle auf Seite 142 hervorgeht.

Es ergibt sich also, daſs im allgemeinen ein Wechselstromapparat von gleicher Leistungsfähigkeit wie ein Gleichstromapparat einen gröſseren Raum einnimmt, sowohl in Bezug auf.den Eisenkern, als auch auf die Wicklung.

131. Die magnetische Arbeit des Stromes.

Multipliziert man die Spannungsgleichung eines periodischen Stromes

$$e = iw + L\frac{di}{dt}$$

mit $i\,dt$, so erhält man die Arbeitsgleichung:

$$dA = ei\,dt = i^2 w dt + L\,i\,d\,i,$$

oder in andere Form gebracht:

$$dA = i^2 w dt_i + d\left(\frac{Li^2}{2}\right),$$

die uns angibt, wie sich die vom Strome repräsentierte Arbeit in jedem Augenblicke verteilt. Das erste Glied auf der rechten Seite stellt die zur Erwärmung des Leiters verwendete Arbeit dar. Das zweite ist das Differential vom Arbeitswerte des Stromes auf sich selbst (§ 95); es stellt also jenen Arbeitsbetrag vor, der während der Zeit dt zur Erzeugung des eigenen magnetischen Feldes notwendig ist; man nennt es daher die magnetische Arbeit des Stromes schlechtweg.

Um die Arbeit für eine ganze Periode zu erhalten, haben wir von Null bis τ zu integrieren:

$$A = \int_0^\tau ei\,dt = \int_0^\tau i^2 w\,dt + \int_0^\tau d\left(\frac{Li^2}{2}\right).$$

Das gibt nach § 114:

$$A = EJ\cos\psi\,\tau = J^2 w\tau.$$

Denn das letzte Glied verschwindet, sobald man die Grenzen einsetzt, da die Stromstärke i am Anfang und Ende einer Periode denselben Wert hat. Die magnetische Arbeit während einer ganzen Periode ist also Null, das stimmt mit dem im vorigen Paragraphen Gesagten überein, dafs der Magnetisierungsstrom keine Arbeit leistet. Es gilt dies übrigens auch schon für eine halbe Periode, da die Stromstärke im Quadrate vorkommt. Dies erklärt sich daraus, dafs die beim Zunehmen des Stromes zur Magnetisierung des umgebenden Raumes aufgewendete Arbeit beim Abnehmen des Stromes wieder zurückerhalten wird. Das gilt aber nur unter der Voraussetzung, dafs keine magnetische Hysteresis vorhanden ist; besteht jedoch ein Teil des umgebenden Raumes aus einem ferromagnetischen Stoffe, so wissen wir schon aus § 82, daſs diese Arbeit infolge der Hysteresis nicht ganz zurückgewonnen wird, sondern ein Teil in der Erwärmung des magnetischen Stoffes verloren geht.

Betrachten wir nun den Fall, daſs der von irgend einer Stromquelle gelieferte Strom i in einem benachbarten Stromkreise einen Strom i' induziert (§ 119), so ist die Verteilung der Arbeit bestimmt durch:

$$dA = e\,i\,dt = i^2\,w\,dt + L\,i\,di + M\,i\,di'$$
$$0 = i'^2 w'\,dt + L'\,i'\,di' + M\,i'\,di.$$

Die gesamte, vom Strome i geleistete Arbeit ist gleich der Summe beider, da ja der induzierte Strom i' seine Existenzbedingung in i hat. Also:

$$dA = e\,i\,dt = i^2 w\,dt + i'^2 w'\,dt + L\,i\,di + L'\,i'\,di'$$
$$+ M(i\,di' + i'\,di).$$

Sie besteht demnach in jedem Augenblicke aus den in beiden Stromkreisen entwickelten Wärmemengen und aus den zur Erzeugung des eigenen und des gemeinsamen magnetischen Feldes notwendigen Arbeiten.

Um die während einer ganzen Periode entwickelte Arbeit zu erfahren, haben wir wie vorhin von 0 bis τ zu integrieren, und erhalten so:

$$A = E\,J \cos \psi = J^2 w + J'^2 w'.$$

Die letzten Glieder, deren Integral

$$\frac{L\,i^2}{2} + \frac{L_1'\,i'^2}{2} + M\,i\,i'$$

ist, verschwinden, sobald man die Grenzen einsetzt, da die Stromstärken am Anfang und Ende einer ganzen Periode denselben Wert haben.

Die gesamte vom Strome i während einer ganzen Periode geleistete Arbeit besteht also bloſs aus der in beiden Stromkreisen entwickelten Wärme, oder deren Äquivalent an mechanischer Arbeit. Die gesamte magnetische Arbeit, von Hysteresis abgesehen, ist Null. Das ist eine für die Verwertung der Elektrizität wichtige Thatsache; denn würde ein wesentlicher Arbeitsbetrag zur Magnetisierung des umgebenden Raumes verwendet, so wäre eine ökonomische Ahwendung unmöglich.

132. Das Prinzip der kleinsten magnetischen Arbeit.

Die Verzweigung eines Gleichstromes geschieht nach dem Gesetze (§ 36):
$$i_1 w_1 = i_2 w_2.$$
Dies ist zugleich die Bedingung, daſs die gesamte Stromwärme $i_1^2 w_1 + i_2^2 w_2$ für einen gegebenen Wert des Hauptstromes i ein Minimum ist. Das Minimum findet man, wenn man das Differential gleich Null setzt. Also:
$$i_1 w_1 di_1 + i_2 w_2 di_2 = 0.$$
Ferner folgt aus $i = i_1 + i_2$ durch Differentiation:
$$0 = di_1 + di_2.$$
Dies eingesetzt, gibt die obige Bedingung.

Für die Verzweigung eines Wechselstromes gilt auſserdem noch die Bedingung, daſs die magnetische Arbeit ein Minimum wird. Nehmen wir den allgemeinsten Fall, wo zwischen den beiden Zweigen auch noch eine gegenseitige Induktion besteht (§ 126), so gelten die Gleichungen:
$$e = i_1 w_1 + L_1 \frac{di_1}{dt} + M \frac{di_2}{dt},$$
$$e = i_2 w_2 + L_2 \frac{di_2}{dt} + M \frac{di_1}{dt}.$$
Um die genannte Bedingung herauszufinden, setzen wir voraus, daſs die Widerstände so klein seien, daſs die ersten Glieder auf der rechten Seite vernachlässigt werden können gegenüber den beiden anderen. Dann lautet das Gesetz für die Verzweigung:
$$L_1 \frac{di_1}{dt} + M \frac{di_2}{dt} = L_2 \frac{di_2}{dt} + M \frac{di_1}{dt}.$$
Enthalten die Ausdrücke für i_1 und i_2 kein von der Zeit unabhängiges Glied, so geht diese Gleichung über in:
$$L_1 i_1 + M i_2 = L_2 i_2 + M i_1.$$
Und das ist die Bedingung, unter welcher die gesamte magnetische Arbeit beider Zweige:
$$\frac{L_1 i_1^2}{2} + \frac{L_2 i_2^2}{2} + M i_1 i_2$$
für einen gegebenen Wert des Hauptstromes i ein Minimum wird.

Dieses von Stefan[1]) aufgestellte Prinzip ermöglicht in vielen Fällen eine sehr rasche Orientierung. So gibt es z. B. ohne weiteres Aufschluß über die Verteilung eines Stromes über den Leiterquerschnitt (§ 129). Da wir jeden Leiter als ein Bündel unendlich dünner Stromfäden betrachten müssen, welche alle die gleiche Spannung besitzen, so haben wir es eigentlich mit einer Verzweigung in unendlich viele parallele Zweige zu thun. Wie muß nun diese Verteilung geschehen, damit die magnetische Arbeit ein Minimum ist? Zunächst ist klar, daß sie symmetrisch um den mittelsten Faden, also um die Achse des Leiters, sein muß, wenn wir einen kreisförmigen Querschnitt voraussetzen. »Wie nun auch die Stromdichte von der Achse gegen die Oberfläche hin variieren mag, der Leiter wirkt nach außen magnetisch so, als ob der ganze Strom in der Achse konzentriert wäre.« Es handelt sich also nur um die Magnetisierung des Leiters selbst, und diese wird ein Minimum, nämlich Null, wenn der ganze Strom in einer unendlich dünnen Schichte an der Oberfläche strömt, weil eine solche Stromröhre im ganzen von ihr umschlossenen Raume keine magnetische Kraft ausübt. Ist der Querschnitt nicht kreisförmig, so gibt es dennoch eine Verteilung des Stromes in der Oberfläche, für welche seine magnetische Wirkung im Inneren Null ist. »Diese Verteilung ist konform derjenigen, welche eine elektrische Ladung annimmt, wenn sie sich auf dem Leiter im Zustande des Gleichgewichtes befindet.«

Nun ist aber der Widerstand eines Leiters theoretisch niemals Null, und es kommt daher auch das zuerst erläuterte Prinzip des Minimums der Stromwärme zur Geltung. Dieses Prinzip verlangt aber, daß die Verteilung des Stromes gleichmäßig über den Querschnitt erfolge. Die beiden Prinzipien widerstreiten sich also, und es tritt daher ein Kompromiß ein zwischen beiden, und die Stromdichte nimmt in dem Leiter von innen nach außen zu, und zwar um so rascher, je kleiner der Ohmsche Widerstand ist im Vergleiche zum induktiven. Wir gelangen also zu demselben Resultate wie in § 129.

Eine weitere Anwendung dieses Prinzipes bringt der folgende Paragraph.

---

[1]) Stefan, Berichte der Wiener Akad. 99 (II a), S. 319, 1890.

133. Elektrodynamische Schirmwirkung.

Wird von einem Strome i ein anderer i' induziert, so besteht für letzteren die Gleichung (§ 119):

$$0 = i'w' + L'\frac{di'}{dt} + M\frac{di}{dt}.$$

Ist der Widerstand w' so klein, daſs das erste Glied gegenüber den beiden anderen vernachlässigt werden kann, und enthalten die Ausdrücke für i und i' kein von der Zeit unabhängiges Glied, so geht diese Gleichung über in

$$0 = L'i' + Mi.$$

Das ist aber die Bedingung, unter welcher die gesamte magnetische Arbeit für einen gegebenen Wert von i ein Minimum wird.

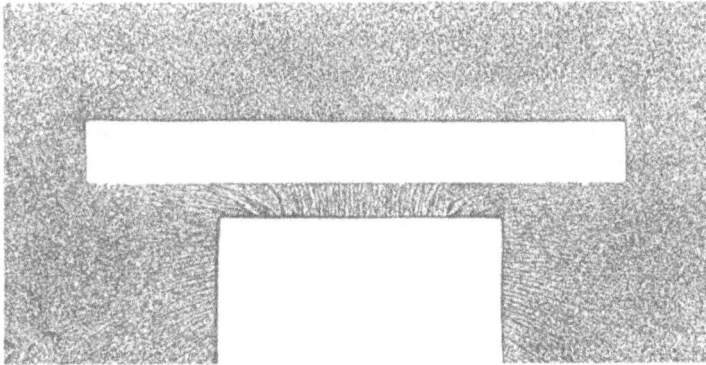

Fig. 95.

Wir haben also hier eine weitere Anwendung des Prinzipes der kleinsten magnetischen Arbeit. Ein Experiment von Stefan illustriert diesen Fall.

Durch einen geraden Draht, der von einer konzentrischen Metallröhre umgeben ist, wird ein Wechselstrom von hoher Periodenzahl geschickt. Das Minimum der magnetischen Arbeit wird bei folgender Anordnung der Ströme erreicht. Der Strom im Drahte flieſst in einer unendlich dünnen Schichte an der Oberfläche. Der induzierte Strom flieſst in einer unendlich dünnen Schichte an der inneren Fläche der Röhre und hat in jedem Augenblicke entgegengesetzte Richtung wie jener, wie man sofort sieht, wenn man die Gleichung in der Form $L'i' = - Mi$ schreibt. Dabei bestehen

Kraftlinien nur in dem Raume zwischen der Oberfläche des
Drahtes und der inneren Wandfläche der Röhre. Die Masse des
Drahtes und der Röhre, sowie der ganze äufsere Raum sind frei
von jeder magnetischen Wirkung. Die Röhre übt also eine vollkommene Schirmwirkung auf den ganzen äufseren Raum aus.

Dasselbe Resultat erhält man übrigens auch aus § 119, wenn
w' verschwindend klein ist gegenüber pL'.

Die elektrodynamische Schirmwirkung wurde von Henry
experimentell nachgewiesen, indem er vor eine Wechselstrom-
spule eine dicke Kupferplatte brachte. Jenseits derselben gibt es
dann keine oder nur eine sehr schwache magnetische Wirkung;
es wird also in einer hier befindlichen zweiten Spule kein Strom
induziert.

Fig. 95 zeigt die Schirmwirkung einer dicken Kupferplatte, die
vor einem Wechselstromelektromagnet aufgestellt ist. Jenseits der
Kupferplatte liegen die Eisenfeilspäne ungeordnet; ein Zeichen,
dafs dort keine magnetische Kraft wirkt. Man beachte den Unterschied im Verlauf der Kraftlinien bei der magnetischen Schirmwirkung (Fig. 42) und bei dieser.

Der Verfasser hat dieses Prinzip zur Konstruktion einer asyn-
chronen Wechselstromtriebmaschine und eines Elektrizitäts-Zählers
benutzt. [1])

134. Scheinbarer Widerstand eines Kondensators.

In den Stromkreis einer Wechselstromquelle mit einer nach
dem Sinusgesetz wechselnden $\mathfrak{E}\,\mathfrak{M}\,\mathfrak{K}$ sei ein Kondensator mit der
Kapazität C eingeschaltet (Fig. 96), und zwar setzen wir einen
idealen Kondensator voraus, d. h. einen solchen, der keine
Rückstandsbildungen zeigt, und dessen Dielektrikum auch
in den dünnsten Schichten einen unendlich grofsen Ohmschen Widerstand besitzt. Dennoch kann in dem Stromkreise
ein Wechselstrom zirkulieren. Einen solchen haben wir ja auch
in den Zuleitungsdrähten eines Kondensators, dessen eine Platte
mit der Erde verbunden ist und dessen andere abwechselnd
positiv und negativ geladen wird (Fig. 97). Denn bei jeder Ladung
strömt eine gleichnamige und gleichgrofse Elektrizitätsmenge zur

---

[1]) Benischke, Elektr. Zeitschr. 1895. Heft 24. — Zeitschrift für
Elektrot. Wien 1896. Heft 1.

Erde ab; es ist also gerade so, als ob die bei der Ladung zugeführte Elektrizitätsmenge durch das Dielektrikum zur Erde
strömen würde. In Wirklichkeit ist aber der Vorgang so, dafs
durch die zugeführte Elektrizitätsmenge eine gleichgrofse ungleichnamige Menge auf der zweiten Platte induziert wird, und eine
gleichnamige zur Erde abströmt. Die beiden Platten sind also
entgegengesetzt geladen. Dasselbe ist der Fall, wenn wir beide
Platten mit den Polen *A* und *B* einer Wechselstromquelle verbinden; während die eine positiv geladen ist, wird die andere
negativ; ändert die 𝔈𝔐𝔎 der Maschine die Richtung, so wechseln
auch die Ladungen. Wir haben also in den Zuleitungsdrähten
einen Wechselstrom.

Zu demselben Resultat gelangen wir, wenn wir uns vorstellen,
dafs eine der Kapazität des Kondensators entsprechende Elektrizitäts-

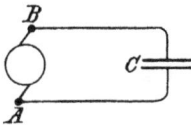

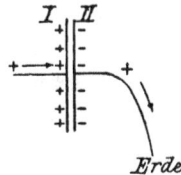

Fig. 96.   Fig. 97.

menge immer hin und her geschoben wird; geschieht dies in der
Richtung des Pfeiles, so ist die Platte I positiv, die Platte II
negativ. Nach dieser Vorstellung nennt man die in den Zuleitungsdrähten auftretenden Ströme Verschiebungsströme;
sie hängen demnach ab von der Ladung *q* des Kondensators. Da
diese von der Kapazität des Kondensators und von der Potentialdifferenz der ladenden Stromquelle abhängt, so gilt dies auch für
die Stärke des Verschiebungsstromes.

Ist die Stromquelle periodisch veränderlich, so strömt offenbar
dann die gröfste Elektrizitätsmenge durch die Zuleitungsdrähte,
wenn der Kondensator ungeladen ist. Hat aber die Ladung den
gröfsten Wert *Q* erreicht, der bei der vorhandenen Kapazität
möglich ist, so strömt keine Elektrizität zu, und die Stromstärke
in den Drähten ist Null. Daraus folgt, dafs die Ladung, die sich
natürlich ebenso periodisch ändert wie der Strom, gegenüber
diesem um eine Viertelperiode in der Phase verschoben ist.

Nach § 111 ist die von einem veränderlichen Strome i während einer gewissen Zeit gelieferte Elektrizitätsmenge

$$q = \int i\, dt.$$

Auf der einen Platte sitzt also die Ladung $+ q$, auf der anderen $- q$. Daher ist die Potentialdifferenz v zwischen beiden nach § 19:

$$v = \frac{q}{C} = \frac{1}{C} \int i\, dt.$$

Der Kondensator ist also jetzt auch der Sitz einer EMK.

Setzen wir den Strom nach dem Sinusgesetz veränderlich voraus $\qquad i = \Im \sin pt$,

so ist

$$v = \frac{\Im}{C} \int \sin pt\, dt = - \frac{\Im}{pC} \cos pt = \frac{\Im}{pC} \sin \left(pt - \frac{\pi}{2} \right).$$

Man ¡sieht daraus, daſs diese EMK dem Strome gegenüber um eine Viertelperiode verzögert ist.

Wir gewinnen eine andere Form für v aus der identischen Gleichung

$$v\, dt = - \frac{\Im}{pC} \cos pt\, dt = - d \left[\frac{\Im}{p^2 C} \sin pt \right] = - \frac{1}{p^2 C} di,$$

nämlich:

$$v = - \frac{1}{p^2 C} \frac{di}{dt}, \qquad\qquad 55)$$

woraus man ebenfalls die Phasenverschiebung gegenüber dem Strome i erkennt.

Ist w der Widerstand der Zuleitungsdrähte, und wäre kein Kondensator vorhanden, so würde das Ohmsche Gesetz $e = iw$ gelten; so aber setzt sich die resultierende EMK zusammen aus dem Spannungsabfall nach dem Ohmschen Gesetz und dieser EMK des Kondensators, also:

$$e = iw - \frac{1}{p^2 C} \frac{di}{dt}, \qquad\qquad 56)$$

ähnlich wie bei der Selbstinduktion § 108.

Wollen wir aus dieser Gleichung die gröſste Stromstärke berechnen, so haben wir die Werte für e und i einzusetzen. Da aber eine Phasenverschiebung besteht zwischen Strom und Kondensatorspannung, so muſs auch eine bestehen zwischen Strom und resultierender Spannung. Wenn wir daher $e = \mathfrak{E} \sin pt$ voraussetzen, müssen wir den Strom durch $i = \mathfrak{J} \sin (pt + \psi)$ darstellen.[1])

Setzen wir diese Werte ein und verfahren ebenso wie in § 108, so erhalten wir

$$\mathfrak{J} = \frac{\mathfrak{E}}{\sqrt{w^2 + \dfrac{1}{p^2\,C^2}}}, \qquad 57)$$

$$\operatorname{tg} \psi = \frac{1}{w\,p\,C}. \qquad 58)$$

Der scheinbare Widerstand ist also in diesem Falle:

$$\sqrt{w^2 + \frac{1}{p^2\,C^2}}.$$

Sehen wir von den Zuleitungsdrähten ab, so können wir $\dfrac{1}{p\,C}$ den scheinbaren Widerstand des Kondensators nennen.

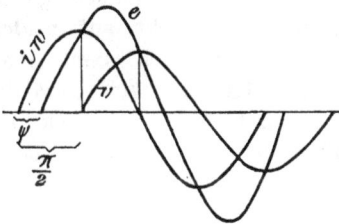

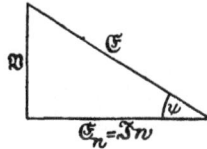

Fig. 98.   Fig. 99.

Für $C = \infty$ wird derselbe gleich Null; bei gleichem C um so kleiner, je gröſser die Periodenzahl des Stromes ist.

Da w, p, C unbedingt positive Gröſsen sind, so ist auch ψ positiv; der Strom eilt also der $\mathfrak{E}\mathfrak{M}\mathfrak{K}$ voraus, wie man auch aus der graphischen Darstellung Fig. 98 erkennt. Dabei bedeutet $i\,w$ die $\mathfrak{E}\mathfrak{M}$ Nutzkraft, die mit dem Strom gleiche Phase hat. Jede Ordinate von e ist die algebraische Summe aus den dazugehörigen von $i\,w$ und v, wie es die Spannungsgleichung 56) ausdrückt.

---

[1]) Vorhin haben wir $i = \mathfrak{J} \sin pt$ vorausgesetzt, weil dort nirgends e vorkommt, und nur die Gröſse von i in Betracht kam.

Aus Gl. 55 ergibt sich für die $\mathfrak{E}\mathfrak{M}\mathfrak{K}$ des Kondensators $\mathfrak{V} = \dfrac{\mathfrak{J}}{p\,C}$.
Es besteht daher ähnlich wie bei der Selbstinduktion das rechtwinklige Dreieck Fig. 99.

Daſs eine unendlich groſse Kapazität den scheinbaren Widerstand Null besitzt, sieht man, wenn man die Erde einschaltet; der Strom ist dann kurzgeschlossen.

135. Vergleich mit der Hydrodynamik.

Eine Vorstellung von dem Wesen des Verschiebungsstromes, der einen Kondensator passiert, und von dem Unterschiede zwischen diesem und einem Strome, der Ohmschen Widerstand durchströmt, kann man sich durch folgende von Claude angegebene hydrodynamische Vorrichtung verschaffen.

Die beiden Gefäſse A und B sind durch Schläuche mit dem Gefäſse C verbunden, das im Innern eine elastische Membran

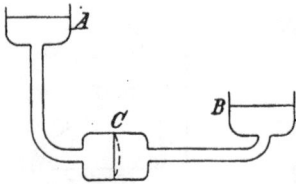

Fig. 100.

enthält. Sind beide Gefäſse gleich hoch gestellt, so wirkt auf beiden Seiten der gleiche Druck. Senkt man aber B (Fig. 100), so wird jetzt die Membran durch den Überdruck auf der linken Seite nach rechts ausgedehnt, und es strömt Flüssigkeit in den beiden Schläuchen von links nach rechts, ohne daſs aber ein wirkliches Übergehen der Flüssigkeit von A nach B stattfindet; es ist blofs ein Verschiebungsstrom. Hebt man nun B und senkt A, so findet das Umgekehrte statt, es geht ein Verschiebungsstrom von rechts nach links. Geschieht dies in periodischer Aufeinanderfolge, so haben wir ganz genau den Fall eines den Kondensator passierenden Wechselstromes.

Setzen wir den Leiter und die Schläuche widerstandslos voraus, so ist die Stromstärke des Verschiebungsstromes nach dem Vorigen $\mathfrak{J} = p\,C\,\mathfrak{E}$, d. h. in der Zeiteinheit wird umsomehr Elektrizität verschoben, je gröſser die Periodenzahl, die Kapazität und die $\mathfrak{E}\mathfrak{M}\mathfrak{K}$ ist. Ganz dasselbe erkennt man aus diesem Beispiel, wenn C die Gröſse der Membran und $\mathfrak{E}$ den Niveauunterschied der beiden Gefäſse bedeutet.

136. Ladungsenergie eines Kondensators.

Multiplizieren wir die Spannungsgleichung mit $i\, dt$, so erhalten wir wie in § 131 die Energiegleichung

$$d\,A = e\,i\,dt = i^2\,w\,dt - \frac{i}{p^2\,C}\,di,$$

welche uns sagt, daſs die gesamte Arbeit in jedem Augenblicke aus zwei Teilen besteht: aus Joule'scher Wärme und aus der Ladungsenergie des Kondensators, die durch das letzte Glied dargestellt wird.

Daſs dies wirklich die Ladungsenergie ist, kann man direkt nachweisen.[1])

Um die gesamte, während einer ganzen Periode aufgewendete Arbeit zu erfahren, hat man die Gleichung von Null bis τ zu integrieren und erhält (§ 114)

$$A = E\,J\cos\psi\,\tau = J^2\,w\,\tau - \left|\frac{i^2}{2\,p^2\,C}\right|_0^\tau.$$

Setzt man die Grenzen in das letzte Glied ein, so wird es Null, da der Strom zu Anfang und Ende einer Periode denselben Wert hat. Die Ladungsenergie während einer ganzen Periode ist also Null, ebenso wie die magnetische Arbeit der Selbstinduktion. Dies erklärt sich daraus, daſs die beim Laden des Kondensators aufgewendete Arbeit beim Entladen wieder zurückgewonnen wird. Dabei ist ein ideales Dielektrikum vorausgesetzt, das keine der magnetischen Hysteresis gleiche Erscheinung oder andere Verluste aufweist. Hysteresis[2]) gibt es hier keine oder höchstens eine so geringe, daſs sie nicht in Betracht kommt. Doch haben wir kein ideales Dielektrikum, sondern jedes besitzt ein gewisses, wenn auch sehr kleines Leitungsvermögen. Strenge genommen, hat man daher jeden wirklichen Kondensator als eine Parallelschaltung eines idealen Kondensators und eines Ohm'schen Widerstandes aufzufassen. Im Kondensator selbst tritt daher auch Joule'sche Wärme auf. Von gröſserem Belang sind

---

[1]) Vergl. Benischke: »Die Wirkungsweise der Kondensatoren im Wechselstromkreise«, Elektrotechnische Zeitschrift 1895, Heft 38.

[2]) Benischke: »Zur Frage der Wärmetönung durch dielektrische Polarisation«, Sitz.-Berichte der Wiener Akademie 102 (2 a), und »Über den Arbeitsverlust im Dielektrikum«, Zeitschrift für Elektrotechnik 1895, 16. Heft.

aber die Verluste durch Rückstandsbildung, die darin ihren Grund haben, dafs die bei der Ladung zugeführte Elektrizitätsmenge bei der Entladung nicht ganz abströmt, sondern zum Teil im Dielektrikum zurückbleibt (aufser bei Gasen). Weitere Verluste können endlich durch mechanische Ursachen entstehen; denn bei jeder Ladung werden die Platten angezogen und geraten dadurch in Vibration, die häufig als summendes Geräusch wahrnehmbar ist. Diese Verluste äufsern sich ebenfalls als Wärme.

137. Widerstand, Selbstinduktion und Kapazität in Hintereinanderschaltung.

Besteht der Stromkreis aus einem Widerstande w mit der Selbstinduktion L und einem Kondensator mit der Kapazität C (Fig. 101), so tritt in die Spannungsgleichung auch noch die $\mathfrak{EMK}$ der Selbstinduktion ein und sie lautet daher:

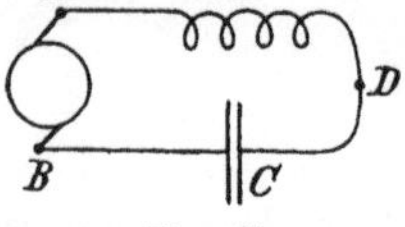

$$e = iw + L\frac{di}{dt} - \frac{1}{p^2 C}\frac{di}{dt}$$

oder

$$e = iw + \left(L - \frac{1}{p^2 C}\right)\frac{di}{dt}; \qquad 59)$$

Fig. 101.

daraus folgt für den gröfsten Wert der Stromstärke (§ 108)

$$\mathfrak{I} = \frac{\mathfrak{E}}{\sqrt{w^2 + p^2\left(L - \frac{1}{p^2 C}\right)^2}} \qquad 60)$$

und für die Phasenverschiebung

$$\operatorname{tg}\psi = -\frac{p}{w}\left(L - \frac{1}{p^2 C}\right), \qquad 61)$$

wenn wir den Strom von der Form $i = \mathfrak{I} \sin(pt + \psi)$ voraussetzen. Die Kapazität wirkt also der Selbstinduktion entgegen, wie man aus Folgendem noch deutlicher sieht.

Ist $L > \dfrac{1}{p^2 C}$, so ist ψ negativ, also der Strom in der Phase verzögert.

Ist

$$L < \frac{1}{p^2 C},$$

so ist ψ positiv, also der Strom in der Phase voraus.

Ist

$$L = \frac{1}{p^2 C}, \qquad 62)$$

so ist
$$\mathfrak{J} = \frac{\mathfrak{E}}{w}$$
$$\psi = 0,$$

d. h. die Wirkung der Selbstinduktion und der Kapazität heben sich gegenseitig auf; es ist so, als ob blofs der Ohmsche Widerstand vorhanden wäre.

Da $p = 2 \pi n$ ist, so kann man diese Bedingung in anderer Form schreiben, nämlich:

$$n = \frac{1}{2 \pi} \sqrt{\frac{1}{L C}},$$

und man erkennt daraus, dafs es zu jeder beliebigen Kombination von Selbstinduktion und Kapazität eine gewisse Periodenzahl gibt, bei der sich jene gegenseitig vernichten.

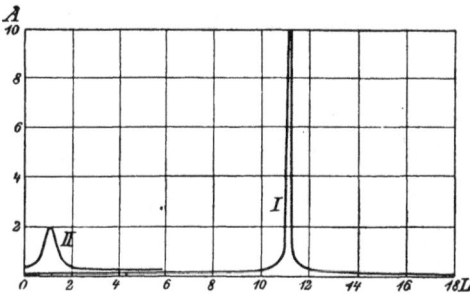

Fig. 102.

Stellt man den Verlauf der Stromstärke graphisch dar, wenn eine der Gröfsen p, L oder C sich ändert, so bemerkt man ein plötzliches Anwachsen der Stromstärke bis zu einem Maximum $\frac{\mathfrak{E}}{w}$ und gleichzeitiges Verschwinden der Phasenverschiebung. Fig. 102 z. B. zeigt den Verlauf der Stromstärke und Fig. 103 den der Phasenverschiebung bei veränderlicher Selbstinduktion; und zwar gelten die Kurven I für $\mathfrak{E} = 100$ Volt, $w = 10$ Ohm und einen Kondensator von $C = 0{,}000\,001$ Farad. Die Selbstinduktion ist auf der Abscissenachse in Quadranten aufgetragen. Das Maximum der Stromstärke und das Verschwinden der Phasenverschiebung ergibt sich aus der obigen Bedingung für $L = 11{,}11$.

Das plötzliche Ansteigen und wieder Abfallen der Stromstärke ist ähnlich der Erscheinung der Resonanz in der Akustik, und man nennt die Gleichung 62 die Resonanzbedingung des Stromes. Die Kurven II gelten für $\mathfrak{E} = 100$, $w = 50$, $C = 0{,}00001$. Hier tritt das Maximum des Stromes schon für $L = 1{,}11$ ein und ist wegen des gröfseren Widerstandes viel kleiner.

Gehen wir nochmals auf die Spannungsgleichung (59) zurück, so stellt uns das erste Glied auf der rechten Seite die elektromotorische Nutzkraft, das zweite die $\mathfrak{EMK}$ der Selbstinduktion und das dritte die des Kondensators vor. Die gröfsten Werte derselben sind $\mathfrak{E}_n = \mathfrak{J}w$, $\mathfrak{E}_s = pL\mathfrak{J}$ und $\mathfrak{B} = \dfrac{\mathfrak{J}}{pC}$. Daraus folgt, dafs jede derselben einen ähnlichen Verlauf zeigt wie $\mathfrak{J}$ in Fig. 102, also für die Resonanzbedingung ein ebenso plötzlich auftretendes

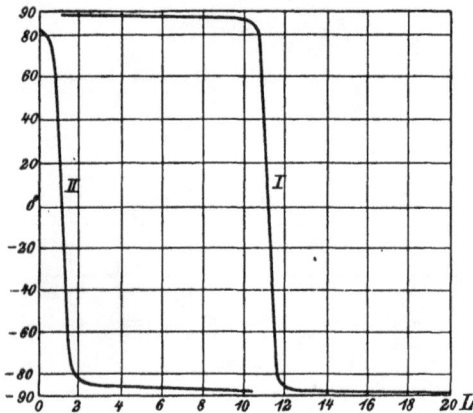

Fig. 103.

Maximum hat. Die beiden letzten haben entgegengesetztes Vorzeichen, heben sich also für die Resonanzbedingung auf, und die Klemmenspannung ist $\mathfrak{E} = \mathfrak{J}w$.

Wäre der Kondensator nicht vorhanden, so wäre die Stromstärke:

$$\frac{\mathfrak{E}}{\sqrt{w^2 + p^2 L^2}},$$

also bedeutend kleiner, und mit einer Phasenverschiebung

$$\operatorname{tg} \psi = \frac{pL}{w}$$

behaftet. Man erkennt daraus den Zweck eines Kondensators.

Graphisch läfst sich dieser Fall in folgender Weise behandeln. Wäre kein Kondensator vorhanden, so bestünde nach § 109 zwischen der $\mathfrak{EM}$ Nutzkraft $\mathfrak{E}_n$, der $\mathfrak{EM} \mathfrak{K}$ der Selbstinduktion $\mathfrak{E}_s$ und der Klemmenspannung, die wir jetzt mit $\mathfrak{E}'$ bezeichnen, das Dreieck ABC (Fig. 104), wobei ψ' die Phasenverschiebung zwischen letzterer und dem Strome ist. Nun kommt durch das Dazuschalten des Kondensators noch die $\mathfrak{EM} \mathfrak{K}$ $\mathfrak{V} = \dfrac{\mathfrak{J}}{pC}$ hinzu, und zwar nach Fig. 99 rechtwinkelig zur $\mathfrak{EM}$ Nutzkraft und entgegengesetzt wie $\mathfrak{E}_s$, da sie dieser entgegenwirkt.

Jetzt setzt sich also die $\mathfrak{EM}$ Gesamtkraft oder Klemmenspannung zusammen aus der Spannung zwischen den Punkten AB und der $\mathfrak{EM} \mathfrak{K}$ $\mathfrak{V}$. Man erhält auf diese Weise $\mathfrak{E} = AF$; und die Phasenverschiebung zwischen dieser und dem Strome ist ψ. Für die Resonanzbedingung wird $\mathfrak{V} = \mathfrak{E}_s$. Dann fällt der Punkt F auf B, und es ist

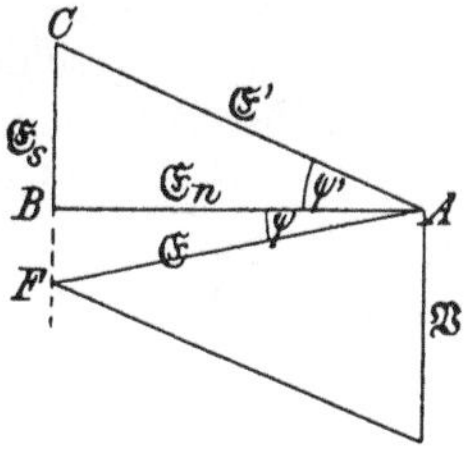

Fig. 104.

$$\mathfrak{E} = \mathfrak{J}w \text{ und } \psi = 0.$$

Man sieht, es kommt auf dieselbe Aufgabe hinaus, wie in der Mechanik, drei Kräfte $\mathfrak{E}_n$, $\mathfrak{E}_s$ und $\mathfrak{V}$ zu einer Resultierenden zusammenzusetzen.

Man erkennt aus diesem Diagramm auch, dafs für die Resonanzbedingung $\mathfrak{E}' > \mathfrak{E}$ ist; das heifst, der Kondensator bewirkt, dafs an den Klemmen AD (Fig. 101) eines Apparates mit Selbstinduktion eine gröfsere Spannung herrscht als an den Klemmen AB der Maschine, die den Strom liefert. Man kann also auf diese Weise einen Apparat, der eine bestimmte Klemmenspannung erfordert, mit einer Maschine betreiben, die eine geringere Spannung liefert.

138. Allgemeine Resultate.

Aus dem Vergleiche von § 108 mit 134 erkennt man schon, dafs die Kapazität den Stromgleichungen keine neue Gestalt gibt, sondern, dafs an Stelle der Selbstinduktion L der Ausdruck $-\dfrac{1}{p_2 C}$ in den scheinbaren Widerstand und die Phasenverschiebung eintritt.

Sind beide in Hintereinanderschaltung vorhanden, so tritt für L der Ausdruck

$$L - \frac{1}{p^2 C}$$

ein, wenn der Strom von der Form

$$i = \mathfrak{F} \sin (p\,t + \psi)$$

vorausgesetzt wird.

139. Die periodischen Ströme bei Entladungen.

Sind zwei Kugeln (Fig. 105) oder ein Kondensator (Fig. 106) mit einer ihrer Kapazität C entsprechenden Elektrizitätsmenge geladen, und bringt man sie durch die Funkenstrecke F zur Entladung, so geschieht dies nicht durch einen einzigen Funken, wie es den Anschein hat, sondern durch mehrere hin und her gehende, wie Feddersen mittels eines rotierenden Spiegels nachgewiesen hat. Diese Oscillationen der Elektrizität kommen dadurch zustande, daß infolge der Selbstinduktion der Entladungsdrähte

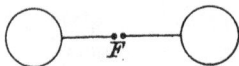
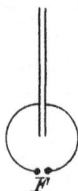
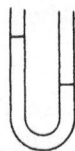

Fig. 105.   Fig. 106.   Fig. 107.

nach der ersten Entladung ein gleichgerichteter Strom induziert wird, so wie beim Aufhören jedes Stromes (§ 117). Durch diesen findet nun eine neuerliche Ladung statt, und zwar, wie man leicht einsieht, im entgegengesetzten Sinne wie vorher. Diese Ladung entladet sich wieder, und so setzt sich das Spiel fort und würde nie aufhören, wenn nicht die Entladungsdrähte einen gewissen Widerstand besäßen. So aber verursacht dieser einen Umsatz der elektrischen Energie in Wärme, so daß nur einige derartige wechselnde Entladungen zustande kommen. Ist der Widerstand sehr groß, so wird schon bei der ersten Entladung die ganze elektrische Energie in Wärme umgesetzt, und es kommt zu keiner oscillatoriscnen Entladung. Der Vorgang ist genau so, wie bei einem Pendel oder einer Flüssigkeit in einer U-förmigen Röhre (Fig. 107). Die Trägheit (von der wir schon in § 116 gesehen haben, daß sie dieselbe Rolle spielt wie die Selbstinduktion) verursacht ein Hinausschwingen über die Ruhelage; ist aber der Bewegungswiderstand sehr grofs, so geht das Pendel oder die Flüssigkeit langsam in die Ruhelage zurück, ohne zu schwingen.

Es ist daher nicht zu verwundern, dafs die theoretischen Untersuchungen von Thomson und Kirchhoff ergeben haben, dafs in den Entladungsdrähten periodisch wechselnde Ströme zirkulieren, und zwar Sinusströme, deren Periodenzahl

$$n = \frac{1}{2\pi}\sqrt{\frac{1}{LC}}$$

ist.

Wie man sieht, ist dieselbe identisch mit der Bedingung für das Maximum eines Maschinenstromes in einem Stromkreise mit Selbstinduktion und Kapazität, d. h. also, bei einer Entladung entstehen Ströme von solcher Periodenzahl, dafs sich dabei wie im vorigen Paragraphen Selbstinduktion und Kapazität gegenseitig aufheben. Es können überhaupt keine anderen entstehen, ebenso wie beim Anschlagen einer gespannten Saite nur solche Schwingungen sich ausbilden, von denen eine Anzahl g a n z e r Wellenlängen auf die Länge der Saite gehen und die man E i g e n-schwingungen nennt.

Beim Anschlufs eines Stromkreises mit gegebener Kapazität und Selbstinduktion an eine Maschine, die Wechselströme von solcher Periodenzahl liefert, welche die Resonanzbedingung nicht erfüllt, haben wir den Fall einer e r z w u n g e n e n S c h w i n g u n g; es ist ebenso, als wenn man eine gespannte Saite durch eine äufsere Kraft in solche Schwingungen versetzen wollte, von denen keine ganze Anzahl von Wellenlängen auf ihr Platz finden; es gelingt dies bekanntlich nicht, sondern wir können nur solche herstellen, welche die Saite gegebenenfalls von selbst durch Mit-tönen ausführt, also den Eigenschwingungen gleich sind. Ebenso können wir in einem Stromkreis mit gegebener Kapazität und Selbstinduktion nur einen solchen Wechselstrom zur vollen Ent-wicklung bringen, dessen Periodenzahl gleich ist jener, die bei einer Entladung in diesem Stromkreise entstehen würde. Der Ausdruck

$$\frac{1}{2\pi}\sqrt{\frac{1}{LC}}$$

ist also charakteristisch für jeden Wechselstromkreis, da er die Eigenschwingung desselben bestimmt. Doch ist dabei immer vorausgesetzt, daſs der Widerstand nicht zu groſs ist.

140. Selbstinduktion und Kapazität in Nebeneinander-schaltung.

Teilt sich der Strom $i = \Im \sin (p\,t + \psi)$ in zwei Zweige (Fig. 108), von denen der eine den Widerstand w_1 und die Selbstinduktion L_1,

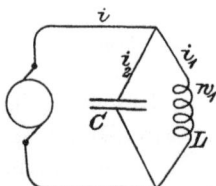

der andere einen Kondensator von der Kapazität C mit vernachlässigbaren Zuleitungswiderstand besitzt und sind die Zweigströme von der Form

$$i_1 = \Im_1 \sin (p\,t + \psi_1),$$
$$i_2 = \Im_2 \sin (p\,t + \psi_2)$$

und die Klemmenspannung an der Verzweigungsstelle

$$e = \mathfrak{E} \sin p\,t,$$

so erhalten wir nach §§ 108, 134 ohne weiteres, da $w_2 = $ Null ist:

$$\Im_1 = \frac{\mathfrak{E}}{\sqrt{w_1{}^2 + p^2 L_1{}^2}}, \qquad \mathrm{tg}\,\psi_1 = -\frac{p\,L_1}{w_1},$$

$$\Im_2 = \mathfrak{E}\,p\,C, \qquad \mathrm{tg}\,\psi_2 = \infty \quad \psi_2 = \frac{\pi}{2}$$

und für den Hauptstrom aus § 123:

$$\Im = \frac{\mathfrak{E}}{\sqrt{\dfrac{w_1{}^2 + p^2 L_1{}^2}{p^2 C^2 \left[w_1{}^2 + p^2 \left(L_1 - \dfrac{1}{p^2 C} \right)^2 \right]}}} . \quad 63)$$

$$\mathrm{tg}\,\psi = -\frac{p}{w_1}\,[L_1 - C\,(w_1{}^2 + p^2 L_1{}^2)]. \qquad 64)$$

Man sieht, daſs der Strom im Zweige I immer verzögert, im Zweige II immer um eine Viertelperiode voraus ist. Der Phasenunterschied zwischen beiden ist also:

$$\frac{\pi}{2} + \psi_1.$$

Der Hauptstrom i kann der Klemmenspannung in der Phase vor- oder nacheilen, je nach den Werten von L_1 und C. Es kann aber auch $\psi = $ Null werden.

Für die Diskussion ist auch das Verhältnis

$$\frac{\mathfrak{J}_1}{\mathfrak{J}} = \frac{1}{p\,C\sqrt{w_1{}^2 + p^2\left(L_1 - \dfrac{1}{p^2\,C}\right)^2}}$$

interessant.

Untersuchen wir dieses und den Ausdruck für $\mathfrak{J}$ nach Maximum oder Minimum bei veränderlicher Kapazität, indem wir nach C differentieren, so finden wir bei dem Werte

$$C = \frac{L_1}{w_1{}^2 + p^2\,L_1{}^2} \qquad\qquad 65)$$

ein Minimum für $\mathfrak{J}$ und ein Maximum für das Verhältnis $\dfrac{\mathfrak{J}_1}{\mathfrak{J}}$.
Dies erkennt man auch aus den Kurven Fig. 109. Die für $\mathfrak{E} = 100$ $w_1 = 10$ und $L_1 = 1$ gelten.[1]

Um den Wert des Minimums bezw. des Maximums zu finden, hat man den obigen Wert von C einzusetzen und findet

$$\mathfrak{J} = \frac{\mathfrak{E}\,w_1}{w_1{}^2 + p^2\,L_1{}^2}, \qquad \frac{\mathfrak{J}_1}{\mathfrak{J}} = \frac{\sqrt{w_1{}^2 + p^2\,L_1{}^2}}{w_1}.$$

Setzt man denselben Wert auch in tg ψ ein, so findet man $\psi = 0$; ein Maximum oder Minimum für ψ gibt es nicht. Dies erkennt man auch aus der Kurve.

Graphisch läfst sich dieser Fall in folgender Weise behandeln. Der wirklich vorhandene Hauptstrom setzt sich zusammen aus drei Strömen: dem Nutzstrom $\mathfrak{J}_n$, dem der Selbstinduktion $\mathfrak{J}_s$ und dem des Kondensators, der in diesem Falle indentisch ist mit dem Strom $\mathfrak{J}_2$ im Zweige II, weil er keinen Widerstand enthält. Diese setzen sich nach dem Stromdiagramm (Fig. 94) zusammen. Auf die $\mathfrak{E}\,\mathfrak{M}$

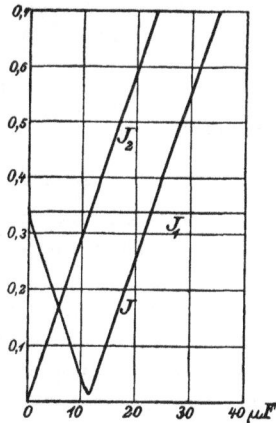

Fig. 109.

Kräfte dürfen wir dieses Dreieck jetzt nicht anwenden, weil sich dieselben bei Nebeneinanderschaltung nicht addieren.

---

[1] Benischke, Elektrot. Zeitschr. 1895, 38. Heft.

Wäre der Zweig II nicht vorhanden, so bestände das Dreieck ABC (Fig. 110)[1]), in welchem $\mathfrak{J}_1$ der aus $\mathfrak{J}_s$ und $\mathfrak{J}_n$ resultierende

Fig. 110.

Strom ist, der mit der Spannung den Phasenwinkel ψ_1 bildet. Nun kommt noch der Kondensatorstrom $\mathfrak{J}_2$ hinzu, der mit dem Nutzstrom und der Spannung eine Phasenverschiebung von 90° bildet. $\mathfrak{J}_1$ und $\mathfrak{J}_2$ geben nun zusammen den Hauptstrom $\mathfrak{J}$, der mit der Spannung die Phasenverschiebung ψ bildet. Man sieht aus dieser Figur, daß $\mathfrak{J}$ ein Minimum wird, wenn es mit AB zusammenfällt, wobei gleichzeitig ψ Null wird. Das ist dann der Fall, wenn

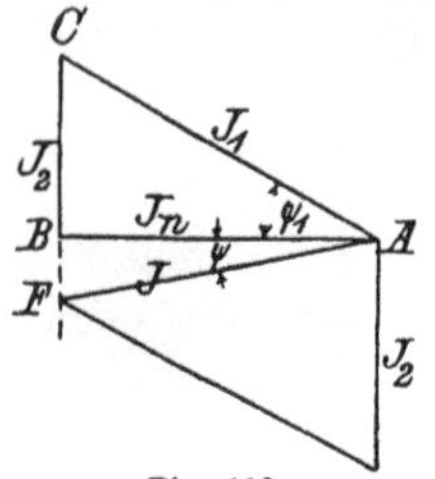

$$\mathfrak{J}_2 = \mathfrak{J}_1 \sin \psi_1.$$

Nun ist nach § 109

$$\mathfrak{J}_1 = \frac{\mathfrak{E}}{\sqrt{w_{12} + p^2 L_1^2}}$$

und

$$\sin \psi_1 = \frac{p L_1}{\sqrt{w_1^2 + p^2 L_1^2}}.$$

Daher ergibt sich aus $\mathfrak{J}_2 = \mathfrak{E} p C$ für die Minimumsbedingung

$$C = \frac{L_1}{w_1^2 + p^2 L_1^2}$$

wie vorhin.

141. Kondensator-Umformer.

Der Induktions-Umformer, dessen Wirkungsweise wir in § 145 ff. näher besprechen werden, hat den Zweck, einen Strom von geringerer Spannung und großer Stromstärke in einen solchen von hoher Spannung und kleiner Stromstärke umzuwandeln oder umgekehrt. Je kleiner nämlich die Stromstärke, desto geringer ist bei gleicher Leistung der Verlust durch Stromwärme, der durch $J^2 w$ bestimmt ist (vergl. § 158). Man schickt daher durch lange Leitungen einen Strom von möglichst kleiner Stromstärke und verwandelt ihn erst an der Verbrauchsstelle durch einen Umformer in einen anderen mit der gewünschten Stärke. Zu demselben Zweck kann auch ein Kondensator dienen, wenn man ihn

---

[1]) In dieser Figur soll die Strecke BC statt $J_2 J$, heißen.

zu einem mit Selbstinduktion behafteten Apparat parallel schaltet. Erfüllt seine Kapazität die Resonanzbedingung (Gl. 65), so bewirkt er, wie wir im Vorigen gesehen haben, bei **gleich bleibender Spannung eine Verminderung der Stromstärke und Vernichtung der Phasenverschiebung**. Die Leistung des Stromes bleibt dieselbe.

Wenn also ohne derartigen Kondensator die Leistung des Hauptstromes $EJ \cos \psi$ ist, so ist sie nach Parallelschaltung desselben EJ_0, J_0 also kleiner als J, weil $J_0 = J \cos \psi$.

Geht der Strom durch eine Leitung vom Widerstande w, so ist der Verlust durch Wärme im ersten Falle $J^2 w$ im zweiten $J_0^2 w$, also im Verhältnisse wie $1 : \cos \psi$ kleiner.

142. Gegenseitige Vernichtung von Selbstinduktion und Kapazität bei Nebeneinanderschaltung.

Auch für diesen Fall gibt es eine Bedingung, unter der die gegenseitige Vernichtung eintritt, wie bei der Hintereinanderschaltung. Man erhält sie, wenn man in Gl. 63 $\mathfrak{J} = \dfrac{\mathfrak{E}}{w_1}$ setzt. Nämlich:

$$w_1^4 C^2 + p^2 w_1^2 C^2 L_1^2 - L_1^2 - 2 w_1^2 L_1 C = 0.$$

Für die Kapazität ergibt sich daraus die Bedingung:

$$C = \frac{L}{w_1^2 + p^2 L_1^2} \left(1 + \sqrt{2 + \frac{p^2 L_1^2}{w_1^2}}\right).$$

Ferner findet man, daß es zwei Werte für C gibt, für welche $\dfrac{\mathfrak{J}_1}{\mathfrak{J}} = 1$ wird. Diese sind $C = 0$ und

$$C = \frac{2 L_1}{w^2 + p^2 L_1^2},$$

also für den Anfangspunkt und für die doppelte Minimumsbedingung, wie man auch aus den Kurven Fig. 109 erkennt.

143. Herstellung bestimmter Phasenunterschiede.

Zum Betriebe normaler Drehstrommotoren (§ 160) sind zwei oder drei Ströme von gleicher Stärke und bestimmten Phasenunterschieden notwendig. Dieselben kann man durch Verzweigung aus einem Wechselstrom erhalten. Zu einem zweiphasigen Motor z. B. braucht man zwei gleiche Ströme mit 90° Phasenunterschied.

Dies erreicht man am besten dadurch, daſs man im Zweige I
(Fig. 111) durch eine Selbstinduktion eine Phasenverzögerung
des Stromes i_1 um 45^0 gegenüber der Klemmenspannung herstellt
und im Zweige II durch Kombination eines Kondensators mit
Selbstinduktion eine Phasenvoreilung von 45^0.

Wir haben also:

$$\mathfrak{J}_1 = \frac{\mathfrak{E}}{\sqrt{w_1{}^2 + p^2 L_1{}^2}}, \qquad \operatorname{tg} \psi_1 = -\frac{p L_1}{w_1},$$

$$\mathfrak{J}_2 = \frac{\mathfrak{E}}{\sqrt{w_2{}^2 + p^2 \left(L_2 - \dfrac{1}{p^2 C}\right)^2}}, \qquad \operatorname{tg} \psi_2 = -\frac{p}{w_2}\left(L_2 - \frac{1}{p^2 C}\right).$$

Wir haben nun $w_2 = w_1$ und

$$L_2 - \frac{1}{p^2 C} = L_1$$

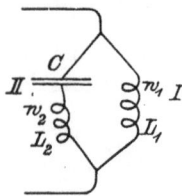

-Fig. 111.

zu machen, dann ist $\mathfrak{J}_1 = \mathfrak{J}_2$ und $\psi_1 = -\psi_2$.
Ferner müssen w_1 und L_1 so zusammenpassen,
daſs $\psi = 45^0$ wird. Haben sie im Motor noch
nicht diesen Wert, so ist das Nötige dazuzu-
schalten. Dann bleibt zur Erfüllung der obigen
Bedingung noch L_2 und C zur freien Verfügung.

Hat der Zweig I schon im Motor selbst eine gröſsere Phasenverschiebung als 45^0, so muſs man auch in diesen einen Kondensator einschalten.

144. Gleichmäſsig verteilte Kapazität.

Wir haben bisher Fälle betrachtet, wo Kapazität an einzelnen
Stellen eingeschaltet, der Stromleiter selbst aber kapazitätslos war.
In vielen Fällen besitzt aber schon der Leiter an und für sich
eine gewisse Kapazität, die nicht so klein ist, daſs sie ohne Einfluſs bliebe. In einem solchen Leiter kommt ein stationärer Strom
erst dann zustande, wenn die der Kapazität entsprechende Elektrizitätsmenge zugeflossen ist, ebenso wie ein stationärer Flüssig-
keitsstrom in einer Röhre erst dann zustande kommt, wenn sie
ganz angefüllt ist. Dazu kommt bei sehr langen Leitungen auch
noch eine Kondensatorwirkung der Erde. Wir haben ja in § 21
gesehen, daſs ein zur Erde abgeleiteter Leiter, also auch die Erde

selbst, eine Verminderung des Potentiales und daher eine Erhöhung der Kapazität verursachen. Das ist natürlich noch mehr
der Fall, wenn die Leitungen in die Erde verlegt sind. Wir haben
dann einen sehr langen Cylinder-Kondensator, dessen Dielektrikum
aus dem Isolationsmaterial der Leitung besteht. Noch gröfser ist
die Kapazität, wenn die Hin- und Rückleitung des Stromes in
demselben Kabel erfolgt und die eine von der anderen umschlossen
wird.

Auf diesen Fall lassen sich die vorhergehenden Resultate
nicht anwenden, weil jede Längeneinheit eines solchen Stromkreises gleichzeitig Widerstand und Kapazität und vielleicht auch
eine merkliche Selbstinduktion besitzt. Es würde aber zu weit
führen, diesen Fall hier mathematisch zu behandeln.[1])

145. Idealer Umformer.

Die gegenseitige Induktion wird benützt, um einen Wechselstrom in einen anderen mit geringerer oder gröfserer Spannung
zu verwandeln. Für die folgende Untersuchung setzen wir voraus,
dafs keine magnetische Streuung
stattfindet, d. h. dafs sämtliche
Kraftlinien alle Windungen beider
Stromkreise durchsetzen. Diese
Forderung wird am besten verwirklicht, wenn beide Stromkreise
unmittelbar neben oder über einander auf einem pollosen Eisen-

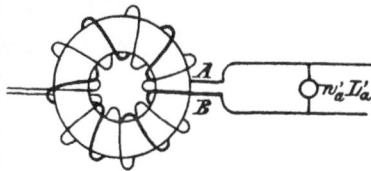

Fig. 112.

stück aufgewickelt sind, also am besten auf einem Ring, wie es
schematisch durch die Fig. 112 angedeutet ist. Ferner setzen wir
voraus, dafs in diesem Eisenkerne weder Hysteresis noch Wirbelströme auftreten. Das ist dann ein idealer Umformer, und auf
diesen lassen sich die Resultate des § 119 anwenden, wenn man
noch in Betracht zieht, dafs ein Teil des sekundären Stromkreises,
die Verbrauchsleitung, die von den angeschlossenen Apparaten
oder Lampen und deren Zuleitungen gebildet wird, aufserhalb des
Stromkreises liegt. Den inneren Teil des sekundären Stromkreises

[1]) Man sehe: H. F. Weber, Bericht über die Frankfurter elektrische
Ausstellung. Energie-Übertragung Lauffen-Frankfurt.

bilden die Windungen, die der Induktion durch den primären Strom unterworfen sind. Es besteht also der gesamte Widerstand w' aus einem inneren Teile w'_i und einem äußeren w'_a. Dasselbe gilt für die Selbstinduktion, so daß wir haben

$$w' = w'_i + w'_a,$$
$$L' = L'_i + L'_a.$$

Unter der Voraussetzung, daß sämtliche Kraftlinien alle Windungen beider Stromkreise durchsetzen, gilt die Beziehung

$$M^2 = L L'_i$$

und unter Voraussetzung einer an den primären Polklemmen herrschenden Klemmenspannung

$$e = \mathfrak{E} \sin p\,t,$$

die Maxwell'sche Formel für den primären Strom

$$\mathfrak{J} = \frac{\mathfrak{E}}{\sqrt{\varrho^2 + p^2 \lambda^2}}, \quad \operatorname{tg} \varphi = \frac{p\,\lambda}{\varrho},$$

wobei

$$\varrho = w + \frac{p^2 M^2}{w'^2 + p^2 L'^2}\, w',$$

$$\lambda = L - \frac{p^2 M^2}{w'^2 + p^2 L'^2}\, L',$$

ferner gilt noch für den sekundären Strom

$$\mathfrak{J}' = \frac{\dfrac{p\,M\,\mathfrak{E}}{\sqrt{\varrho^2 + p^2 \lambda^2}}}{\sqrt{w'^2 + p^2 L'^2}}$$

und für die Phasenverzögerung des sekundären Stromes hinter dem primären

$$\chi = 90 + \psi,$$

wobei

$$\operatorname{tg} \psi = \frac{p\,L'}{w'}.$$

Statt der induzierten $\mathfrak{EMK}$ im sekundären Kreise ist jetzt die Klemmenspannung desselben, das ist die Potentialdifferenz zwischen den Klemmen A und B, von größerer Wichtigkeit, da diese für die angeschlossenen Apparate oder Lampen maßgebend ist. Diese Klemmenspannung, deren Augenblickswert mit k' und deren größter Wert mit $\mathfrak{K}'$ bezeichnet werden soll, besteht aus der induzierten $\mathfrak{EMK}$ $\mathfrak{E}'$ vermindert um den auf den inneren Widerstand w'_i entfallenden Spannungsabfall. Da sie auf den äußeren Stromkreis mit dem Widerstande w'_a und der Selbstinduktion L'_a wirkt, so ist nach dem für Wechselströme erweiterten Ohm'schen Gesetze die sekundäre Stromstärke

$$\mathfrak{J}' = \frac{\mathfrak{K}'}{\sqrt{w'_a + p^2 L'^2_a}}.$$

Nach Einführung des Wertes für $\mathfrak{J}'$ folgt daraus:

$$\mathfrak{K}' = \frac{p\,M\,\mathfrak{C}}{\sqrt{\varrho^2 + p^2 \lambda^2}} \cdot \frac{\sqrt{w'^2_a + p^2 L'^2_a}}{\sqrt{w'^2 + p^2 L'^2}}. \qquad 66)$$

Bei geringer Belastung des Umformers, d. h. bei geringer sekundärer Stromstärke, also bei grofsem w'_a oder L'_a, kann sehr angenähert $w'_a = w'$ oder $L'_a = L'$ gesetzt werden. (Vergl. die Tabelle Seite 185.) Dann ist angenähert

$$\sqrt{w'^2_a + p^2 L'^2_a} = \sqrt{w'^2 + p^2 L'^2}.$$

Gleichzeitig ist dann auch λ sehr wenig von L verschieden und ϱ klein gegenüber $p\,L$, so dafs die letzte Gleichung übergeht in

$$\mathfrak{K}' = \frac{M}{L}\,\mathfrak{C}.$$

Da wir von magnetischer Streuung absehen, so ist nach § 97

$$\frac{\mathfrak{C}}{\mathfrak{K}'} = \frac{L}{\sqrt{L\,L'_i}} = \sqrt{\frac{L}{L'_i}},$$

und da nach § 96 die Selbstinduktionskoëffizienten dem Quadrate der Windungszahlen proportional sind, so ist

$$\frac{\mathfrak{C}}{\mathfrak{K}'} = \frac{N}{N'} = u.$$

Das heifst die Klemmenspannungen des sekundären und primären Stromes stehen in demselben Verhältnisse wie die Windungszahlen. Man nennt daher u das Umsetzungsverhältnis. Dies gilt nach dem Vorigen insbesondere dann, wenn $w'_a = \infty$ ist, d. h. wenn der sekundäre Strom unterbrochen ist. Wenn aber w'_a und L'_a klein sind, wenn also der sekundäre Stromkreis stark belastet ist, so stimmen die aus u und aus der strengen Formel 66 berechneten Werte der Klemmenspannung nur bis auf 2 oder 3 Prozent überein (vergl. die Tabelle auf Seite 185).

Dieser Umstand, dafs die Klemmenspannung sich bei verschiedener Belastung nur wenig ändert, ist nicht etwa zufällig, sondern für den praktischen Betrieb von Umformern von grofser Wichtigkeit, da man für die Parallelschaltung der Lampen oder

Maschinen konstante Spannung braucht. Die vorher genannten
Bedingungen, bei denen die Umformung der $\mathfrak{E}\mathfrak{M}\mathfrak{K}$ nach dem
Wickelungsverhältnis geschieht, gehört daher zu den Konstruktions-
bedingungen eines zur Parallelschaltung geeigneten Umformers.

In § 119 haben wir die Phasenverzögerung ψ des sekundären
Stromes hinter der durch gegenseitige Induktion induzierten $\mathfrak{E}\mathfrak{M}\mathfrak{K}$
bestimmt. Aufserdem haben wir noch zwei andere Phasen-
verschiebungen im sekundären Kreise zu berücksichtigen. Erstens
die der induzierten $\mathfrak{E}\mathfrak{M}\mathfrak{K}$ $\mathfrak{E}'$ gegen den Strom, die wir $\mathfrak{d}$ nennen
wollen. Sie ist bestimmt durch

$$\operatorname{tg} \mathfrak{d} = \frac{p\,L'_a}{w'},$$

da $\mathfrak{E}'$ auf einen Stromkreis mit der Selbstinduktion L'_a und dem
Widerstande w' arbeitet. Zweitens die Phasenverschiebung zwischen
der Klemmenspannung $\mathfrak{K}'$ und dem Strome. Nennen wir sie α,
so ist

$$\operatorname{tg} \alpha = \frac{p\,L'_a}{w'_a},$$

da sich die Klemmenspannung nur auf den äufseren Stromkreis
bezieht; sie ist daher auch die wichtigste. In Fig. 113 haben

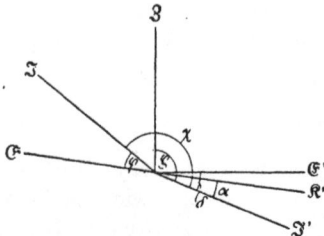

Fig. 113.

wir ein Diagramm der verschiedenen Gröfsen und der zwischen
ihnen bestehenden Phasenverschiebungen.

Ist L'_a sehr klein, so sind $\mathfrak{d}$
und α sehr wenig von Null verschieden, d. h. es stimmen in-
duzierte $\mathfrak{E}\mathfrak{M}\mathfrak{K}$, Klemmenspann-
nug und Strom in der Phase
überein. Die Klemmenspannung
unterscheidet sich dann von der induzierten $\mathfrak{E}\mathfrak{M}\mathfrak{K}$ nur der Gröfse
nach und zwar um den Betrag des Spannungsabfalles $i'w'_i$ in den
sekundären Windungen.

146. Das magnetische Feld des Umformers.

Bedeutet $\mathfrak{B}$ den gröfsten Wert der Kraftlinienzahl im Kern
des Umformers, so ist nach § 119 die induzierte $\mathfrak{E}\mathfrak{M}\mathfrak{K}$ in den
primären Windungen

$$p N \mathfrak{Z} = L \frac{di}{dt} + M \frac{di'}{dt}$$

und in den sekundären Windungen

$$p N' \mathfrak{Z} = L'_i \frac{di'}{dt} + M \frac{di}{dt}.$$

Zwischen beiden besteht eine Phasenverschiebung von einer halben Periode und genau in der Mitte zwischen beiden, also gegen jede um eine Viertelperiode verschoben, liegt die Phase des magnetischen Feldes. Sie ist auch in Fig. 113 eingezeichnet, und

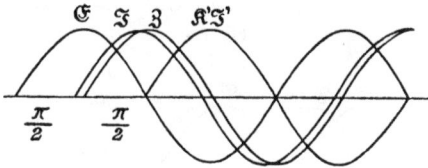

Fig. 114.

wir können nun daraus leicht alle anderen Phasenverschiebungen ersehen. So ist z. B. die Phasenverspätung des sekundären Stromes $\mathfrak{J}'$ gegen das magnetische Feld $\frac{\pi}{2} + \delta = \zeta$. Hat der äußere Stromkreis keine merkliche Selbstinduktion (bei Anschluß von Glühlampen), so ist $L'_a = 0$. Dann ist $\zeta = 90$ und $\alpha = 0$,

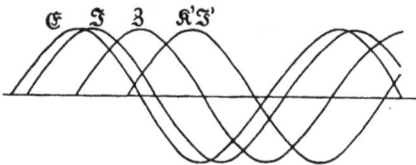

Fig. 115.

d. h. Strom und Klemmenspannung fallen in der Phase zusammen und sind gegen das magnetische Feld um eine Viertelperiode verzögert (Fig. 114 und 115).

Ist L'_a so groß, daß $L'_a = L'$ gesetzt werden kann bei (Trieb-maschinen) so ist $\delta = \psi$ und $\zeta = \chi$, d. h. das magnetische Feld fällt mit dem primären Strome zusammen. Ist außerdem w' klein gegen $p L'$, so eilen beide dem sekundären Strome um 180^0 voraus (Fig. 116).

Sind die äußere und innere Selbstinduktion des sekundären Kreises von gleicher Größenordnung (beim Anschluß von Bogenlampen), so bestehen wieder andere Phasenverschiebungen (Fig. 117, man vergl. auch das Zahlenbeispiel § 149).

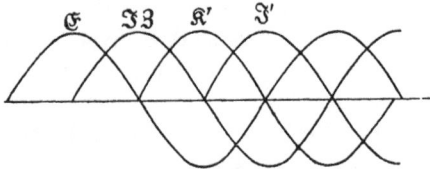

Fig. 116.

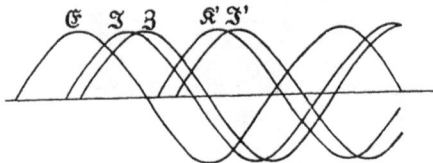

Fig. 117.

Ist der sekundäre Stromkreis unterbrochen, also $\Im' = 0$, so gibt es auch keinen Spannungsabfall, und die induzierte $\mathfrak{EMK}$ $\mathfrak{E}'$ ist identisch mit der Klemmenspannung $\mathfrak{K}'$. Es ist also dann

$$\mathfrak{K}' = p\,N'\,\mathfrak{Z}.$$

Legt man einen Spannungsmesser an die sekundären Klemmen an, so gibt dieser den gemessenen Wert

$$K' = \frac{\mathfrak{K}'}{\sqrt{2}}$$

an und daher ist

$$K' = \frac{2\pi n}{\sqrt{2}}\,N'\,\mathfrak{Z} = 4{,}44\,n\,N'\,\mathfrak{Z} \cdot 10^{-8}\ \text{Volt}.$$

Wir wollen nun noch die Beziehung zwischen dem magnetischen Felde und den beiden Strömen des Umformers feststellen.

Nach § 85 ist die Anzahl der Kraftlinien in jedem Augenblicke

$$z = \frac{\mathfrak{F}}{\mathfrak{w}},$$

wenn $\mathfrak{F}$ die magnetomotorische Kraft und $\mathfrak{w}$ den magnetischen Widerstand bedeuten. Die magnetomotorische Kraft des primären

Stromes ist $4\pi\,i\,N$, die des sekundären $4\pi\,i'\,N'$. Da beide zusammenwirken, so ist die gesamte magnetomotorische Kraft

$$\mathfrak{F} = 4\pi\,(i\,N + i'\,N')$$

und die Kraftlinienzahl

$$z = \frac{4\pi}{\mathfrak{w}}\,(i\,N + i'\,N'). \qquad 67)$$

Daraus folgt

$$\frac{4\pi}{\mathfrak{w}}\,i\,N = z - \frac{4\pi}{\mathfrak{w}}\,i'\,N'.$$

Gehen wir vom sekundären Strome aus und stellen ihn durch $i' = \mathfrak{J}'\sin p\,t$ dar, so müssen wir den primären Strom durch

$$i = \mathfrak{J}\sin(p\,t + \chi)$$

und das magnetische Feld durch

$$z = \mathfrak{Z}\sin(p\,t + \zeta)$$

darstellen, da nach Fig. 113 der primäre Strom um χ, und das magnetische Feld um ζ dem sekundären Strome voreilt. Setzen wir dies ein, so erhalten wir

$$\frac{4\pi}{\mathfrak{w}}\,\mathfrak{J}\,N\sin(p\,t + \chi) = \mathfrak{Z}\sin(p\,t + \zeta) - \frac{4\pi}{\mathfrak{w}}\,\mathfrak{J}'\,N'\sin p\,t.$$

Da diese Gleichung zu jeder Zeit gelten muſs, so kann man einmal $p\,t = 0$ und dann $p\,t = \dfrac{\pi}{2}$ setzen und erhält so die beiden Gleichungen:

$$\frac{4\pi}{\mathfrak{w}}\,\mathfrak{J}\,N\sin\chi = \mathfrak{Z}\sin\zeta.$$

$$\frac{4\pi}{\mathfrak{w}}\,\mathfrak{J}\,N\cos\chi = \mathfrak{Z}\cos\zeta + \frac{4\pi}{\mathfrak{w}}\,\mathfrak{J}'\,N'.$$

Daraus erhält man durch Quadrieren und Addieren

$$\left(\frac{4\pi}{\mathfrak{w}}\,\mathfrak{J}\,N\right)^2 = \left(\frac{4\pi}{\mathfrak{w}}\,\mathfrak{J}'\,N'\right)^2 + \mathfrak{Z}^2 + 2\,\frac{4\pi}{\mathfrak{w}}\,\mathfrak{J}'\,N'\,\mathfrak{Z}\cos\zeta.$$

Nach dieser Gleichung bilden also die magnetischen Felder beider Ströme und das aus diesen

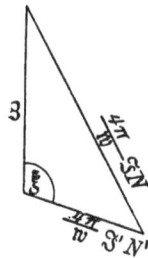

Fig. 118.

resultierende $\mathfrak{Z}$ die Seiten eines Dreieckes (Fig. 118). Ist die äuſsere Selbstinduktion L'_a Null (bei Anschluſs von Glühlampen), so ist $\delta = 0$ und $\zeta = 90^0$; das Dreieck geht also über in ein rechtwinkliges, dessen Hypothenuse die Kraftlinienzahl des primären Stromes vorstellt. Die resultierende Kraftlinienzahl ist kleiner als diese, und zwar umsomehr, je stärker der sekundäre Strom ist.

Bei Umformern für Parallelschaltung muſs die Klemmenspannung innerhalb der normalen Belastungsgrenzen konstant bleiben. Da diese aber vom gemeinsamen Felde z abhängt, so folgt, daſs $\mathfrak{Z}$ innerhalb dieser Grenzen konstant sein muſs, wie sich auch $\mathfrak{J}$ und $\mathfrak{J}'$ ändern mögen. Ist der sekundäre Strom unterbrochen, also $\mathfrak{J}' = 0$, so ist:

$$\mathfrak{Z} = \frac{4\,\pi}{\mathfrak{w}}\,\mathfrak{J}\,N,$$

wie nicht anders zu erwarten war. $\mathfrak{J}$ wird in diesem Falle der Leerlaufstrom des Umformers genannt.

147. Wirkungsgrad eines idealen Umformers.

Unter dem Wirkungsgrad eines Umformers versteht man das Verhältnis der Leistung im äuſseren Stromkreise zu der den primären Windungen zugeführten.

Die Leistung im äuſseren Stromkreise ist $l' = K'J'\cos\alpha$ und die. den primären Windungen zugeführte $l = EJ\cos\varphi$. Demnach ist der Wirkungsgrad:

$$G = \frac{l'}{l} = \frac{K'J'\cos\alpha}{EJ\cos\varphi}.$$

Da wir vorläufig von den Verlusten durch Hysteresis und Wirbelströme absehen, so kommen bloſs die in den Windungen als Wärme auftretenden in Betracht. Diese sind für eine Zeiteinheit in den primären Windungen $g = J^2 w$, in den sekundären Windungen $g' = J'^2 w'_i$. Dann ist nach dem Gesetze von der Erhaltung der Energie

$$l = l' + g + g',$$

also

$$G = \frac{l'}{l' + g + g'}.$$

148. Selbstregulierung, Neben- und Hintereinanderschaltung.

Sind nun g und g' verschwindend klein, oder beziehen wir den Wirkungsgrad auf die gesamte Leistung einschlieſslich der Stromwärme, so ist $G = 1$. Dann gilt die Beziehung:

$$EJ\cos\varphi = K'J'\cos\alpha.$$

Sie gilt auch mit Rücksicht auf die sonstigen Verluste (Hysteresis und Wirbelströme) mit groſser Annäherung und ist von gröſster Wichtigkeit für die praktische Verwendung der Umformer.

Denn wäre die primäre Leistung $EJ\cos\varphi$ unabhängig von der sekundären, also bei geringer Belastung oder bei Leerlauf ebenso grofs wie bei starker Belastung, so hätte man bedeutende Energieverluste. Diese Gleichung aber besagt, dafs die der primären Wickelung zugeführte Leistung gleich ist derjenigen, die im sekundären Kreise verbraucht wird. Sind E und K' konstant bei allen Belastungen, so folgt, dafs J und φ abhängig sind von J' und α. Ist $\alpha = 0$, so hängt J und φ blofs von der sekundären Stromstärke ab und zwar so, dafs mit zunehmendem J' auch J zunimmt, während φ abnimmt und umgekehrt. (Vergl. die Tabelle auf Seite 185.)

Diese Selbstregulierung erklärt sich auch aus § 119. Wir fanden dort, dafs der primäre Strom durch die Gegenwart des sekundären vergröfsert, die Phasenverschiebung hingegen ver-

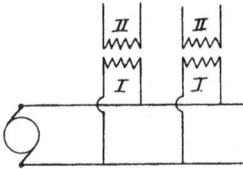

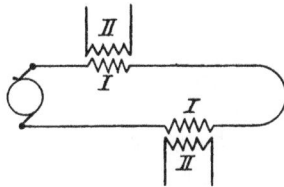

Fig. 119. Fig. 120.

kleinert wird; das ist natürlich umsomehr der Fall, je stärker der sekundäre Strom ist. Beides bedeutet aber eine Vergröfserung der Leistung des primären Stromes, abhängig von der des sekundären Stromes.

Die Konstanterhaltung der primären Spannung bei Verwendung mehrerer Umformer erreicht man durch Parallelschaltung derselben in dem Stromkreise einer auf konstante Spannung arbeitenden Maschine Fig. 119.

Sind hingegen die Umformer hintereinander geschaltet wie in Fig. 120, so findet keine Selbstregulierung statt. Denn wenn auch nur ein einziger stark beansprucht wird und die übrigen weniger oder gar nicht, so mufs doch der ganze Strom alle durchfliefsen; dabei findet natürlich ein grofser Verlust statt, der sich in einer starken Erwärmung der primären Windungen äufsert, die bis zum Verbrennen der Isolation führen kann.

149. Beispiel eines idealen Umformers.

Die folgende Tabelle enthält als Beispiel für die eben geschilderten Verhältnisse die Zahlenwerte eines idealen Umformers
bei verschiedenen Werten des äufseren Widerstandes und der
äufseren Selbstinduktion.

Die primäre Windungszahl ist $N = 600$, die sekundäre $N' = 30$,
das Umsetzungsverhältnis also $u = 20$.

Die primäre Spannung sei $E = 2200$; daher ergibt sich
aus dem Umsetzungsverhältnis die sekundäre Klemmenspannung

$$K' = 110.$$

Es sei $L = 4, \quad L'_i = 0{,}01, \quad M = 0{,}2.$

Diese Werte erfüllen die Bedingung $M^2 = L L'_i$.

Ferner sei $p = 300$ (das entspricht einer Periodenzahl von
$n = 48$), $w = 8$, $w'_i = 0{,}02$ Ohm.

Die Rubrik K' enthält die genauen, aus Gleichung 66 berechneten Werte der Klemmenspannung und zeigt, wie weit der aus
dem Umsetzungsverhältnis berechnete übereinstimmt. Man erkennt,
dafs bei gröfserer Belastung eine kleine Verminderung eintritt,
und zwar infolge des Einflusses des sekundären Stromes auf die
magnetische Induktion (§ 146).

Die Rubriken ϱ, λ und $\sqrt{\varrho^2 + p^2 \lambda^2}$ zeigen, wie mit zunehmender Belastung der äquivalente Widerstand des primären Kreises
zunimmt, die äquivalente Selbstinduktion und der äquivalente
scheinbare Widerstand abnimmt (§ 119). Aus den beiden nächsten
Rubriken erkennt man, wie infolgedessen die primäre Stromstärke
zu- und die Phasenverschiebung φ abnimmt.

J' berechnet sich aus

$$J' = \frac{K'}{\sqrt{w'^2_a + p^2 L'^2_a}}.$$

α ist die Phasenverzögerung des sekundären Stromes hinter
der 'Klemmenspannung 'K'. χ ist die Phasenverzögerung des
sekundären Stromes hinter dem primären und ζ die Phasen-
voreilung der magnetischen Induktion vor dem sekundären Strome.

Die Phasenverschiebungen der Fälle II, VI, VII, X sind in
den Fig. 114 bis 117 dargestellt, aber ohne Rücksicht auf die
Gröfse der Stromstärken u. s. w.

Die letzte Rubrik enthält den Wirkungsgrad G und man erkennt daraus, wie derselbe ein Maximum erreicht. Er beginnt

	$G\%$	ζ	χ	α	φ	$\mathcal{F}$	K'	J	$\sqrt{\delta^2 + p^2\gamma^2}$	λ	ϱ	$\sqrt{m^2_{,\varepsilon} + p^2 T^2_{,\varepsilon}}$	$\sqrt{m^2_{,u} + p^2 T^2_{,u}}$	L'_a	w'_a
I	0				89° 37'	0	110	1,83	1200	4	8	8	8	0	8
II	81,2	90°	91° 43'	0	87° 53'	1,1	110	1,83	1200	3,99	44	100	100	0	100
III	95,9	90°	98° 32'	0	81° 5'	5,5	110	1,85	1187	3,91	184	20,2	20	0	20
IV	98,3	90°	120° 58'	0	60° 33,	21,3	107	2,13	1033	3,0	508	6	5	0	5
V	97	90°	145° 57'	0	33° 54'	53,8	108	3,3	676	1,25	558	3,6	2	0	2
VI	95,4	90°	161° 13'	0	17° 45'	106	106	5,6	394	0,4	375	3,2	1	0	1
VII	3,3	179° 2'	179° 3'	89° 21'	89° 36'	0,37	110	1,85	1188	3,96	8,2	303	300	1	5
VIII	88,3	161° 34'	164° 29'	71° 34'	86° 38'	7	110	2,17	1015	3,38	60	18,7	15,8	0,05	5
IX	91,4	161° 34'	167° 20'	71° 34'	83° 30'	17,4	110	2,67	824	2,7	93,4	9,2	6,3	0,02	2
X	95	146° 19'	161° 24'	56° 19'	73° 58'	30,4	109,6	3,2	686	2,2	189	6,3	3,6	0,01	2

mit Null bei unendlich grofsem äufseren Widerstand, steigt dann rasch an bis zu einem Maximum und fällt wieder bis Null, denn bei Kurzschlufs der sekundären Windungen gibt es keine äufsere Leistung. Vergl. Fig. 126.

Für die Kraftlinienzahl erhält man nach § 146 $\mathfrak{Z} = 1\,727\,000$.

150. Verhalten des Umformers bei geringer Belastung und bei Leerlauf.

Wie man aus der Tabelle ersieht, ist die primäre Stromstärke auch bei geringer Belastung verhältnismäfsig grofs. Dafür ist aber auch die Phasenverschiebung φ grofs, so dafs die Leistung doch der Belastung entspricht.

Ist der sekundäre Strom unterbrochen, also sein Widerstand unendlich grofs, so ist die Leistung des sekundären Stromes $EJ \cos \varphi = 27$ Watt, die sich lediglich [in der Erwärmung der primären Windungen äufsert, da wir von Hysteresis und Wirbelströmen absehen. Der zur Magnetisierung des Kernes notwendige Strom ergibt sich aus dem Dreiecke Fig. 94, für welches in diesem Beispiel $\varphi = 89^0\,37'$ ist. Also ist der Magnetisierungsstrom

$$J_\mu = J \sin \varphi = 1,83 \cdot 0,99998 = 1,829.$$

Der Nutzstrom hingegen ist

$$J_n = J \cos \varphi = 1,83 \cdot 0,0067 = 0,0122.$$

Und dieser gibt mit der Spannung multipliziert die Leistung gleich 27 Watt wie oben. Wie man sieht, unterscheidet sich der Magnetisierungsstrom nur sehr wenig von dem Leerlaufstrom und man kann sie daher meistens einander gleichsetzen. Man erhält den Magnetisierungsstrom natürlich auch aus jedem anderen Werte der primären Stromstärke und der dazu gehörigen Phasenverschiebung.

Die Leistung des primären Stromes bei Leerlauf ist ein direkter Verlust; sie mufs daher möglichst klein sein, insbesondere dann, wenn der Umformer während des gröfsten Teiles der Zeit unbelastet ist, wie z. B. bei Beleuchtungsanlagen.

151. Einflufs der magnetischen Streuung; Abweichungen vom Umsetzungsverhältnis.

Wir haben bisher vorausgesetzt, dafs $M^2 = L L'$, d. h. dafs sämtliche Kraftlinien des einen Stromkreises alle Windungen des anderen durchsetzen, also keine magnetische Streuung auftritt.

Diese Bedingung ist verwirklicht, wenn die primären und sekundären Wicklungen eng an einander liegen und auf einen Eisenkern gewickelt sind, wie es z. B. Fig. 112 andeutet. Bei dieser
ringförmigen Anordnung ist aber das Aufwickeln der Drähte sehr
umständlich, weil es mit der Hand geschehen mufs. Um das zu
vermeiden, werden jetzt meistens die Windungen auf Rahmen
aufgewickelt und über den Ring eines **E** förmigen, aus Eisenblech
bestehenden Kernes geschoben (Fig. 121). Die Kraftlinien nehmen
dabei den durch die punktierten Linien angedeuteten Verlauf.
Man sieht, dafs es darunter auch solche gibt, welche die andere
Spule nicht treffen. Dann ist also $M^2 < L L'_i$. Infolgedessen kann
auch die Klemmenspannung nicht mehr genau dem Verhältnis
der Windungszahlen entsprechen, sondern ist
um so kleiner, je gröfser die Streuung ist.
Auf die Verminderung der Klemmenspannung
hat insbesondere bei vorhandener magnetischer
Streuung die Selbstinduktion des äufseren
Stromkreises bedeutenden Einflufs. So kann
man beobachten, dafs beim Anschlufs eines

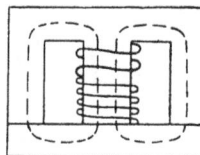
Fig. 121.

Motors statt induktionsloser Glühlampen eine
Verminderung der Spannung bis zu 10 % auftritt. In § 137 haben
wir gefunden, dafs eine Kapazität entgegengesetzte Wirkung hat
wie eine Selbstinduktion. Wenn daher im äufseren Stromkreise
die Kapazität überwiegt, so tritt eine Erhöhung der Klemmenspannung ein. Diese Erscheinung bemerkt man immer dann,
wenn ein längeres Kabel an einen Transformator angeschlossen
ist; denn die Kapazität eines solchen ist gewöhnlich nicht zu
vernachlässigen.

Dieser Einflufs hat, wie schon erwähnt, seine erste Ursache
in der magnetischen Streuung. In § 149 haben wir aber eine,
auch beim i d e a l e n Umformer mit zunehmender Belastung auftretende Spannungsverminderung konstatieren müssen. Doch ist
dieser Einflufs geringer als der der magnetischen Streuung; man
sucht daher die letztere möglichst zu vermeiden, indem man geschlossene Eisenkerne mit möglichst wenig Stofsfugen verwenden.

152. Einflufs von Hysteresis und Wirbelströmen.

Bisher wurde vorausgesetzt, dafs im Kern des Umformers
weder Hysteresis noch Wirbelströme auftreten. Dieselben sind

aber unvermeidlich, weil der Eisenkern unvermeidlich ist, der die
Aufgabe hat, die vom primären Stromkreise erzeugten Kraftlinien
durch die sekundären Windungen zu führen. Ohne einen solchen
wäre die Streuung sehr bedeutend.

Nach Untersuchungen von Ferraris läfst sich der Einflufs beider
Erscheinungen so darstellen, als wäre noch eine zweite sekundäre
Wickelung auf einem idealen Umformer vorhanden. Von den Wirbelströmen ist dies ohne weiteres einzusehen, da sie ja in Wirklichkeit
nichts anderes als sekundäre Ströme im Eisenkern sind (§ 127).

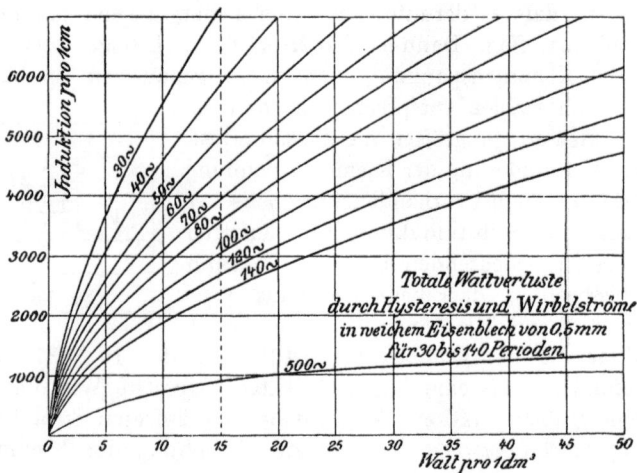

Fig. 122.

Es folgt nun aus § 119, dafs Hysteresis und Wirbelströme die
primäre Stromstärke vergröfsern und die Phasenverschiebung verkleinern. Aus diesen Ursachen folgt weiter eine Vergröfserung
der primären Arbeit, ohne dafs dieselbe in einer Vergröfserung der
sekundären Arbeit begründet wäre. Wir haben also einen Arbeitsverlust, dessen Gröfse nach § 83 und 127

$$a = \eta\, n\, \mathfrak{B}^{1,6} + \beta\, n^2 \mathfrak{B}^2$$

ist, wobei das erste Glied für die Hysteresis und das zweite für
die Wirbelströme gilt. Da diese Verluste im Eisenkern des Umformers auftreten und die Ursache seiner Erwärmung sind, so
bezeichnet man sie als Eisenverluste im Gegensatz zu der in
den Drahtwindungen auftretenden Stromwärme, die man als
Kupferverluste bezeichnet.

Da bei den gebräuchlichen Umformern die magnetische Induktion $\mathfrak{B}$ als konstant angesehen werden kann für alle Belastungen (§ 146), so sind auch die Eisenverluste nach obiger Gleichung konstant. Sie beeinflussen also den Wirkungsgrad bei geringer Belastung viel mehr als bei grofser Belastung; denn der Ausdruck für den Wirkungsgrad (§ 147) geht jetzt über in:

$$G = \frac{l'}{l + g + g' + a}.$$

Aus den Fig. 53 und 91 haben wir die Abhängigkeit der Hysteresis und Wirbelstromverluste von der magnetischen Induktion $\mathfrak{B}$ für sich allein in graphischer Darstellung kennen ge-

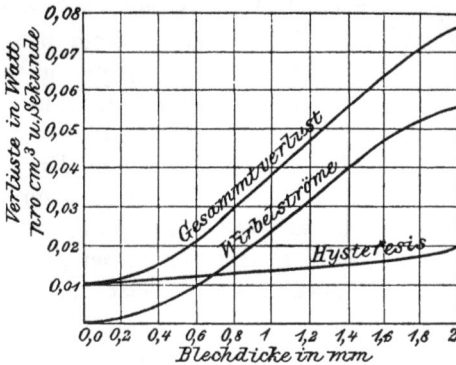

Fig. 123.

lernt. Fig. 122[1]) enthält nun den gesamten Eisenverlust; die Ordinaten dieser Kurven sind die Summen der zusammengehörenden Ordinaten jener. Die Zahlen bei den Kurven geben die Periodenzahlen an.

Wie wir in § 127 gesehen haben, hängt der Verlust durch Wirbelströme bei verschiedenen Eisenkernen mit gleicher magnetischer Induktion lediglich von der Unterteilung des Eisens ab. Da aber die Wirbelströme auch die magnetische Induktion beeinflussen, so hängen auch die Hysteresisverluste von der Unterteilung ab. Fig. 123 stellt die Abhängigkeit dieser Verluste von der Blechdicke bei einer Induktion von $\mathfrak{B} = 4000$ dar, und zwar in Watt pro Kubikzentimeter und Sekunde.[2])

---

[1]) Nach E. Kolben, Elektrot. Zeitschr. 1894, S. 77.

[2]) Nach Feldmann, Wechselstrom-Transformatoren, Seite 154.

Was in § 130 über die Veränderung der Kurvenformen
infolge der Nichtproportionalität zwischen magnetisierender Kraft
und Induktion und infolge der Hysteresis gesagt wurde, gilt hier
vollständig. Die Fig. 124 und 125 enthalten die Spannungs- und
Stromkurven, wie sie von Ryan
und Merritt an einem Um-
former von 600 Watt normaler
Leistung bestimmt wurden.
Man ersieht daraus, wie sehr
die Kurve des Leerlaufstrom
es von der Sinusform ab-
weicht, weil der Magnetisierungsstrom den Arbeitsstrom
bedeutend überwiegt; denn
der letztere beträgt bei Leerlauf nur soviel, als der Erwärmung der primären Win-
dungen entspricht. In der

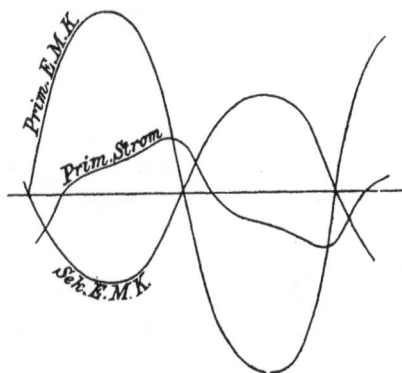

Fig. 124.

zweiten Figur aber, die der vollen Belastung mit 10,65 Amper
sekundärer Stromstärke entspricht, weicht der primäre Strom nur
sehr wenig von der Sinusform ab, da jetzt der Arbeitsstrom bedeutend überwiegt, der die-
selbe Gestalt hat, wie die
Spannung. Aus der ersten
Figur bei Leerlauf erkennt
man ferner, daß, wie sehr
auch der primäre Strom von
der Sinuskurve abweicht, bei
der sekundären Spannung dies
nicht der Fall ist. Es erklärt
sich daraus, daß die sekundäre Spannung von der Kurve
der Kraftlinienzahl im Eisenkern und diese wieder von

Fig. 125.

der primären Spannung abhängt. (Man vergl. diese Kurven auch
mit Fig. 114 und 115, die für einen idealen Umformer aber ohne
Berücksichtigung der Größenverhältnisse gelten.)

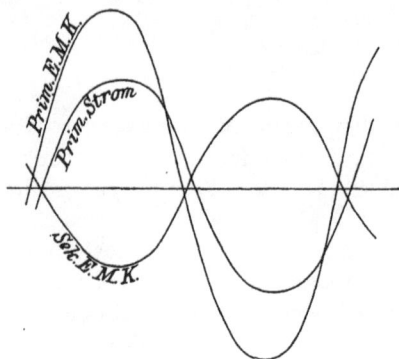

Die folgende Tabelle enthält Zahlenwerte, die durch Messung
an einem Umformer von Ferranti für 11000 Watt normale

Leistung erhalten wurden. Das Umsetzungsverhältnis ist 1 : 24, die primäre Klemmenspannung 2400 Volt. Daraus ergibt sich für die sekundäre Spannung 100 Volt. Die wirklich gemessene Spannung fällt, wie man aus der Tabelle ersieht, bis auf 97 Volt [1]), hauptsächlich wegen der magnetischen Streuung, die mit wachsender Belastung zunimmt (§ 151). Der Leistungsfaktor ergibt sich aus der gemessenen Leistung $V = EJ \cos \varphi$, wenn man dieselbe durch EJ dividiert; er ist wenig von 1 verschieden [2]) und entspricht einer Phasenverschiebung von etwa 35^0 bei Leerlauf bis zu 0^0 bei größerer Belastung. Die Phasenverschiebung ist also bedeutend kleiner als bei dem idealen Umformer (Seite 185), was, wie wir aus § 130 wissen, in der Hysteresis des Eisenkernes begründet ist.

Prim. Strom J	Sek. Spannung K'	Sek. Strom J'	Prim. Leistung	Sek. Leistung	Prim. Kupferverlust J²w	Sek. Kupferverlust J'²w'i	Gesamtverlust	Prim. Leistungsfaktor cos φ	Wirkungsgrad
Amp.	Volt	Amp.	Watt	Watt	Watt	Watt	Watt		%
0,076	100,4	0,	150	0	0	0	150	0,82	0
0,1	100,3	0,8	222	80	0	0	150	0,92	36
0,27	100,2	4,83	637	484	0,3	0,3	150,6	0,98-	76
0,59	100,0	12,3	1391	1233	1,8	2,0	153,8	0,98	88,7
1,05	99,8	23,5	2506	2345	6,5	7,4	163,9	0,99	93,5
1,37	99,6	33,0	3461	3285	12,7	14,5	177,2	1,05	94,5
2,14	98,8	50,0	5265	4936	29,4	33,4	212,8	1,03	96,7
2,96	98,5	69,6	7085	6858	57,0	65,0	272		96,9
3,72	98,0	87,9	8930	8610	90,8	103,5	344		96,5
4,5	97,4	105,5	10700	10270	133,0	152,0	435		96,0
4,8	97,0	114,6	11700	11120	150,0	171,0	471		95,4

Der gesamte Eisenverlust beträgt rund 150 Watt für alle Belastungen. Die Kupferverluste nehmen natürlich mit dem Quadrate der Stromstärken zu. Der Widerstand der primären Windungen ist $w = 6,45$ Ohm, der der sekundären Windungen $w'_i = 0,0134$.

---

[1]) Dieser Spannungsabfall ist für einen guten Beleuchtungsumformer nach dem heutigen Standpunkte etwas zu groß.

[2]) Die zwei Werte, die größer sind als 1, beruhen natürlich auf Beobachtungsfehlern.

Bei Leerlauf ist der Kupferverlust auch in den primären verschwindend klein; daher ist die gesamte primäre Leistung gleich dem Eisenverlust.

Fig. 126 gibt eine graphische Darstellung der Abhängigkeit des Wirkungsgrades, der Kupferverluste in beiden Windungen und des Gesamtverlustes von der sekundären Leistung.

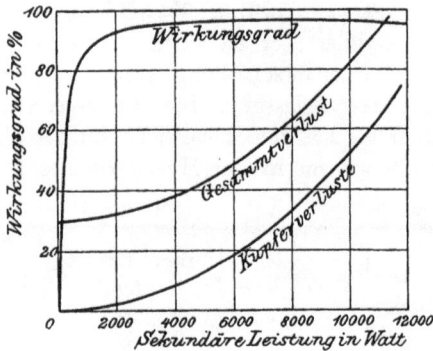

Fig. 126.

Die in den vorhergehenden Paragraphen über Umformer entwickelten Grundsätze gelten auch für Wechselstrommotoren, die einen geschlossenen Ankerstromkreis besitzen.

Zehntes Kapitel.

Die Erscheinungen bei Wechselströmen von sehr grofser Periodenzahl.

153. Allgemeines.

Die in der Praxis verwendeten Wechselströme haben eine Periodenzahl von 40 bis 150 in der Sekunde. Weniger sind unzulässig, weil dann bei den elektrischen Lampen das periodische Aufleuchten schon bemerkbar wird. Gröfsere Periodenzahlen sind darum unpraktisch, weil dann die Erscheinungen der Selbstinduktion und Kapazität zu stark hervortreten.

Wir sahen schon aus dem Zahlenbeispiel für den idealen Umformer § 149, dafs selbst für $n = 48$ der Ohm'sche Widerstand

häufig von so geringem Einflufs ist, dafs für den **scheinbaren**
Widerstand

$$\sqrt{w^2 + p^2 L^2}$$

der **induktive** pL gesetzt werden kann. Je gröfser die Periodenzahl ist, um so gröfser ist p und umsomehr überwiegt pL über w.
Im Folgenden werden wir Fälle betrachten, wo wegen der hohen
Periodenzahl der Ohm'sche Widerstand nicht mehr in Betracht
kommt.

Es gilt dies insbesondere von den in § 139 besprochenen
periodischen Strömen, wie sie bei der Entladung elektrischer
Ladungen durch Drähte auftreten. Dabei fällt zunächst auf, dafs
diese Ströme ungeschlossen sind. Man kann sich aber auch diese
Möglichkeit ganz gut erklären, wenn man bedenkt, dafs die Kugeln
(Fig. 105) oder die Kondensatorplatten (Fig. 106) eine gewisse
Elektrizitätsmenge aufnehmen können, die durch den
Draht von der einen zur anderen strömt. Man kann
sich sie aber auch als geschlossene Ströme vorstellen,
da das Dielektrikum, also in Fig. 105 auch die um-
gebende Luft, Verschiebungsströme zuläfst.

Es wurde schon dort erwähnt, dafs die Energie
dieser Ströme bald aufgezehrt ist. Es kommen überhaupt nur einige Schwingungen zustande, deren

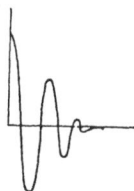

Fig. 127.

Amplitude rasch abnimmt, da der Entladungsvorgang in einem
kleinen Bruchteil einer Sekunde sich abspielt. Der Entladungs-
strom verläuft so, wie Fig. 127 darstellt.

Wir haben bereits in § 139 die Periodenzahl n eines so entstehenden Stromes angegeben:

$$n = \frac{1}{2\pi} \frac{1}{\sqrt{LC}},$$

wobei L und C in absoluten Einheiten auszudrücken sind. Die
Schwingungsdauer τ erhalten wir aus $\tau = \frac{1}{n}$. Um eine Vorstellung von den wirklich stattfindenden Schwingungen zu erhalten,
wollen wir folgendes Beispiel berechnen. Die Kugeln der Fig. 105
haben einen Radius von 5 cm. Die beiden Entladungsdrähte seien
zusammen 100 cm lang und 0,5 cm dick. Die Kapazität einer
Kugel ist demnach 5 elektrostatische Einheiten oder $0,55 \cdot 10^{-20}$
elektromagnetische Einheiten. Die Selbstinduktion der Drähte ergibt sich aus § 96 gleich 1740 absolute Einheiten.

Daraus ergibt sich eine Periodenzahl von rund 50000000 und daraus eine Schwingungsdauer von $2 \cdot 10^{-8} = 0{,}00000002$ Sekunden.

Nach der Wellenlehre ist die Wellenlänge λ einer Schwingung $\lambda = v\tau$, wenn v die Fortpflanzungsgeschwindigkeit bedeutet. Diese ist für Licht und Elektrizität $v = 3 \cdot 10^{10}$ cm.

Die Wellenlänge dieser Schwingungen ist also:

$$\lambda = 3 \cdot 10^{10} \cdot 2 \cdot 10^{-8} = 6 \cdot 10^2 \text{ cm},$$

das sind 6 Meter. Es findet also keine ganze Wellenlänge auf den Entladungsdrähten Platz.

Selbst wenn L oder C 10000mal gröfser sind, so haben wir immer noch eine Periodenzahl von 500000. Man begreift daher, dafs schon eine kleine Selbstinduktion von gröfserem Einflufs ist, als ein grofser Ohm'scher Widerstand.

Läfst man z. B. einen Entladungsfunken auf den Draht D (Fig. 128), der auf zwei Wegen zur Erde führt, überspringen, so wählt er lieber den Weg F, der durch eine kleine Funkenstrecke unterbrochen ist und daher einen grofsen Ohm'schen Widerstand besitzt, als den anderen, der mehrere Windungen macht und daher schon eine gewisse Selbstinduktion besitzt.

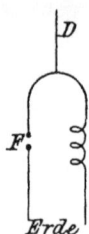

Fig. 128.

Bisher haben wir den Leitungswiderstand der Luft als unendlich grofs vorausgesetzt; das gilt für Ströme mit verhältnismäfsig geringen Spannungen. Bei hohen Spannungen aber werden die leicht beweglichen Luftteilchen abgestofsen und führen Elektrizität mit sich; dabei entsteht eine glühende Gasbrücke wie beim Bogenlicht, die einen verhältnismäfsig geringen Widerstand besitzt.

154. Blitz und Blitzableiter.

Zu den im Vorhergehenden geschilderten Entladungen gehört auch der Blitz. Bei der Anfertigung von Blitzableitern ist demnach sorgfältig darauf zu sehen, dafs keine merkliche Selbstinduktion vorhanden ist, weil sonst, wie in dem vorher geschilderten Versuche, die Entladung eher durch die Luft zu einer benachbarten leitenden Masse (Dachrinne, Gas- oder Wasserleitung u. dgl.) überspringt.

Der Ohm'sche Widerstand des Blitzableiters ist nebensächlich, wenn nur eine gute Verbindung mit der Erde hergestellt ist; daher sucht man die Erdplatten in Wasser oder wenigstens feuchtes

Erdreich zu verlegen. Am besten ist es, wenn die Blitzableiter an eine weitverzweigte Wasserleitung angeschlossen werden können. Aus § 129 wissen wir, dafs Ströme von so hoher Periodenzahl in einer sehr dünnen Oberflächenschichte strömen, während das Innere des Leiters frei bleibt. Es empfiehlt sich daher, statt eines runden Drahtes ein metallenes Band oder Drahtseil zu verwenden.

Bei starken Entladungen können auch bei einem fehlerfreien Blitzableiter seitliche Entladungen (Rückschläge) zu benachbarten Metallmassen stattfinden; es empfiehlt sich daher, dieselben durch einen Draht auf dem kürzesten Wege mit dem Blitzableiter zu verbinden.

Die sichersten Blitzableiter sind jene, welche aus vielen zur Erde abgeleiteten Drähten bestehen, die das ganze zu schützende Gebäude umgeben, da nach einem Versuche von Faraday in das Innere eines solchen keine Elektrizität eindringt. Das österreichische technische Militär-Komitee hat solche in dem gewitterreichen Karst ausgeführt.

155. Blitzschutzvorrichtungen.

Die Blitzableiter haben den Zweck, die elektrische Ladung der Gewitterwolke durch Spitzenwirkung unschädlich abzuleiten, oder wenn es schon zu einer plötzlichen Entladung kommt, dieselbe auf einem vorgeschriebenen Weg zur Erde zu führen.

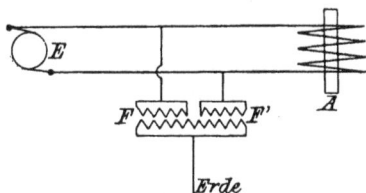

Fig. 129.

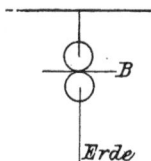

Fig. 130.

Die Blitzschutzvorrichtungen haben den Zweck, elektrische Apparate (Maschinen, telegraphische und telephonische Apparate), die mit Luftleitungen zusammenhängen, vor Funkenentladungen zu schützen, die dadurch entstehen, dafs durch benachbarte Gewitter elektrische Ladungen in den Luftleitungen induziert werden. Wenn diese auch nicht lebensgefährlich sind,

so verhindern sie doch das Funktionieren der Apparate und zer-
stören die Isolationen und Kontakte.

Die einfachsten Blitzschutzvorrichtungen, wie sie bei Tele-
graphen- und Telephonanlagen gebräuchlich sind, beruhen auf dem
in § 153 beschriebenen Versuch. Man schließt an die Leitung
vor den zu schützenden Apparat A (Fig. 129) einen Nebenschluß
zur Erde mit der Funkenstrecke F und F' an. Diese besteht aus
zwei gegenüberliegenden, scharf gerippten Platten, weil zwischen
Spitzen oder scharfen Kanten die Entladungen leichter vor sich
gehen. Sie werden aber an jener Stelle, wo ein Funke übergeht,
von diesem verbrannt und abgestumpft und müssen daher von
Zeit zu Zeit untersucht und von neuem geschärft werden.

Eine zweite Art hat statt des Luftzwischenraumes im Nebenschluß eine isolierende Schichte. Gewöhnlich ist es ein isolierendes

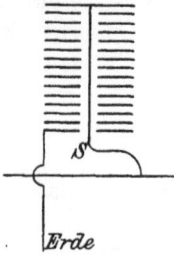

Fig. 131.

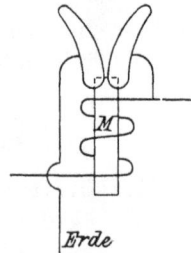

Fig. 132.

Band B (Fig. 130) zwischen zwei kleinen Metallcylindern, von
denen der eine mit der Erde, der andere mit der Stromleitung
in Verbindung steht. Die Entladung durchlöchert den Streifen,
und man erkennt daher, wenn man ihn ein Stück weiterschiebt,
ob eine solche stattgefunden hat oder nicht.

Diese beiden Vorrichtungen sind aber bei Starkstromanlagen
nicht zu verwenden, weil, wenn die Funkenentladung beide Luft-
strecken F und F' zugleich überbrückt, der Strom kurz geschlossen
ist und daher bei F und F' einen Lichtbogen aufrecht erhält
(§§ 41, 153). Dies wird durch folgende Einrichtungen verhindert.

Bei dem sogenannten Kondensator-Blitzschutz ist der zur Erde
führende Nebenschluß durch mehrere isolierende Schichten von
der Stromleitung getrennt (Fig. 131). Die oberste kreisförmige
Metallplatte steht durch den Stift S mit der Stromleitung, die

unterste mit der Erde in Verbindung. Zwischen beiden befinden sich noch mehrere solche, die durch Glimmerblätter von einander isoliert sind, und bilden einen cylindrischen Körper. Der Entladungsfunke springt nun auf der Mantelfläche von einer Metallplatte zur anderen bis zur untersten. Der Strom ist aber nicht imstande, so viele hintereinander befindliche Lichtbogen aufrecht zu erhalten. Diese Vorrichtungen eignen sich besonders für Wechselstromanlagen.

Das Zustandekommen eines Lichtbogens wird häufig auch durch ein magnetisches Gebläse verhindert. Die Funkenstrecke besteht aus zwei hornförmigen Metallstücken (Fig. 132). Naturgemäfs springt der Funke an der engsten Stelle, also gerade vor

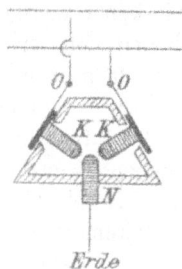

Fig. 133.

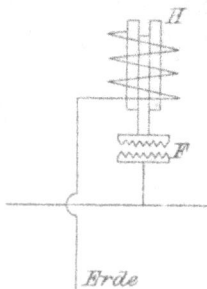

Fig. 134.

dem Elektromagnete M, über, wird daher von diesem abgestofsen und ausgelöscht (§ 58). Der Elektromagnet wird von dem Strom selbst erregt.

Häufig dienen auch mechanische Vorrichtungen zu demselben Zwecke. Eine solche stellt Fig. 133 dar. Die beiden Kohlenstücke K sind als Pendel in den Punkten O, die mit den Stromleitungen in Verbindung stehen, aufgehängt und reichen durch zwei Öffnungen in ein geschlossenes Kästchen. Von dem Kohlenstück N geht die Erdleitung ab. Sobald eine Entladung stattfindet, die zwischen den Kohlenstücken explosionsartig erfolgt, wodurch die Luft im Kästchen plötzlich ausgedehnt wird, werden die beiden Pendel kräftig zurückgeschleudert und so ein allenfalls entstehender Lichtbogen zerrissen. Dann fallen sie von selbst wieder zurück.

Zum Auseinanderreifsen der Funkenstrecke wird auch die magnetische Anziehung benützt. Die obere Platte (Fig. 134) der

Funkenstrecke F sitzt an einem Kolben, der in der Metallhülse H
verschiebbar ist; an diese schliefst die Erdleitung an. Die untere
Platte ist mit einer der Leitungen in Verbindung; die andere
besitzt eine ganz gleiche Vorrichtung. Sobald nun in beiden ein
Funke überspringt, wird der Hauptstrom kurz geschlossen, die
Kolben werden in die Hülsen hineingezogen, und dadurch der
Kurzschlufs wieder unterbrochen.

156. Die Versuche von Hertz.

Hertz hat die bei der Funkenentladung auftretenden, sehr
raschen Schwingungen zu interessanten Studien benützt, deren
wichtigstes Ergebnis das ist, dafs dieselben zu ihrer Fortpflanzung
eine gewisse Zeit brauchen. Damit war der erste experimentelle
Nachweis erbracht, dafs die elektrische Kraft keine in die Ferne
wirkende ist, sondern von Teilchen zu Teilchen sich fortpflanzt.

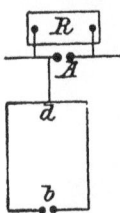

Fig. 135.

Den ersten Beweis lieferte er durch folgenden einfachen
Versuch: R ist ein Rhumkorff'scher Funkeninduktor
(Fig. 135), dessen Entladungen in der Funkenstrecke A
vor sich gehen. Die dabei entstehenden elektrischen
Schwingungen teilen sich einem Viereck aus Draht
mit, das bei b auch eine kleine Funkenstrecke besitzt.
Geschieht die Zuleitung bei d in der Mitte des Vier-
eckes, so bemerkt man bei b keine Funken. Wird
aber die Zuleitungsstelle nach einer Seite verschoben,
so treten kleine Fünkchen auf. Im ersten Falle hat die elektrische
Welle nach beiden Seiten den gleichen Weg zurückzulegen, und
daher haben beide Enden, die die Funkenstrecke bilden, gleiche
Spannung. Im zweiten Fall ist der Weg bis zu dem einen Ende
kürzer als bis zu dem anderen, daher besteht zwischen den Enden
eine Spannungsdifferenz, welche sich durch Funken ausgleicht.

In § 153 haben wir aus der Schwingungsdauer und der Fortpflanzungsgeschwindigkeit die Wellenlänge berechnet. Hertz hat
auf dem umgekehrten Wege den Beweis erbracht, dafs die Fort-
pflanzungsgeschwindigkeiten des Lichtes und der Elektrizität wirklich gleich sind. Es gelang ihm nämlich, die Wellenlänge direkt zu
messen. Dadurch erfuhren die Maxwell'schen Rechnungen zum
erstenmale einen experimentellen Beweis, und gewannen die ihnen
zu Grunde liegenden Ansichten dieses hervorragenden Physikers
grofse Wahrscheinlichkeit. Nach diesen sind nicht die guten

Leiter, sondern das Dielektrikum der Träger der elektrischen
Energie. Dafs wir trotzdem die Erscheinungen nicht an diesem,
sondern an den Leitern wahrnehmen, hat seinen Grund darin,
dafs diese das unendlich ausgedehnte Dielektrikum begrenzen.
Wir sehen auch die Lichtstrahlen nur dann, wenn sie auf un-
durchsichtige Körper auffallen; ihren Weg durch die Luft oder
andere durchsichtige Körper sehen wir nicht. Wir sehen den von
der Sonne beleuchteten Mond, nicht aber die Lichtstrahlen, die
von der Sonne durch den Weltraum zu ihm gehen.

157. Die Versuche von Tesla.

Tesla machte Versuche mit Wechselströmen von grofser
Periodenzahl und hoher Spannung in der Absicht, ihre Verwend-
barkeit für praktische Zwecke zu untersuchen.

Es ist seit langem bekannt, dafs gewisse Geifsler'sche Röhren
in der Nähe der Funkenstrecke eines Rhumkorff'schen Induktors

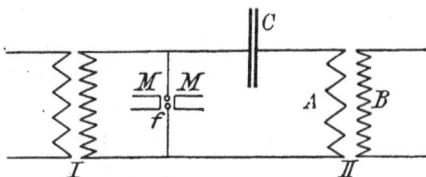

Fig. 136.

von selbst ohne Drahtverbindung aufleuchten; es wäre dies ohne
Zweifel die einfachste Beleuchtungsart.

Tesla verwendete zur Erzeugung derartiger Ströme eine
Wechselstrommaschine nach Art der gewöhnlichen mit sehr vielen
Polen und sehr rascher Rotation. Er erzielte auf diese Weise etwa
15 000 Perioden. Um noch mehr zu erreichen, verwendete er die
Schwingungen bei der Funkenentladung eines Kondensators, wie
sie in § 139 beschrieben wurden. Die Ladung desselben geschah
durch einen Wechselstrom von sehr hoher Spannung. Die Versuche wurden in verschiedenen Laboratorien wiederholt, und es
erwies sich folgende Anordnung als die beste.

Der primären Wickelung eines Hinaufumformers I (Fig. 136)
wird gewöhnlicher Wechselstrom zugeführt. Der sekundäre Strom
von etwa 10 000 Volt Spannung ladet den Kondensator C. Ist

der Strom stark genug, daſs er denselben bis zum Entladungs-
potential zu laden vermag, so entladet er sich während jeder
Periode zweimal durch diè Funkenstrecke f. Die dabei entstehenden Schwingungen verlaufen in dem Stromkreise $C f A$, wobei A
die primären Windungen eines anderen Hinaufumformers II bedeuten. Dieser enthält keinen Eisenkern, weil bei dieser Spannung
und Periodenzahl der Einfluſs der Hysteresis zu stark wäre, so
daſs es den Anschein hat, als könnte die Magnetisierung so schnellen
Wechseln gar nicht folgen. Die sekundäre Wickelung B dieses
Umformers besteht nur aus einer Lage, die auf einen Glascylinder
aufgewickelt ist, in dessen Innern die nur aus wenig Windungen
bestehende primäre Wickelung sich befindet. Das Ganze befindet
sich in einem Gefäſse, das mit Öl angefüllt ist, da Luft oder ein
anderer Stoff nicht genug isoliert, um das Überspringen von
Funken in der Wickelung zu verhindern. In diesem Umformer
werden also die an und für sich schon hochgespannten Schwingungen der Kondensatorentladung hinauftransformiert, und man
erhält so in dem Stromkreise B Ströme bis zu mehreren hundert-
tausend Perioden und ebensoviel Volt Spannung. Neben der
Funkenstrecke f befindet sich noch ein kräftiger Magnet M, der
ebenso wie bei der Blitzschutzvorrichtung, Fig. 132, verhindert,
daſs nach der Entladung ein Lichtbogen bestehen bleibt (§ 58).
Dasselbe kann auch ein Luftgebläse besorgen.

Nähert man die Enden des Stromkreises B einander bis auf
einige Centimeter, so erhält man kräftige, von starkem Krachen
begleitete Funkenentladungen. Bringt man die Enden weiter aus-
einander, so entladet sich der Strom durch prächtige Feuerbüschel
in der Luft. Die Leitungsdrähte erscheinen im Dunkeln von
einem bläulichen Feuer umgeben. Bringt man in die Nähe derselben Geiſsler'sche Röhren, so leuchten sie auf. Dasselbe thun
auch gewöhnliche, mit verdünnter Luft gefüllte Glasröhren ohne
irgend welche Elektroden. Man kann einen groſsen Luftraum
mit elektrischen Schwingungen erfüllen, wenn man an die Decke
einen leitenden Schirm (mit Staniol überklebte Pappe) isoliert auf-
hängt und das eine Ende von B mit diesem, das andere aber
mit der Erde verbindet. Geht man mit einer der genannten
Röhren in diesen Raum, so leuchtet sie. Noch kräftigere Licht-
effekte erzielte Tesla mit Glühlampen, die nur mit einem Drahte
verbunden sind und auch nur einen in diè Glasbirne hineïn-

ragenden Platindraht haben; das sind also einpolige Glühlampen. Wenn man aufsen auf die Glasbirne gegenüber dem Drahte ein Stück Staniol aufklebt, oder an das Ende des Platindrahtes ein Stückchen Kohle befestigt, so wird der Effekt dadurch noch verstärkt.

Ebert und Wiedemann haben Messungen an diesen Lichterscheinungen gemacht und gefunden, dafs sie viel ökonomischer sind als jede andere Lichtquelle. Leider aber ist die Fortleitung solcher Ströme auf weitere Strecken unmöglich, weil der induktive Widerstand bei so grofsen Periodenzahlen zu viel ausgibt und keine genügende Isolation möglich ist. Infolgedessen breiten sich die Schwingungen in die umgebende Luft aus. Ebert verband die Leitung mit einem Luftkondensator mit grofsem Zwischenraum und konnte so den Raum für die Ausbreitung der Schwingungen konzentrieren. Immerhin aber ist der Verlust noch ein bedeutender.

Elftes Kapitel.

Die elektrische Kraftübertragung.

158. Energieverlust in Fernleitungen.

Der Energieverlust eines elektrischen Stromes in einem Leiter vom Widerstande w ist für die Zeiteinheit $J^2 w$ und äufsert sich in der Erwärmung desselben. Bei einem Wechselstrom bedeutet J^2 den Mittelwert aus der Summe der Quadrate der Stromstärken.

Um diesen Verlust möglichst klein zu machen, mufs man entweder geringe Stromstärken oder geringen Leitungswiderstand haben. Das letztere kann nur durch Vergröfserung des Drahtquerschnittes erreicht werden, und dem ist eine Grenze durch die Kosten des Leitungsmateriales gesetzt. Die Stromstärke hingegen können wir klein machen, ohne gleichzeitig die fortzuleitende Energie verringern zu müssen, da diese durch das Produkt EJ ausgedrückt wird. Wenn man also z. B. eine Energie von 1000 Watt fortleiten will, so kann dies geschehen durch einen Strom von 10 A. und 100 Volt Spannung oder durch einen Strom von 1 A. und 1000 Volt Spannung, oder durch jede beliebige Kombination, deren Produkt 1000 ist. Da für den Wärmeverlust in der Leitung der

Strom und nicht die Spannung maſsgebend ist, so ist er um so kleiner, je kleiner die Stromstärke ist.

Durch Einführung des Ohm'schen Gesetzes in den Ausdruck für den Wärmeverlust erhält man $\frac{E^2}{w}$, d. h. der Verlust ist proportional dem Quadrate der Spannung, und das scheint mit dem Vorigen in Widerspruch zu stehen. Man muſs aber beachten, daſs hier der Widerstand im Nenner steht.

159. Gleichstrom und Wechselstrom.

Nach dem Vorhergehenden muſs man also bei der elektrischen Energie-Übertragung um so gröſsere Spannungen anwenden, je länger die Fernleitung ist.

Beim Gleichstrom ist es unthunlich, höhere Spannungen als 600 Volt zu verwenden, weil die Ableitung desselben vom Stromabgeber der Maschine durch die Bürsten Schwierigkeiten bereitet, und weil das Isolationsmaterial nach längerer Zeit infolge elektrolytischer Wirkung zerstört wird. Beim Wechselstrom ist dies nicht der Fall, weil der Strom bei diesen Maschinen von ruhenden Teilen abgenommen wird und der Wechselstrom keine bedeutende elektrolytische Wirkung ausübt. Ist die erforderliche Spannung auch für solche Maschinen schon zu groſs, so kann man den Maschinenstrom durch einen Hinaufumformer ohne Schwierigkeit auf die gewünschte Spannung bringen, da dieser gar keine beweglichen Teile hat und daher die Isolation der Windungen durch Öl möglich ist. Doch hat der Wechselstrom einen Nachteil, wenn es sich um die Verwandlung der elektrischen Energie in mechanische handelt, da es noch keine Wechselstromtriebmaschinen gibt, die ebenso wie Gleichstromtriebmaschinen von selbst angehen und eine wesentliche Änderung der Tourenzahl vertragen, ohne stehen zu bleiben. Sie bedürfen daher einer besonderen Vorrichtung, mittels welcher sie auf die zur Periodenzahl in bestimmtem Verhältnis stehende Tourenzahl gebracht werden. Tritt durch eine plötzliche Überlastung eine Verminderung derselben ein, so bleiben sie ganz stehen; sie müssen synchron mit dem Strome laufen.

Diese Übelstände sind nicht mehr vorhanden bei der gleichzeitigen Anwendung zweier oder mehrerer Wechselströme (Mehrphasenstrom, Drehstrom).

160. Das Prinzip der Mehrphasentriebmaschinen.

Dieses von Ferraris erfundene Prinzip wollen wir im Folgenden für Zweiphasenstrom erläutern.

Zwei Wechselströme von gleicher Spannung und Stromstärke, die eine Phasenverschiebung von einer Viertelperiode gegen einander haben (Fig. 137), sind auf einen Eisenring aufgewickelt, so wie es in Fig. 138 schematisch gezeichnet ist. Im Momente 1 hat der Strom I seinen gröfsten Wert, während II Null ist. Es erzeugt also blofs jener Magnetismus im Ring und zwar einen Südpol und einen Nordpol, wie es Fig. 138 Nr. 1 andeutet. Eine Viertelperiode später, im Momente 2, ist II im Maximum und I Null; daher erscheint

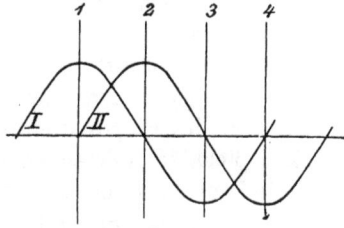

Fig. 137.

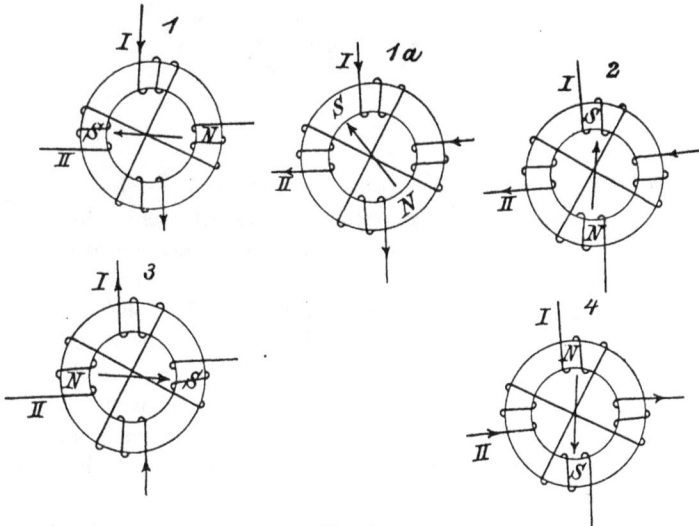

Fig. 138.

die Richtung des magnetischen Feldes, die durch den Pfeil im Innern des Ringes angegeben wird, um einen Viertelkreis gedreht. Im Momente 3 ist II Null und I hat seinen gröfsten negativen Wert, d. h. der Strom hat jetzt die entgegengesetzte

Richtung wie im Momente 1, also auch die Magnetisierung. Im
Momente 4 haben wir entgegengesetzte Lage wie in 2. In
allen dazwischen liegenden Momenten haben beide Stromkreise
Strom, und es entsteht ein resultierendes magnetisches Feld; im
Momente 1a z. B. haben beide gleiche Stromstärke, und daher
haben wir ein nach Art der Fig. 7 zusammengesetztes Feld, dessen
Richtung durch 1a in Fig. 138 angegeben ist. Während einer
Stromperiode vollführt also das magnetische Feld im Innern des
Ringes eine ganze Drehung. Bringt man nun einen um den
Mittelpunkt des Ringes drehbaren Magnet oder ein Stück Eisen
in dieses Feld, so rotieren sie mit, da sich die magnetische Achse
oder die Längsachse des Eisens immer in die Richtung des Feldes
zu stellen sucht. Sie rotieren also auch synchron mit dem

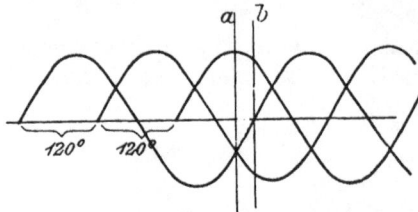

Fig. 139.

Strome. Ist aber das Eisenstück mit einer in sich selbst geschlossenen Drahtwickelung versehen, so ist seine Rotations-
geschwindigkeit unabhängig von der des Feldes, da nach dem
Lenz'schen Gesetze in dieser Wickelung solche Ströme induziert
werden, welche die Drehung des Feldes zu hindern suchen. Wäre
daher der Anker fest und der Ring drehbar, so würde sich dieser
in entgegengesetzter Richtung drehen. Daraus folgt die Umkehrbarkeit des ganzen Apparates. Das heißt, durch Rotation eines
Magneten werden in den Stromkreisen I und II Ströme induziert,
die die oben erwähnte Eigenschaft einer Phasenverschiebung von
einer Viertelperiode haben.

Eine weitere Überlegung zeigt, daß das rotierende magnetische
Feld nicht in jedem Augenblicke dieselbe Stärke hat. In den
Momenten 1, 2, 3, 4 wird es nur von dem größten Werte eines
Stromes erzeugt, in den dazwischen liegenden hingegen durch das
Zusammenwirken beider; und diese Resultierende ist größer als
der größte Wert von einem allein. Es findet also auch ein

Pulsieren des Feldes in seiner Stärke statt; dies wird aber um so geringer, je mehr derartige in der Phase verschobene Wechselströme zur Verwendung kommen.

In der Praxis verwendet man aber, um nicht zu viel Leitungsdrähte zu brauchen, nie mehr als drei um 120°, also eine Drittelperiode gegeneinander verschobene Ströme (Fig. 139); diese bieten auch noch einen anderen wesentlichen Vorteil. Stellen wir den ersten dieser Ströme dar durch

$$i_1 = \Im \sin pt,$$

so hat der zweite die Form:

$$i_2 = \Im \sin (pt + 120)$$

und der dritte:

$$i_3 = \Im \sin (pt + 240).$$

Bilden wir die Summe dieser Ströme zu irgend einer Zeit, also z. B. für $t = 0$, so ist

$$i_1 = 0,$$
$$i_2 = \Im \sin \ (90 + 30) = \Im \tfrac{1}{2} \sqrt{3},$$
$$i_3 = \Im \sin (180 + 60) = - \Im \tfrac{1}{2} \sqrt{3}.$$

Man sieht daraus, daß $i_1 + i_2 + i_3 = 0$ ist. Das gilt auch, wie man sich überzeugen kann, für jeden anderen Augenblick; man erkennt übrigens auch aus der Figur (z. B. bei a oder b),

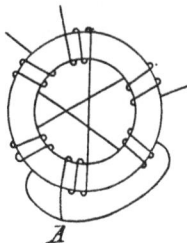

Fig. 140.

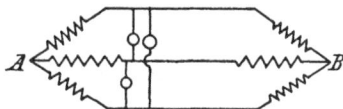

Fig. 141.

daß die Summe aller zur selben Abscisse gehörigen drei Ordinaten Null ist. Wenn man daher diese drei Ströme, nachdem sie die Triebmaschine passiert haben, in einen vereinigt, so herrscht in diesem die Stromstärke Null; man braucht also diesen überhaupt nicht, sondern verbindet die drei Drähte hinter der Maschine in einen Punkt A (Fig. 140) und erspart so gewissermaßen die Rückleitung. Dasselbe gilt auch für die diese 3 Ströme erzeugende Maschine. Man erhält also für das System einer derartigen Energie-Über-

tragung das Schema Fig. 141, bei welchem *A* und *B* die neutralen
Vereinigungspunkte sind. Manchmal werden dieselben', da sie
ohnehin das Potential Null haben, mit der Erde verbunden.

Man kann sich dieses System der drei Leitungen auch so
vorstellen, dafs jeder Strom in den beiden anderen Drähten seine
Rückleitung findet. So ist z. B. im Momente *b* (Fig. 139) der eine
Draht stromlos, der zweite führt einen positiven, der dritte einen
ebenso grofsen negativen Strom. Im Momente *a* führen zwei
Drähte negative Ströme, die zusammen so grofs sind als der positive im dritten. Dieser findet also in den beiden ersten seine

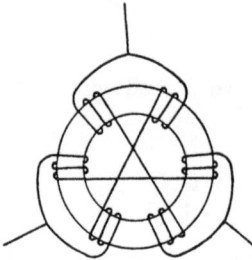

Fig. 142.

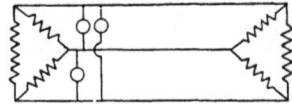

Fig. 143.

Rückleitung. Es ist daher auch die in Fig. 142 und 143 dargestellte Verbindung der drei Ströme möglich, bei welcher es
keinen neutralen Punkt gibt.

Man bezeichnet erstere als offene oder Stern-Schaltung, letztere
als geschlossene oder Dreieck-Schaltung.

Will man dieses System auch zur Beleuchtung verwenden,
so mufs man die Lampen zwischen je zwei von den drei Leitungen

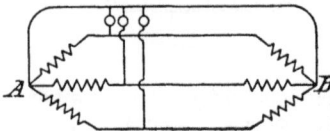

Fig. 144.

einschalten. Da aber in den seltensten
Fällen die Verteilung der gleichzeitig
brennenden Lampen so ist, dafs alle
drei Leitungen gleich belastet sind,
so ist die Stromstärke $\mathfrak{J}$ nicht mehr
gleich in allen dreien, und daher

kann ihre Summe nicht mehr Null sein, und das wirkt dann
auf den gleichmäfsigen Betrieb des Motors zurück. Man läfst
daher in solchen Fällen die vorhin erwähnte gemeinsame Rückleitung, den sogenannten Null-Leiter (Fig. 144) bestehen, damit
durch diesen ein Ausgleich der Ströme stattfinden kann. Die

Lampen sind dann zwischen diesem und je einem von den eigentlichen Stromleitern eingeschaltet.

Wir wollen nun noch festsetzen, wie wir die Begriffe Klemmenspannung und Stromstärke in einem derartigen System dreier
Wechselströme zu verstehen haben.

Betrachten wir zunächst die offene Schaltung (Fig. 145), so
messen wir die Stromstärke dadurch, dafs wir ein Ampermeter J
in gewöhnlicher Weise in die Leitung einschalten. Die $\mathfrak{E}\mathfrak{M}\mathfrak{K}$,
die diesen Strom erzeugt, hat ihren Sitz in der Wickelung $D\,G$.
Die dazu gehörige Klemmenspannung ist die Potentialdifferenz
zwischen den Punkten G und D, die wir dadurch messen können,
dafs wir ein Voltmeter an diese Punkte anlegen. Wir erhalten so

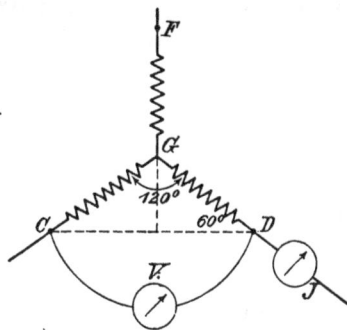

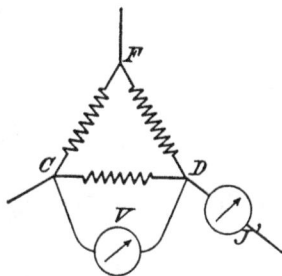

Fig. 145.   Fig. 146.

die Phasenspannung E. Die Leistung eines der drei Ströme
ist demnach $E\,J\cos\psi$ und die des ganzen Systemes $3\,E\,J\cos\psi$.

Die Phasenspannung ist, wie man sofort einsieht, nicht gleich
der zwischen den Punkten $C\,D$ gemessenen Klemmenspannung E',
da sich diese aus den Spannungen $G\,D$ und $G\,C$ zusammensetzt.
Da zwischen den letzteren eine Phasenverschiebung von 120^0 besteht, so ist E' die Resultierende zweier gleich grofser Spannungen,
die einen Winkel von 120^0 einschliefsen, also gleich der Grundlinie $C\,D$ eines gleichschenkligen Dreieckes $C\,D\,G$ (§ 110). Demnach ist

$$E' = E\sqrt{3}.$$

In vielen Fällen ist der neutrale Punkt G nicht gut zugänglich, namentlich, wenn er sich im Innern der Maschine oder vom

Schaltbrett zu weit weg befindet. Dann schaltet man das Voltmeter zwischen zwei Leitungen, mißt also E'. Die Leistung ist dann $\dfrac{E' J}{\sqrt{3}} \cos \psi$. Wo ein Nulleiter vorhanden ist, ist es am einfachsten, das Voltmeter zwischen diesem und einem der drei Hauptleiter zu schalten; es zeigt dann die Phasenspannung, wie wenn es direkt an den neutralen Punkt angeschlossen wäre.

Betrachten wir nun die geschlossene Schaltung, so erkennen wir ohne weiteres aus Fig. 146, daß das Voltmeter V jetzt immer die Phasenspannung E anzeigt. Dagegen gibt das Ampermeter hier nicht mehr die dazu gehörige Stromstärke J, wie sie in den drei Wickelungen der Maschine herrscht, sondern die eines Außenleiters $- J'$ an. Und zwar setzt sich diese aus zwei um 120^0 gegeneinander verschobenen Strömen J zusammen, sodaß wie vorhin für die Spannungen die Beziehung

$$J' = J \sqrt{3}$$

besteht. Die einfache Leistung ist demnach

$$E J \cos \psi = \frac{E J'}{\sqrt{3}} \cos \psi$$

und die gesamte Leistung $3 \dfrac{E J'}{\sqrt{3}} \cos \psi$.

Es gilt daher für beide Schaltungsarten folgende Regel: Schaltet man das Ampermeter in einen der Außenleiter und das Voltmeter zwischen zwei derselben, so ist die einfache Leistung gleich dem Produkte aus den so gemessenen Werten und dem Leistungsfaktor — dividiert durch $\sqrt{3}$.

161. Die periodischen Ströme der Praxis.

Die in der Praxis erzeugten Wechselströme lassen sich nie durch reine Sinus-Kurven darstellen. Wie sehr sie aber auch davon abweichen mögen, sie lassen sich nach einem Lehrsatz von Fourier immer als Summe mehrerer Sinus-Kurven darstellen. So ist z. B. in Fig. 147 die Kurve I gleich der algebraischen Summe der Sinuskurven II und III, d. h. es ist die Ordinate $a = a_1 + a_2$.

Wenn daher die Gleichung der Kurve II $A_1 \sin p t$ und die der Kurve III $A_2 \sin 3 p t$ ist, so ist die der Kurve I:

$$a = A_1 \sin p t + A_2 \sin 3 p t.$$

Setzt man z. B.:

$$pt = \frac{\pi}{2},$$

so ist $\qquad a = A_1 + (-A_2) = A_1 - A_2 = A,$

wie auch aus der Figur zu erkennen ist. Da $p = 2\pi n$, wobei n die Periodenzahl bedeutet, so ist das Argument der Kurve III $2\pi \cdot 3n$; sie hat also die drei-fache Periodenzahl wie I oder II, was man ebenfalls schon aus der Figur ersieht.

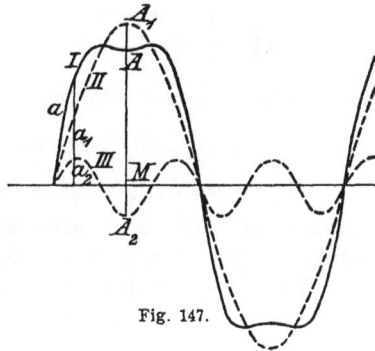

Fig. 147.

Fig. 148 gibt ein ande-res einfaches Beispiel; und zwar ist die Gleichung der Kurve I:

$$a = A_1 \sin pt - A_2 \sin 3\,pt.$$

In dieser Weise läßt sich jede wie immer gestaltete periodische Kurve durch eine Summe von Sinus-Kur-ven darstellen, wobei es nicht notwendig ist, daß sie alle denselben Anfangs-punkt haben, wie bei diesen beiden Figuren; sie besitzen vielmehr im allgemeinen eine Phasenverschiebung gegen-einander. Es ist daher im allgemeinsten Fall:

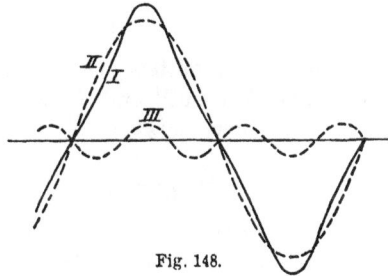

Fig. 148.

$$a = A_1 \sin (m_1\,pt + \alpha_1) + A_2 \sin (m_2\,pt + \alpha_2)$$
$$+ A_3 \sin (m_3\,pt + \alpha_3) + \ldots.$$

Für die weitere Betrachtung setzen wir voraus, daß die $\mathfrak{EMK}$ einer Maschine von der Form

$$e = \mathfrak{E}_1 \sin pt + \mathfrak{E}_2 \sin m\,pt$$

sei. Dann ist die Stromstärke von der Form:

$$i = \mathfrak{J}_1 \sin (pt - \psi_1) + \mathfrak{J}_2 \sin (m\,pt - \psi_2).$$

Dabei ist $\quad \mathfrak{J}_1 = \dfrac{\mathfrak{E}_1}{\sqrt{w^2 + p^2 L^2}}, \quad \mathfrak{J}_2 = \dfrac{\mathfrak{E}_2}{\sqrt{w^2 + m^2 p^2 L^2}},$

$$\operatorname{tg} \psi_1 = \frac{pL}{w}, \qquad \operatorname{tg} \psi_2 = \frac{m\,pL}{w}.$$

Nach § 113 besteht zwischen den gemessenen Werten und den größten Werten einer Sinus-Kurve die Beziehung:

$$E = \frac{\mathfrak{E}}{\sqrt{2}}, \qquad J = \frac{\mathfrak{J}}{\sqrt{2}}.$$

Hier aber gilt, wie leicht einzusehen ist,

$$E = \sqrt{\frac{1}{2}(\mathfrak{E}_1{}^2 + \mathfrak{E}_2{}^2)}, \qquad J = \sqrt{\frac{1}{2}(\mathfrak{J}_1 + \mathfrak{J}_2{}^2)}.$$

Die Leistung dieses Stromes ist:

$$V = \frac{1}{2}(\mathfrak{E}_1\mathfrak{J}_1 \cos \psi_1 + \mathfrak{E}_2\mathfrak{J}_2 \cos \psi_2)$$
$$= E_1 J_1 \cos \psi_1 + E_2 J_2 \cos \psi_2.$$

Man sieht, daß es zu sehr komplizierten Rechnungen und Messungen führen würde, wenn man diese Ausdrücke benützen wollte. Man unterlegt daher den wirklichen Kurven I äquivalente Sinus-Kurven: das sind solche, deren gemessene Werte (§ 113)

$$\frac{\mathfrak{E}}{\sqrt{2}} \quad \text{und} \quad \frac{\mathfrak{J}}{\sqrt{2}}$$

gleich sind den mittels Wechselstrom-Meßinstrumenten wirklich gemessenen Werten E und J. Für diese kann man dann wie bei einer Sinus-Kurve setzen:

$$J = \frac{E}{\sqrt{w^2 + p^2 L^2}}, \qquad V = EJ \cos \psi.$$

Dabei ist $\cos \psi$ der sogenannte Leistungsfaktor und ψ die diesem Faktor entsprechende Phasenverschiebung (vergl. § 130). Diese Vereinfachung ist umsomehr gestattet, als bei allen in der Praxis vorkommenden Kurvenformen das erste Glied (A_1) alle übrigen (A_2, A_3 ....) bedeutend überwiegt, die Kurve also nicht allzusehr von der Sinus-Form abweicht.

Nur in einer Hinsicht können bei dieser Vereinfachung größere Fehler auftreten, und zwar wegen des nicht proportionalen Verlaufes der magnetischen Induktion. Wir nehmen an, die Kurven I in Fig. 147 und 148 seien Stromkurven und so beschaffen, daß ihre gemessenen Werte J einander gleich sind. Dann müssen ihre größten Werte verschieden sein, und zwar der in Fig. 148 größer als der in Fig. 147. Es erreicht also auch die magnetisierende Kraft $\mathfrak{H} = 4\pi i N$ bei ersterer einen höheren Wert als bei der letzteren. Da nun die magnetische Durchlässigkeit mit zunehmender magnetisierender Kraft auch zunimmt, so erreicht die magnetische Induktion bei der ersten einen höheren Wert als bei der zweiten, obwohl die gemessenen Werte J gleich sind. Daraus erklärt es sich, daſs zwei gleiche, mit einem Dynamometer gemessene Ströme ungleiche Angaben machen in einem anderen mit Eisenkern versehenen Meſsinstrumente, wenn ihre Kurven stark von einander verschieden sind. Dieser Einfluſs ist übrigens nur bei geschlossenen Eisenkernen von Wichtigkeit; denn bei ungeschlossenen ist wegen des entmagnetisierenden Einflusses der Pole die magnetische Induktion nahezu proportional der magnetisierenden Kraft (§ 87).

Die beiden Figuren dieses Paragraphes stehen in einer gewissen Beziehung; die zweite gibt den Verlauf der Kraftlinienzahl z in einer Wechselstrommaschine von Ganz & Co., die erste die entsprechende $\mathfrak{E} \mathfrak{M} \mathfrak{K}$. Denn es ist nach § 104

$$e = -\frac{dz}{dt} = -\frac{d}{dt}(A_1 \sin pt - A_2 \sin 3pt).$$

Also: $\qquad e = -p A_1 \cos pt + 3 p A_2 \cos 3pt$

$$= \mathfrak{Z}_1 \sin\left(pt - \frac{\pi}{2}\right) + \mathfrak{Z}_2 \sin(3pt - \pi).$$

e besteht also aus Sinus-Kurven von derselben Periode wie z, aber der Anfangswert ist verschoben; er liegt für e (Fig. 147) bei M. Dann zeigen auch die Figuren und diese Formeln Übereinstimmung: das erste Glied von e ist gegenüber dem von z um eine Viertelperiode, das zweite um eine halbe Periode verschoben. Man erkennt daraus, daſs einer spitzen Kurve der Kraftlinienzahl eine stumpfe $\mathfrak{E} \mathfrak{M} \mathfrak{K}$ entspricht und umgekehrt.

Zwölftes Kapitel.

Das absolute Maſssystem.

162. Die Grundeinheiten.

Alle physikalischen Gröſsen lassen sich auf drei von einander unabhängige zurückführen; diese sind: Länge, Masse und Zeit. Die Einheiten für diese Gröſsen sind durch internationale Ver-

einbarungen festgestellt und so bestimmt, dafs sie, wenn die Ur-
mafse einmal verloren gingen, wieder von neuem hergestellt werden
können.

Man hat zu unterscheiden zwischen absoluten und praktischen
Einheiten.

Die praktische Einheit der Länge ist der vierzigmillionste
Teil des Erdmeridians und heifst M e t e r. Die absolute Einheit
ist der hundertste Teil des Meters: das Z e n t i m e t e r.

Die praktische Einheit der Masse ist das K i l o g r a m m, das
ist die Masse eines Kubikdezimeters Wasser bei 4⁰. Die absolute
Einheit ist das G r a m m, das ist der tausendste Teil des Kilo-
gramms.

Die praktische Einheit der Zeit ist die S t u n d e; die absolute
Einheit die S e k u n d e.

Auf diese drei Gröfsen lassen sich alle übrigen durch ihre
Definitionen zurückführen. Man deutet sie symbolisch durch C,
G, S an. Die Formel, welche irgend eine Gröfse durch die Grundeinheiten ausdrückt, nennt man die Dimension dieser Gröfse.

163. Geometrische Einheiten.

Eine F l ä c h e ist das Produkt zweier Längen. Die Dimension
derselben ist also C^2 und die absolute Einheit das Quadratzenti-
meter.

Ein R a u m i n h a l t ist das Produkt dreier Längen; die Dimension ist also C^3, die absolute Einheit das Kubikzentimeter;
die praktische Einheit das Kubikmeter, bezw. das Liter.

Ein W i n k e l hat keine Dimension; er ist eine blofse Zahl,
das Verhältnis zweier Längen.

164. Mechanische Einheiten.

Die G e s c h w i n d i g k e i t ist das Verhältnis des Weges zur
Zeit: $v = \dfrac{C}{S}$. Um den Bruchstrich zu vermeiden, schreibt man
die Dimension in der Form: $C S^{-1}$.

Die B e s c h l e u n i g u n g ist das Verhältnis der Geschwindigkeit zur Zeit $g = \dfrac{v}{S}$.

Also die Dimension: $C S^{-2}$.

Die **Kraft** oder das **Gewicht** ist bestimmt durch das Produkt aus Masse und Beschleunigung $P = mg$. Daher die Dimension: CGS^{-2}.

Ist $m = 1$ und $g = 1$, so ist auch $P = 1$, das heißt: die absolute Einheit der Kraft ist jene, welche der Masse Eins die Beschleunigung Eins erteilt; man nennt sie ein Dyn. Die Erde erteilt durch ihre Anziehungskraft der Masse eines Grammes eine Beschleunigung von rund 980 cm. Das Gewicht eines Grammes, oder die Kraft, mit der es auf seine Unterlage drückt, ist demnach 980 absol. Einh. Die Einheit der Kraft — ein Dyn — wird also durch das Gewicht des 980. Teiles von einem Gramm dargestellt. Und ein Kilogrammgewicht repräsentiert 980 000 Dyn. Die Begriffe **Masse** und **Gewicht** werden häufig nicht scharf genug getrennt. Im gewöhnlichen Sprachgebrauche sagt man gewöhnlich Gewicht statt Masse. Es hat in der Regel auch gar kein Interesse, das Gewicht, d. h. die Anziehungskraft der Erde auf einen Körper zu kennen; es handelt sich vielmehr darum, zu wissen, wie viel man von dem Körper hat, d. h. wie viel Moleküle vorhanden sind. Daß man zur Vergleichung zweier Massen die Wage benützen kann, kommt daher, daß die Anziehungskraft an demselben Orte der Erde, also auch für beide Wagschalen dieselbe ist. Man soll daher immer unterscheiden zwischen **Gramm** und **Grammgewicht**, zwischen **Kilogramm** und **Kilogrammgewicht**.

Die **mechanische Arbeit** ist das Produkt aus der Kraft und dem in der Richtung der Kraft zurückgelegten Wege $A = PC$. Dimension: $C^2 GS^{-2}$.

Da die Einheiten der Kraft und des Weges schon festgestellt sind, so ist die Einheit der Arbeit jene, welche ein Dyn auf dem Wege von 1 cm leistet, und diese heißt **Erg**. Die praktische Einheit der Arbeit ist das **Kilogrammeter**, das ist jene Arbeit, welche geleistet wird, wenn man 1 kg 1 m hoch hebt. Da nach dem Vorigen 1 kg = 980 000 Dyn und 1 m = 100 cm ist, so ist

$$1 \text{ kgm} = 98\,000\,000 \text{ Erg} = 98 \cdot 10^6 \text{ Erg}.$$

Das **Drehmoment** hat die gleiche Dimension wie die Arbeit, denn es ist das Produkt aus einer Kraft und dem Abstande des Angriffspunktes derselben vom Drehungspunkt.

Die **Wärme** ist bekanntlich auch eine Arbeit; man mißt sie aber mittels eines besonderen Maßes, der Kalorie. Und zwar ist eine Grammkalorie jene Wärmemenge, welche notwendig ist, um die Temperatur von 1 g Wasser um einen Grad zu erhöhen; eine Kilogrammkalorie ist jene Wärmemenge, welche 1 kg Wasser um 1^0 erhöht.

Um von diesen Einheiten zu den mechanischen überzugehen, braucht man eine Verwandlungszahl, ebenso wie wenn man Zoll in Centimeter umwandeln will; und zwar ist

$$1 \text{ Kilogrammkalorie} = 424 \text{ Kilogrammeter}$$
$$= 424 \cdot 98 \cdot 10^6 \text{ Erg.}$$

Daraus folgt:

$$1 \text{ Grammkalorie} = 424 \cdot 98 \cdot 10^3 \text{ Erg} = 415 \cdot 10^5 \text{ Erg.}$$

oder in runder Zahl: $= 42 \cdot 10^6$ Erg.

Die Zahl 424 nennt man das mechanische Wärmeäquivalent.

Aus der letzten Gleichung folgt, dafs

$$1 \text{ Erg} = 0{,}24 \cdot 10^{-7} \text{ Grammkalorien}$$

ist. Über die Beziehungen zwischen Erg, Kalorie und Watt vergleiche § 167.

Leistung (Effekt) ist die auf 1 Sekunde entfallende Arbeit. Man hat demnach die Arbeit durch die Zeit, in der sie geleistet wird, zu dividieren:

$$V = \frac{A}{S}.$$

Dimension: $C^2 G S^{-3}$.

Als Einheit dient die Arbeit von 1 Erg in 1 Sekunde und wird Sekundenerg genannt.

Die praktische Einheit ist die Pferdestärke PS.

$$1 \, \mathrm{PS} = 75 \text{ Kilogrammeter in 1 Sekunde}$$
$$= 75 \cdot 98 \cdot 10^6 = 736 \cdot 10^7 \text{ Erg in 1 Sekunde.}$$

Die Engländer rechnen nach horse-power. $1 \, \mathrm{HP} = 76$ kgm.

165. Magnetische und elektrostatische Einheiten.

Nach dem Coulomb'schen Gesetze wirken zwei gleich grofse magnetische oder elektrische Massen m mit einer Kraft

$$P = \frac{m \cdot m}{r^2} = \frac{m^2}{r^2}$$

aufeinander. Wir finden demnach aus

$$m = r \sqrt{P}$$

und der Dimension der Kraft die Dimension einer magnetischen oder elektrischen Masse $C^{3/2} G^{1/2} S^{-1}$.

Die Einheit der magnetischen Masse oder der Elektrizitätsmenge ist demnach jene, welche auf eine gleich große, im Abstande von 1 cm befindliche Menge die Kraft von 1 Dyn ausübt.
Das magnetische Moment ist nach § 10 $M = m l$.
Also die Dimension: $C^{5/2} G^{1/2} S^{-1}$.

Das magnetische oder elektrische Potential ist $\dfrac{m}{r}$.
Also die Dimension: $C^{1/2} G^{1/2} S^{-1}$.

Die Feldstärke ist nach § 4 $\mathfrak{H} = \dfrac{m}{r^2}$.
Dimension $C^{-1/2} G^{1/2} S^{-1}$.

Die Gesamtzahl der Kraftlinien erhält man nach § 70
aus der Feldstärke durch Multiplikation mit der zu den Kraftlinien senkrechten Querschnittsfläche. Die vorige Dimension ist
also mit der einen Fläche C^2 zu multiplizieren.
Dimension $C^{3/2} G^{1/2} S^{-1}$.

Die elektrische Kapazität eines Leiters oder Kondensators ist
nach § 19 $\dfrac{Q}{P}$, wobei Q eine Elektrizitätsmenge und P das Potential ist. Wir finden also durch Division der entsprechenden
Dimensionen für die Dimension der Kapazität eine bloße Länge.
Das stimmt mit § 19, wo wir die Kapazität einer Kugel gleich
ihrem Radius fanden. Die Einheit der Kapazität hat demnach
eine Kugel vom Radius 1. Die elektrostatischen Einheiten werden
gewöhnlich durch $E S E$ bezeichnet.

166. Das elektromagnetische Maßssystem.

Bei der Ableitung der Einheiten des vorigen Kapitels sind wir
ausgegangen von der Kraftwirkung ruhender magnetischer und
elektrischer Massen, also von einer statischen Wirkung. Wir können
aber auch ausgehen von der Kraft, die ein elektrischer Strom i
auf eine im Abstande r befindliche magnetische Masse m ausübt:

$$k = \frac{i\, m\, ds}{r^2} \quad (\S\ 60).$$

Aus dieser Gleichung können wir die Dimension der Stromstärke ableiten, da die der Kraft und der magnetischen Masse
schon bekannt sind. Wir gelangen dadurch zu einem anderen
Maßssystem der elektrischen Größen, dem elektromagnetischen,
aus dem die praktischen Einheiten der Elektrotechnik entnommen sind.

Die Dimension der Stromstärke ist also $C^{1/2} G^{1/2} S^{-1}$.

Die Einheit der Stromstärke hat dann nach § 63 jener Kreisstrom vom Radius 1, der auf eine im Mittelpunkt befindliche magnetische Masse 1 eine Kraft von 2π Dyn ausübt.

Für die Praxis hat man den zehnten Teil dieser absoluten Einheit als praktische Einheit festgesetzt und Amper genannt. Es ist also $1\,A = 10^{-1}$ absol. Einh.

Die Elektrizitätsmenge ist nach § 26 das Produkt aus Stromstärke und Zeit.

Daher ist die Dimension einer elektrischen Masse im elektromagnetischen Maßsystem $C^{1/2} G^{1/2}$.

Das Potential oder die Spannung (elektromotorische Kraft) gibt nach § 38 mit der Stromstärke und der Zeit die Arbeit:

$$A = e\,i\,t.$$

Wir finden also aus der Dimension der Arbeit und der Stromstärke und der Zeit die Dimension des Potentiales $C^{3/2} G^{1/2} S^{-2}$.

Aus § 99 folgt, daß die Einheit der 𝔈𝔐𝔎 in einem Leiter von 1 cm Länge induziert wird, wenn man denselben mit der Geschwindigkeit 1 in einem Felde von der Stärke 1 in einer zu den Kraftlinien und zum Leiter normalen Richtung bewegt.

Der Widerstand ist nach dem Ohm'schen Gesetze

$$w = \frac{e}{i}.$$

Daher ist die Dimension: $C\,S^{-1}$.

Für die Kapazität folgt aus $\frac{Q}{P}$ die Dimension $C^{-1} S^2$.

Für den Koëffizienten der Selbstinduktion und den der gegenseitigen Induktion finden wir die Dimension aus den Beziehungen

$$e = L \frac{di}{dt}, \quad e = M \frac{di}{dt} \quad (\S\S\ 102,\ 107).$$

Denn di hat die Dimension einer Stromstärke und dt ist eine Zeit. Man erhält so für die Dimension von L und M eine Länge C. Die elektromagnetischen Einheiten werden gewöhnlich durch EME bezeichnet.

167. Die praktischen Einheiten.

Für die Praxis haben sich diese absoluten elektromagnetischen Einheiten als ungeeignet erwiesen, da sie entweder zu groß oder zu klein sind, und man infolgedessen mit zu kleinen oder zu großen Zahlen zu rechnen hat. So ist z. B. die absolute Einheit der $\mathfrak{E}\mathfrak{K}\mathfrak{M}$ etwa der hundertmillionste Teil eines Daniell'schen Elementes. Man hat daher das Hundertmillionenfache der absoluten Einheit als praktische Einheit festgesetzt und Volt genannt. Also:

$$1\ V = 10^8\ E\,M\,E.$$

Für Widerstandsmessungen hatte schon Werner Siemens eine praktische Einheit eingeführt, nämlich den Widerstand einer Quecksilbersäule von 1 m Länge und 1 mm^2 Querschnitt bei 0°. Um dieser sogenannten Siemens-Einheit nahe zu kommen, wurde vom Elektrotechniker-Kongreß in Paris 1881 das

$$\text{Ohm} = 10^9\ E\,M\,E$$

festgesetzt und gleich 1,06 Siemens-Einheiten bestimmt. Spätere genaue Bestimmungen haben ergeben, daß 1 Ohm = 1,063 Siemens-Einheiten ist.

Die praktische Einheit der Stromstärke wurde Amper genannt. Für diese gibt es aber jetzt keine freie Wahl mehr, sondern es folgt aus dem Ohm'schen Gesetze:

$$1\ \text{Amper} = \frac{1\ \text{Volt}}{1\ \text{Ohm}} = \frac{10^8}{10^9} = \frac{1}{10}\ E\,M\,E$$

oder
$$1\ A = 10^{-1}\ E\,M\,E.$$

Ein Amper scheidet in 1 Sekunde 0,0933 mg Knallgas (H_2O), 0,328 mg Kupfer, 1,118 mg Silber aus.

Die praktische Einheit der Elektrizitätsmenge ist das Coulomb (Cb). Das ist jene Elektrizitätsmenge, die ein Strom von 1 A in 1 Sekunde liefert. Daher ist ebenso wie für das Amper

$$1\ Cb = 10^{-1}\ E\,M\,E.$$

Häufig findet man auch den Ausdruck Amperstunde. Das ist jene Elektrizitätsmenge, die 1 A während einer Stunde liefert; da eine Stunde 3600 Sekunden hat, so sind dies 3600 Cb. Ein Strom von 2 Amper gibt also z. B. in 2 Stunden 4 Amperstunden = 14400 Cb. Dasselbe gibt aber auch ein Strom von 0,5 A in 8 Stunden u. s. f.

Die praktische Einheit der Kapazität, das Farad (F), ergibt sich aus der Gleichung:

$$1\ \text{Farad} = \frac{1\ \text{Coulomb}}{1\ \text{Volt}} = \frac{10^{-1}}{10^8} = 10^{-9}\ E\,M\,E.$$

Die praktische Einheit des Koëffizienten der Selbstinduktion und der gegenseitigen Induktion ist der Quadrant (*Q*). Dieser mufs dasselbe Vielfache der *E M E* sein wie der Widerstand, da die Selbstinduktion in dem Ausdruck für den scheinbaren Widerstand eines Wechselstromes (§ 108) vorkommt. Also　　　　　　　$1 Q = 10^9 E M E.$

Im vorigen Paragraphen haben wir für die Dimension dieser Koëffizienten eine Länge (Centimeter) gefunden. Nun sind 10^9 Centimeter gleich der Länge eines Erdquadranten, daher der obige Name für die praktische Einheit.

Die Periodenzahl *n* eines Wechselstromes hat auch eine Dimension; denn es ist $n = \dfrac{1}{\tau}$, und *τ* ist eine Zeit. Die Dimension ist also: S^{-1}.

Dieselbe Dimension hat auch $p = 2\pi n$, da *π* eine blofse Zahl ist.

Die praktische Einheit für die elektrische Leistung heifst Watt und ergibt sich aus § 38:

1 Watt $= 1$ Volt $\times 1$ Amper $= 10^8 \cdot 10^{-1} = 10^7$ Sekundenerg.

Statt Watt findet sich auch der Ausdruck Voltamper.

Die Dimension der elektrischen Leistung ist natürlich die der Leistung überhaupt; denn es gibt nur eine Leistung und eine Arbeit, ob sie nun in der Form von mechanischer Arbeit oder von Wärme oder von elektrischer Arbeit auftritt. Man kann sich davon leicht überzeugen, wenn man die Dimension von Spannung und Strom miteinander multipliziert.

Aus den in § 163 enthaltenen Zahlen folgt dann weiter:

$$736 \text{ Watt} = 1 \text{ PS,}$$

$$1 \text{ Watt} = \frac{1}{9,8} \text{ kgm in 1 Sekunde,}$$

$$1 \text{ Watt} = 0,24 \text{ Grammkalorien in 1 Sekunde.}$$

1000 Watt nennt man 1 Kilowatt, und es ist

$$1 \text{ Kilowatt} = 1,36 \text{ PS.}$$

Für die praktische Einheit der elektrischen Arbeit hat man das Joule. Nach § 38 ist Arbeit $A = EJt = EQ$, wenn *Q* die Elektrizitätsmenge bedeutet. Dann ist

1 Joule $= 1$ Volt $\times 1$ Coulomb $= 10^8 \cdot 10^{-1} = 10^7$ Erg.

Häufig findet man statt Joule den Ausdruck Voltcoulomb.

Ferner findet man folgende Ausdrücke: **Wattstunde**, das sind 3600 Watt; diese Arbeit wird geleistet durch 3600 Watt in 1 Sekunde oder durch 1 Watt in 1 Stunde u. s. f.

Kilowattstunde, das sind 1000 Wattstunden.

In vielen Fällen würde die Verwendung dieser Einheiten noch unbequem kleine oder große Zahlen ergeben. Man setzt daher zur Bezeichnung des **millionsten** Teiles das Wort mikro (= klein) vor.

Es ist daher:

$$1 \text{ Mikroohm} = \frac{1 \text{ Ohm}}{1\,000\,000} = 10^{-6} \text{ Ohm} = 10^3 \, EME.$$

$$1 \text{ Mikrofarad} = 10^{-6} \, F = 10^{-15} \, EME.$$

Zur Bezeichnung des **Millionenfachen** setzt man das Wort mega (= groß) vor.

Es ist daher 1 **Megohm** $= 1\,000\,000$ Ohm $= 10^6$ Ohm $= 10^{15}$ EME.

Den tausendsten Teil eines Amper bezeichnet man auch als **Milliamper**.

168. Beziehung zwischen dem elektrostatischen und elektromagnetischen Maßsystem.

Vergleicht man die Dimensionen derselben Größe des einen und des anderen Maßsystemes, so findet man, daß z. B. die Elektrizitätsmenge des elektromagnetischen Systems mit $C S^{-1}$ multipliziert werden muß, um dieselbe elektrostatische Einheit zu erhalten. Nun wissen wir aus § 164, daß $C S^{-1}$ eine Geschwindigkeit (v) ist. Vergleicht man weiter, so findet man, daß diese Geschwindigkeit überall, wenn auch mit verschiedenen Potenzexponenten auftritt. So ist z. B. die EME der Kapazität mit $C^2 S^{-2} = v^2$ zu multiplizieren, um die ESE zu erhalten.

Merkwürdigerweise hat die experimentelle Bestimmung dieses v ergeben, daß es gleich der Lichtgeschwindigkeit ist:

$$v = 3 \cdot 10^{10} \text{ cm in 1 Sekunde.}$$

Es ist also die EME der Kapazität gleich $3^2 \cdot 10^{20} \, ESE$.

Oder umgekehrt: $1 \, ESE$ der Kapazität $= \frac{1}{9} 10^{-20} \, EME$.

Und weil $\qquad 10^{-9} EME = 1$ Farad, so

ist für die Kapazität: $1 \, ESE = \frac{1}{9} 10^{-11}$ Farad.

Ebenso findet man:

Potential: $1\ ESE = 300$ Volt,

Widerstand: $1\ ESE = 9 \cdot 10^{11}$ Ohm,

Stromstärke: $1\ ESE = \dfrac{1}{3}\ 10^{-9}$ Amper,

Elektrizitätsmenge: $1\ ESE = \dfrac{1}{3}\ 10^{-9}$ Coulomb.

Beispiel: Es sei die Kapazität eines Plattenkondensators von $S = 100$ cm² Fläche und mit einem 0,2 cm dicken Luftzwischenraum in Farad anzugeben. Nach § 22 ist die Kapazität

$$\frac{S}{4\,\pi\,d} = \frac{100}{4\,\pi \cdot 0{,}2} = 40\ ESE.$$

Das sind:

$$40\,\frac{1}{9}\ 10^{-11} = 4{,}4 \cdot 10^{-11}\ \text{Farad} = 4{,}4 \cdot 10^{-5}\ \text{Mikrofarad}$$
$$= 0{,}000044\ \text{Mikrofarad}.$$

169. Verwendung der Dimensionen zur Rechnungskontrolle.

In § 94 unter b) haben wir die Kraft, die zwischen zwei parallelen Stromleitern wirkt, gleich $-\ 2\,i\,i'\,\dfrac{l}{d}$ gefunden. Wenn dieser Ausdruck richtig ist, so muſs er die Dimension einer Kraft haben. l und d sind Längen; es bleibt daher $\mathrm{Dim}\ i\,i' = \mathrm{Dim}\ i^2 = (C^{1/2}\,G^{1/2}\,S^{-1})^2 = C\,G\,S^{-2}$ und das ist wirklich die Dimension einer Kraft.

Da nur gleichartige Ausdrücke addiert werden können, so muſs in dem scheinbaren Widerstande eines Wechselstromes

$$\sqrt{w^2 + p^2\,L^2} \quad \text{(§ 108)}$$

der Ausdruck $p\,L$ dieselbe Dimension haben wie der Widerstand. Die Dimension von L ist C, die von p ist S^{-1}. Die Dimension von $p\,L$ ist $C\,S^{-1}$, also wirklich die eines Widerstandes.

Dasselbe gilt für den scheinbaren Widerstand eines Kondensators $\dfrac{1}{p\,C}$ (§ 134).

Dimension: $\dfrac{1}{p\,C} = \dfrac{1}{S^{-1}\,C^{-1}\,S^2} = C\,S^{-1}$,

also auch die eines Widerstandes.

Auf diese Weise hat man ein Kennzeichen für die Richtigkeit einer Ableitung, insofern als ein Ausdruck, der nicht die ihm zukommende Dimension hat, gewiſs falsch ist.

Dreizehntes Kapitel.

Messinstrumente und Messkunde.

Strom- und Spannungsmessung bei Gleichstrom.

170. Arten der Strommessung.

Die Messung der Stromstärke kann auf folgende Arten geschehen:

  a) durch chemische Wirkung (Voltameter);
  b) durch Wechselwirkung zwischen Strömen und Magneten (Tangenten-Boussole, Galvanometer);
  c) durch elektrodynamische Wirkung (Dynamometer, Stromwagen);
  d) durch Wärmewirkung (Hitzdraht-Instrumente);
  e) durch Anziehung oder Ablenkung weicher Eisenkörper im Felde des Stromes.

Die zur Gruppe a) und b) gehörenden Mefsgeräte eignen sich nur für gleichgerichtete Ströme, die übrigen für Gleich- und Wechselströme. Die zur Gruppe e) gehörenden bedürfen einer besonderen Aichung für die eine oder andere Stromart.

171. Voltameter.

Nach § 46 ist die von einem konstanten Strome J während der Zeit t in einer Zersetzungszelle ausgeschiedene Gewichtsmenge eines Jons

$$G = z J t$$

wenn z das elektrochemische Äquivalent desselben bedeutet. Daraus erhält man J, wenn die übrigen Gröfsen bekannt sind.

Das Kupfervoltameter ist eine Zersetzungszelle, bestehend aus einer Kupferplatte als Anode und einer Platinplatte als Kathode; eventuell kann auch diese aus Kupfer bestehen. Als Elektrolyt dient eine 10- bis 15 prozentige eisenfreie Lösung von Kupfersulphat. Man stellt die Elektroden mit einer gegenseitigen Entfernung von etwa 2 cm auf und rechnet auf etwa 10 cm² Oberfläche 2 bis 3,5 Amper. Eine gröfsere Stromdichte soll vermieden werden. Die Kathode mufs vor dem Einsenken in die Zelle gut gereinigt und abgewogen werden. Nachdem der Strom eine gewisse Zeit von t Sekunden geschlossen war, spült man die Kathode vorsichtig ab und trocknet sie ebenso vorsichtig zwischen Fliefs-

papier oder an der Luft, ohne zu erwärmen. Dann wiegt man
wieder und erhält so das Gewicht des ausgeschiedenen Kupfers.
Für Kupfer ist $z = 0{,}000328$ g in 1 Sekunde bezogen auf Amper.

Eine genauere Bestimmung ermöglicht das Silbervolta-
meter. Bei der von der Firma Hartmann & Braun (Frankfurt
a. M.) erhältlichen Ausführung dient ein Platintiegel (Fig. 149)
als Kathode. Derselbe enthält eine Lösung von salpetersaurem
Silber. Als Anode dient ein Kegel oder Stab aus Silber. Die
Stromdichte soll 0,5 bis 1,5 A für je 10 cm² Oberfläche betragen.
Für Silber ist $z = 0{,}001118$ g in 1 Sekunde bezogen auf Amper.

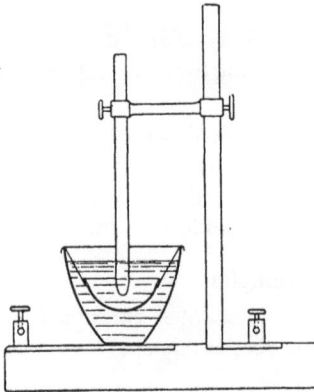

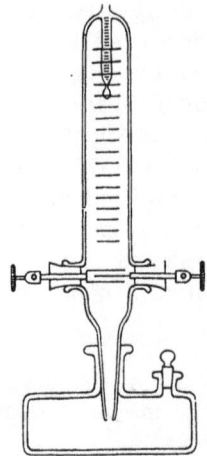

Fig. 149.   Fig. 150.

Beim Knallgasvoltameter bestimmt man in der Regel
das Volumen des aus verdünnter Schwefelsäure ausgeschiedenen
Knallgases, das in einer mit Volumteilung versehenen Glasröhre
aufgefangen wird (Fig. 150). Als Elektroden dienen Platinbleche.
In die Röhre ist ein Thermometer eingeschlossen, um die Temperatur des ausgeschiedenen Gases ablesen zu können, da es auf
0⁰ und 760 mm Druck reduziert werden muſs. Statt des elektro-
chemischen Äquivalentes z tritt hier die Zahl 0,174 ein; soviel
Kubikzentimeter Knallgas (bei 0⁰ und 760 mm Druck) werden
nämlich von 1 Amper in 1 Sekunde ausgeschieden. Dieses Voltameter eignet sich für gröſsere Stromstärken (bis zu 30 A).

Diese Arten der Strommessung setzen natürlich einen konstant
bleibenden Strom voraus; ist dies nicht der Fall, so kann man

nur die während einer gewissen Zeit vom Strome gelieferte Elektrizitätsmenge bestimmen, entsprechend der Gleichung

$$G = z\,Q = z \int i\,dt.$$

Da diese Messungen umständlich sind, so verwendet man sie fast nur zur Aichung anderer Meſsgeräte.

172. Die Tangentenboussole.

Der zu messende Strom durchflieſst einen kreisförmigen Draht (Fig. 151), von entsprechender Dicke. Dann ist die auf einen im Mittelpunkt befindlichen Magnetpol m ausgeübte Kraft (§ 63) $k = \dfrac{2\,\pi\,J\,m}{a}$ wobei a den Radius des Kreises bedeutet. Befindet sich im Mittelpunkt eine leicht drehbare Magnetnadel, deren Länge klein ist gegenüber dem Radius a, so kann man diese Formel auf beide Pole derselben anwenden, denn dann ist das magnetische Feld des Kreisstromes im Bereiche der Nadel nahezu homogen (vergl. Fig. 34). Der Strom sucht nun die Nadel senkrecht zur Stromebene zu stellen, weil die Kraft k auf jeden Pol in dieser Richtung wirkt (Fig. 8). Befindet sich die Stromebene im magnetischen Meridian, so sucht die Horizontalkomponente H des Erdmagnetismus die Nadel in der ursprünglichen

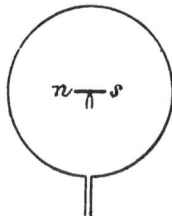

Fig. 151

Richtung zurückzuhalten. Die Nadel kommt daher in eine Gleichgewichtslage, wenn die Drehmomente dieser beiden Kräfte einander gleich sind. Ist l die magnetische Axe der Nadel, so ist $\dfrac{l}{2}$ der Abstand des Angriffspunktes der Kräfte vom Drehungspunkt. Also lautet die Gleichgewichtsbedingung

$$H\,m\,\frac{l}{2}\,\sin \alpha \;=\; \frac{2\,\pi\,J\,m}{a}\,\frac{l}{2}\,\cos \alpha.$$

Die Stromstärke ist daraus

$$J = \frac{a\,H}{2\,\pi}\,tg\,\alpha \quad \text{in absoluter Einheit.}$$

Soll J in Amper ausgedrückt werden, so hat man noch mit 10 zu multiplizieren (§ 167), also

$$J = \frac{5\,a\,H}{\pi}\,tg\,\alpha \quad \text{Amper.}$$

Den Ausdruck $\dfrac{5\,a}{\pi}$ nennt man den Reduktionsfaktor C; er mufs bekannt sein und kann entweder berechnet oder experimentell durch eine Aichung bestimmt werden. Man hat dann einfach

$$J = C\,tg\,\alpha.$$

Wie man sieht, kommt in dem Reduktionsfaktor die Polstärke und Länge der Nadel nicht vor. Man kann sie daher sehr kurz machen und dadurch der eingangs erwähnten Bedingung sehr nahe kommen. Man kommt ihr noch näher und erreicht Proportionalität zwischen Stromstärke und Tangente des Ablenkungswinkels für noch weitere Grenzen, wenn sich der Drehungspunkt der Nadel nicht im Mittelpunkt des Stromkreises, sondern in einem Abstande von $\dfrac{a}{2}$ seitwärts davon befindet.

Für schwächere Ströme verwendet man Apparate mit mehreren kreisförmigen Windungen.

173. Gewöhnliche Galvanometer.

Darunter versteht man in der Regel Apparate für schwache Ströme, und daher ist grofse Empfindlichkeit ein Haupterfordernis derselben. Man erreicht dies einerseits dadurch, dafs man viele Windungen möglichst nahe um die Nadel wickelt und andererseits durch Verminderung der Einwirkung des Erdmagnetismus (Astasierung). Sind die Windungen kreisförmig, so kann man ebenso wie bei der Tangentenboussole — wenigstens für kleine Ausschlagswinkel —

$$i = C\,tg\,\alpha$$

annehmen. Für kleine Winkel kann man aber statt der Tangente den Winkel selbst setzen, so dafs

$$i = C\,\alpha$$

gesetzt werden kann.

Den Reduktionsfaktor C kann man bei solchen Apparaten natürlich nur empirisch bestimmen.

Der Erdmagnetismus wirkt hier ebenso wie bei der Tangentenboussole, nämlich der Ablenkung entgegen; daher sind die Ausschlagswinkel der Nadel um so gröfser, die Ablesung also um so genauer, je geringer dieser Einflufs ist. Die Verminderung desselben nennt man Astasierung. Sie kann auf dreifache Weise geschehen.

1. **Astatisches Nadelpaar.** Man verbindet zwei nahezu gleich stark magnetische Nadeln so mit einander, dafs die entgegengesetzten Pole auf derselben Seite liegen (Fig. 152). Ein solches System wird von dem Erdmagnetismus nur sehr wenig beeinflufst; ei ne Nadel mufs natürlich stärker sein — denn sonst wäre die Einwirkung des Erdmagnetismus Null — und diese gibt

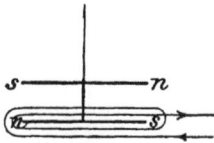

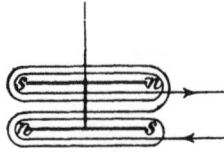

Fig. 152.   Fig. 153.

dem Systeme die Einstellung. Die Stromwindungen umgeben nur eine Nadel, oder beide in entgegengesetzter Richtung (Fig. 153).

2. **Kompensationsmagnet.** Man bringt in die Nähe des Galvanometers einen permanenten Magnet in solche Lage, dafs sein magnetisches Feld das der Erde schwächt. Kann man den Magnet in symmetrische Lage zur Drehungsaxe der Nadel bringen, so erreicht man dies am besten, wenn der Nordpol nach Norden und der Südpol nach Süden gerichtet ist. Ist dies nicht der Fall, so erhält man ein resultierendes Feld von anderer Richtung und man hat es nun in der Gewalt, die Nadel in eine bestimmte Richtung zu bringen. Das ist dann von Wichtigkeit, wenn man nicht das ganze Instrument drehen kann; der astasierende Magnet ist also auch **Richtmagnet.**

3. **Magnetische Schirmwirkung.** Man umgibt das Galvanometer mit einem eisernen Hohlcylinder. Aus Fig. 43 erkennt man, dafs im Innern desselben, wo sich die Nadel befindet, nur ein schwaches magnetisches Feld vorhanden sein kann.

Die **Form der Magnetnadeln** ist eine verschiedene. Die älteste ist das astatische Nadelpaar. Manchmal, besonders bei der in Fig. 153 dargestellten Anordnung der Stromwindungen finden sich statt einer Nadel mehrere gleichgerichtete (Fig. 154), ferner findet man Ringe, die an zwei gegenüber liegenden Stellen freie Pole haben (Fig. 155) und endlich kleine Hufeisenmagnete, welche die Gestalt aufgeschnittener Fingerhüte oder Glocken haben und darum auch Glockenmagnete heifsen (Fig. 156).

Die Form der Drahtwindungen ist entweder kreisförmig oder flach (Fig. 152 und 153). Die erste Art ist notwendig, wenn die Ausschlagswinkel proportional den Stromstärken sein sollen. Bei jenen Instrumenten aber, die blofs zum Nachweis eines

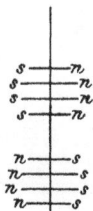 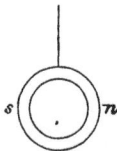 

Fig. 154.   Fig. 155   Fig. 156.

Stromes dienen, verwendet man flache Windungen, die möglichst nahe der Nadel sind, um bei gröfster Empfindlichkeit die kleinste Form zu erhalten.

Die Anzahl der Drahtwindungen und der Widerstand derselben hängt ab von der Spannung der zu messenden Ströme. Bei solchen von geringer Spannung mufs auch der Widerstand der Wickelung klein sein, damit die Stromstärke nicht zu klein wird; die Windungen müssen also aus dickem Draht bestehen und nicht zu zahlreich sein. Bei Strömen von grofser Spannung mufs auch der Widerstand der Wickelung grofs, der Draht also dünn sein, weil sonst der Strom zu stark und infolgedessen die Wickelung zu sehr erwärmt würde. Dafür kann jetzt aber die Anzahl der Windungen in demselben Wickelungsraume eine gröfsere sein, als im anderen Falle. Die meisten Galvanometer — mit Ausnahme jener, die nur zu bestimmten Zwecken gebaut werden, — enthalten Wickelungen aus dicken und aus dünnen Draht, die beliebig ausgetauscht werden können. Jede Wickelung besteht aus zwei Rollen, die von beiden Seiten über die Magnetnadel geschoben werden können. Schaltet man diese nebeneinander, so ist der Galvanometerwiderstand gleich dem halben von einer Rolle, schaltet man sie hintereinander — gleich dem doppelten. Manchmal besteht jede Rolle auch noch aus zwei gleichen Wickelungen, die neben- oder hintereinander geschaltet werden können, so dafs dadurch noch eine weitere Variation des Gesamtwiderstandes möglich ist.

Instrumente mit zwei Wickelungen von gleicher Lage und gleichem Widerstand haben noch den Vorteil, dafs sie als Differentialgalvanometer verwendet werden können. Sendet man nämlich durch diese zwei Ströme, die so geschaltet sind, dafs sie die Nadel im entgegengesetzten Sinne beeinflussen, so bleibt dieselbe in Ruhe, wenn beide Ströme gleich stark sind. Ist der eine stärker, so schlägt die Nadel aus. Man kann also auf diese Weise leicht zwei Ströme oder zwei Widerstände vergleichen.

Die Art der Aufhängung der Magnetnadel ist eine verschiedene. Ist letztere ein einfacher Stabmagnet, so schwebt sie auf einer Stahlspitze; zur Schonung derselben besteht meistens eine Vorrichtung, welche während des Nichtgebrauches die Nadel hebt und festklemmt. Bei empfindlicheren Instrumenten hängt sie an einem Kokonfaden, dessen Torsion vernachlässigt werden kann. In neuerer Zeit werden dieselben durch sehr dünne Quarzfäden ersetzt, die man aus einem geschmolzenen Quarzstückchen ausziehen kann, ähnlich wie Glasfäden aus geschmolzenen Glas. Dieselben besitzen eine sehr grofse Torsionselastizität.

Von Wichtigkeit ist die Dämpfung der Nadel. Je feiner nämlich die Art ihrer Aufhängung ist, desto länger dauert es, bis sie zur Ruhe kommt. Man dämpft die Schwingungen durch folgende Mittel. Luftdämpfung: Mit der Nadel wird ein leichter Flügel aus Glimmer oder Aluminium fest verbunden. Der Luftwiderstand bringt die Schwingungen der Flügel rasch zur Ruhe. In gleicher Weise wirkt eine Flüssigkeitsdämpfung: An der Nadel hängt ein Glaskörper, der in Schwefelsäure, Glyzerin oder Öl taucht. Die beste Art ist die elektrodynamische Dämpfung: Die Nadel ist möglichst enge von einem Gehäuse aus Kupfer umgeben; in diesem werden durch die Bewegung derselben Ströme induziert, die nach dem Lenzschen Gesetze (§ 100) die Bewegung zu hindern suchen. Sind die Windungen sehr nahe an der Nadel, so bedarf es keines eigenen Gehäuses. Hieher gehört auch folgende in neuerer Zeit häufig angewendete Dämpfung. Mit der Axe des schwingenden Magnetes oder Zeigers ist eine dünne Kreisscheibe aus Aluminium verbunden (Fig. 157). Ein permanenter Hufeisenmagnet M reicht über den Rand der

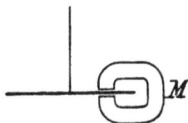

Fig. 157.

Scheibe, so daſs seine Kraftlinien dieselbe durchsetzen. Bei
der Drehung derselben werden also Ströme in ihr induziert, die
hemmend wirken.

174. Galvanometer mit beweglicher Spule.

Diese Galvanometer, die zuerst von Deprez und d'Arsonval
angewendet wurden, beruhen auf der Umkehrung des Prinzipes
der Tangentenboussole. Die stromführenden
Windungen sind beweglich und werden von
festen Magneten abgelenkt. Die Stromzuführung
geschieht durch dünne Drähte a (Fig. 158), die bei
der Drehung der Windungen tordiert werden und
auf diese Weise der ablenkenden Kraft entgegenwirken.

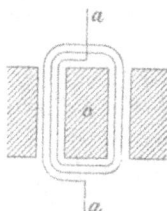

Fig. 158.

Um den Weg der Kraftlinien durch die Luft
zu verkürzen, befindet sich innerhalb der rechteckigen Stromwindungen ein Cylinder aus weichem Eisen c. Dadurch wird

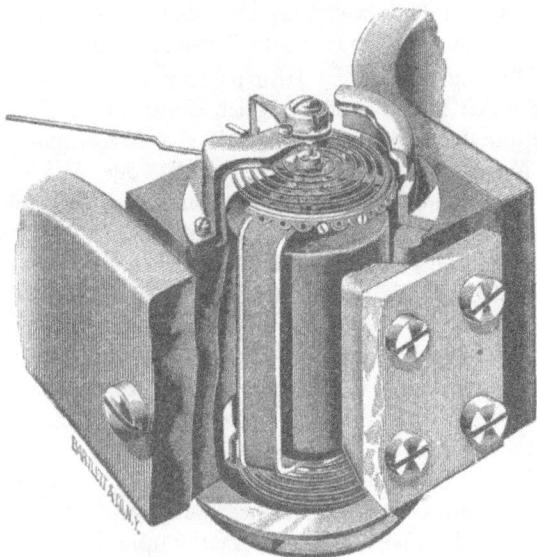

Fig. 159.

erstens eine gröſsere magnetische Feldstärke, also auch eine
gröſsere Empfindlichkeit, und zweitens eine bessere Homogenität
des Feldes erzielt.

Eine sehr geschickte Ausführung dieses Prinzipes weisen die Westonschen Instrumente auf (Fig. 159). Hier haben die Enden des hufeisenförmigen Magnetes Polschuhe, zwischen denen sich der feste Eisenkern und die beweglichen Windungen befinden, die auf einen um zwei Spitzen drehbaren Aluminiumrahmen gewickelt sind. Die Stromzuführung geschieht durch die zwei Spiralfedern, die der ablenkenden Kraft durch ihre Elastizität entgegenwirken. Mit dem Rahmen ist ein Zeiger verbunden, der auf einer nach Amper oder Volt geeichten Skala einspielt.

Diese Instrumente besitzen eine starke elektromagnetische Dämpfung, da die Bewegung des Rahmens mit der Wickelung in einem starken magnetischen Felde erfolgt; sie sind also fast ganz aperiodisch und daher sehr bequem. Da sie außerdem sehr empfindlich sind und die Teilung der Skala sehr gleichmäßig ist gehören sie gegenwärtig zu den besten und beliebtesten Instrumenten mit direkter Ablesung.

175. Torsionsgalvanometer.

Dieses Instrument weicht von den vorhergehenden dadurch ab, daſs die Stromstärke nicht durch den Ausschlagswinkel, sondern durch die Torsionskraft einer Feder bestimmt wird. Ein Glockenmagnet von der in Fig. 156 abgebildeten Art ist mittels eines Kokonfadens und einer Drahtfeder an einem drehbaren Knopfe K (Fig. 160) aufgehängt. An diesem sowie an dem Magnete befindet sich ein Zeiger. Bei der Aufstellung ist das ganze Instrument und der Knopf K so zu drehen, daſs beide Zeiger auf den Nullpunkt der Kreisteilung stehen; dann befindet sich die Axe des Magnetes im magnetischen Meridian und die Feder ist torsionsfrei. Wird nun der Magnet durch einen in den Spulen S flieſsenden Strom abgelenkt, so dreht man ihn mittels

Fig. 160.

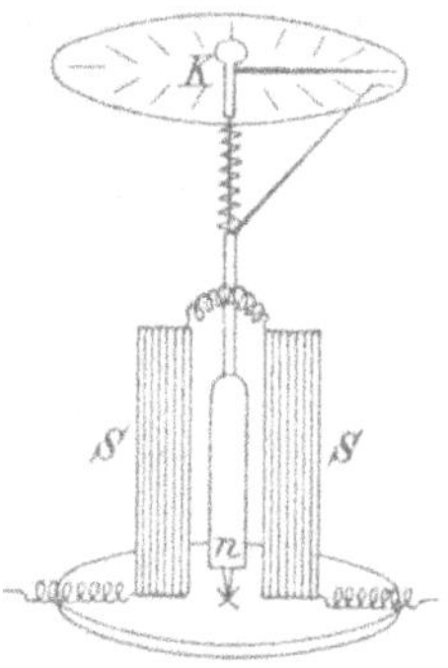

des Knopfes K zurück, bis sein Zeiger wieder auf Null steht. Die Feder hat nun eine Torsion, die der ablenkenden Kraft des Stromes das Gleichgewicht hält. Der Torsionswinkel wird durch den mit dem Knopfe verbundenen Zeiger angegeben und ist proportional der Stromstärke. Der Vorteil dieser Messung besteht darin, daſs der Magnet nach geschehener Einstellung wieder im magnetischen Meridian steht, die ablenkende Kraft also immer dem Strome proportional ist. Freilich ist jetzt die Gegenkraft, nämlich die Torsionselastizität der Feder, nur innerhalb gewisser Grenzen proportional dem Torsionswinkel; diese Grenze wird aber bei derartigen Instrumenten niemals überschritten.

176. Elektrodynamometer.

Dieses von W. Weber angegebene Instrument besteht im Wesentlichen aus zwei zu einander senkrecht stehenden Stromkreisen (Fig. 161). Werden dieselben in der Richtung der Pfeile vom Strome durchflossen, so besteht Anziehung zwischen den gleichgerichteten und Abstofsung zwischen den entgegengesetzt gerichteten Seiten, d. h. die Stromflächen suchen sich parallel zu stellen; die Kraft, mit der dies geschieht, ist proportional dem Produkte der Stromstärken in beiden Kreisen. Werden beide von demselben Strome durchflossen, so ist sie proportional dem

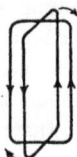

Fig. 161.

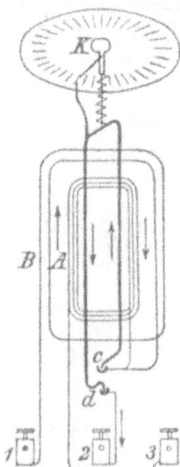

Fig. 162.

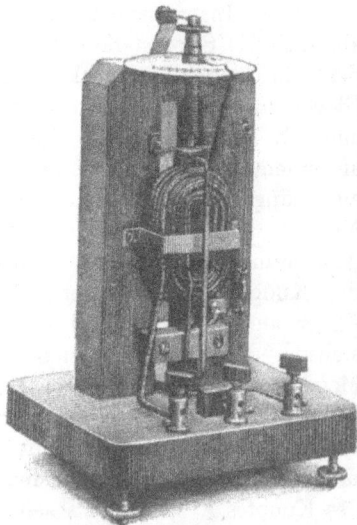

Fig. 163.

Quadrate desselben. Bei dem Elektrodynamometer von Siemens (Fig. 162 und 163) ist der eine Stromkreis mittels eines Kokonfadens und einer Drahtfeder an einem drehbaren Knopfe K auf-

gehängt, wie beim Torsionsgalvanometer. Stromkreis und Knopf
sind mit Zeigern versehen. In der Ruhelage stehen diese auf dem
Nullpunkt der Skala und die bewegliche Stromfläche steht senkrecht zu zwei anderen Stromkreisen *A* und *B*, wovon der eine
aus mehreren Windungen eines dünneren Drahtes (für schwächere
Ströme), der andere aus dickerem Drahte (für stärkere Ströme)
besteht. Die Enden der drehbaren Windung tauchen in zwei
Quecksilbernäpfchen *c* und *d*. Wird nun der zu messende Strom
mit den Klemmen 1 und 2 verbunden, so geht er z. B. von 1
durch den festen Stromkreis *B*, dann durch das Näpfchen *c* in
die drehbare Windung und von da durch das Näpfchen *d* zur
Klemme 2. Wird der Strom mit 3 und 2 verbunden, so geht
er durch den anderen festen Stromkreis *A*. Wird nun die bewegliche Windung durch den Strom abgelenkt, so dreht man sie
mittels des Knopfes *K* wieder auf Null zurück. Der Torsionswinkel, der vom Zeiger des Knopfes angegeben wird, ist proportional dem Quadrate der Stromstärke. In der Regel hat man
eine Tabelle, die zu jedem Torsionswinkel die Stromstärke direkt
angibt.

177. Stromwagen.

Das Prinzip dieser von W. Thomson angegebenen Instrumente ist aus Fig. 164 ersichtlich.

Zwei Paare von kreisförmigen Stromleitern *A*, *B* und *C*, *D*
befinden sich in paralleler Lage übereinander. Werden dieselben
in der Richtung der Pfeile von Strömen
durchflossen, so ziehen sich *C* und *D*
an, während sich *A* und *B* abstofsen.
Befestigt man nun die beiden oberen,
B und *D*, an einem Wagebalken, so

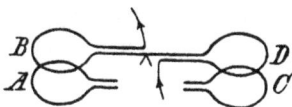

Fig. 164.

erhält man einen Ausschlag, der durch ein Laufgewicht wieder
kompensiert werden kann. Man hat also dasselbe so lange auf
dem Wagebalken zu verschieben, bis er sich im Gleichgewicht
befindet; die Stromstärke, die eben herrscht, wird an der
Stelle, wo das Laufgewicht steht, auf einer empirisch geaichten
Teilung abgelesen. Um die Empfindlichkeit zu erhöhen, kann
man oberhalb der beweglichen Stromkreise noch zwei weitere an-
bringen, die vom Strome in entgegengesetzter Richtung durchflossen werden wie die unteren und daher den Wagebalken im
gleichen Sinne beeinflussen. Stromwage und Dynamometer können

auch für Wechselströme verwendet werden, da die Umkehrung
der Stromrichtung in allen Teilen gleichzeitig geschieht, so dafs
die Richtung der Anziehung und Abstofsung immer dieselbe bleibt.

Über Strommessung durch Wärmewirkung vergl. § 184.

Über Strommessung durch Anziehung oder Ablenkung weicher
Eisenkörper vergl. § 185.

178. Strommessung mit Nebenschlufs.

Jedes Instrument zur Strommessung hat eine obere und
untere Grenze für die gröfste und kleinste Stromstärke, die mit
demselben noch gemessen werden kann. Bei Galvanometern mit
Astasierung kann man diese Grenzen bis zu einem gewissen Grade
erweitern, indem man durch Richtmagnete das magnetische Feld
schwächt oder verstärkt. Im ersteren Falle
erweitert man dadurch das Mefsbereich nach
unten, im zweiten nach oben. Immerhin
aber lassen sich gewisse Grenzen, die durch
die Stromwindungen gegeben sind, bei demselben Instrumente nicht mehr überschreiten.

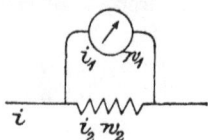

Fig. 165.

So gehört zur Messung grofser Stromstärken ein Instrument,
dessen Windungen einen so kleinen Widerstand haben, dafs er
gegenüber dem des ganzen Stromkreises verschwindet. Ist dies
nicht der Fall, so werden die Stromwindungen heifs und ver-
zehren einen nicht unbeträchtlichen Teil der Gesamtenergie. In
solchen Fällen läfst man nur einen Teil des Stromes durch das
Instrument gehen, indem man ihn in zwei Zweige teilt (Fig. 165).
Dann ist nach den Kirchhoffschen Sätzen

$$i_1 : i_2 = w_2 : w_1$$

und

$$i = i_1 + i_2$$

wobei w_1 den Widerstand des Zweiges mit dem Galvanometer und
w_2 den des anderen Zweiges bedeutet. Daraus ergibt sich

$$i = i_1 \frac{w_1 + w_2}{w_2} = i_1 \left(1 + \frac{w_1}{w_2} \right)$$

Sind nun w_1 und w_2 bekannt und i_1 im Galvanometer gemessen, so hat man auch die Stärke des Gesamtstromes i. Vielen
Galvanometern wird schon ein dazu geeigneter Nebenschlufs bei-
gegeben, der so eingerichtet ist, dafs durch den Galvanometerzweig
$1/10$ oder $1/100$ oder $1/1000$ des Gesamtstromes hindurchgeht. Dann

hat man die im Galvanometer gemessene Stromstärke mit 10 beziehungsweise 100 oder 1000 zu multiplizieren. Wie aus der
letzten Gleichung hervorgeht, ist dies dann der Fall, wenn der
Widerstand w_2 beziehungsweise $^1/_9$ oder $^1/_{99}$
oder $^1/_{999}$ des Galvanometerwiderstandes w_1
beträgt. Fig. 166 zeigt einen solchen Neben-
schluſsapparat. Die Stromzuführung geschieht
an den Klemmen P, während das Galvanometer
an die Klemmen G angeschlossen wird. Die
gewünschten Verbindungen werden durch me-
tallene Stöpsel, die bei a, b, c, d, g eingesteckt
werden können, hergestellt. Ist keiner derselben eingesteckt, so geht der ganze Strom
durch das Galvanometer; da dies seiner
Wickelung gefährlich werden könnte, so steckt

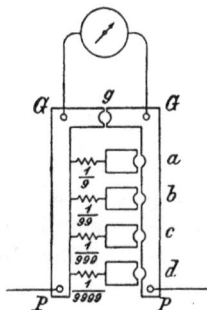

Fig. 166.

man vor Beginn der Messung einen Stöpsel bei g ein. Infolgedessen geht der Strom durch diesen und nicht durch das Galvanometer. Steckt man nun z. B. einen Stöpsel bei a ein und zieht
dann den bei g wieder heraus, so ist der Gesamtstrom das Zehn-
fache des vom Galvanometer angegebenen.

Bei dem Torsionsgalvanometer von Siemens & Halske z. B.,
dessen Widerstand 1 Ohm beträgt, gibt ein Strom von $^1/_{1000}$ Amper
gerade 1^0 Ausschlag. Hat man in dem dazu gehörigen Nebenschluſs $^1/_9$ eingestöpselt, so hat der Hauptstrom $^1/_{100}$ Amper. Hat
man $^1/_{999}$ eingestöpselt, so hat bei 1^0 Ausschlag der Hauptstrom
1 Amper.

179. Indirekte Strommessung.

Zur Bestimmung der Stromstärke können auch Spannungsmesser (§ 181 u. f.) verwendet werden, wenn man bekannte
Widerstände zur Verfügung hat. Schaltet
man einen solchen Widerstand W in den
Stromkreis ein (Fig. 167) und legt an die
Enden desselben einen Spannungsmesser an,
der eine Spannungsdifferenz E anzeigt, so ist

die Stromstärke $J = \dfrac{E}{W}$. Diese Methode ist

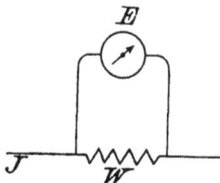

Fig. 167.

besonders bei groſsen Stromstärken vorteil-
haft und wird häufig zur Aichung von Ampermetern angewendet.
Ferner ist sie zur Messung von Wechselströmen sehr geeignet

unter der Voraussetzung, dafs der Widerstand W frei von Selbstinduktion ist. Wäre dies nicht der Fall, so käme nicht der Ohmsche, sondern der scheinbare Widerstand in Betracht.

Wie man leicht einsieht, steht diese Methode der Strommessung in Beziehung zu der im vorigen erläuterten mit Nebenschlufs.

180. Aufstellung der Mefsapparate. Ablesung des Winkels.

Wie schon erwähnt, mufs die Tangentenboussole, sowie alle auf dem gleichen Prinzipe beruhenden Apparate so aufgestellt werden, dafs die magnetische Axe der Nadel parallel zur Stromebene ist. Unterliegt also die Nadel blofs der Einwirkung des magnetischen Feldes der Erde, so müssen die Stromwindungen im magnetischen Meridian stehen, wenn die Drehungsaxe der Nadel vertikal ist. Ist aber ein Richtmangnet vorhanden, so kann man durch diesen Nadel und Stromwindungen in eine beliebige Richtung bringen. Bei den Galvanometern nach d'Arsonvalschem System ist man vom Erdmagnetismus gänzlich unabhängig (§ 174); das Elektrodynamometer hingegen unterliegt dieser Einwirkung in geringem Mafse. Sobald nämlich ein Strom durch die bewegliche Windung geht, sucht sich ihr magnetisches Feld parallel zu dem der Erde zu stellen; dadurch wird je nach der Aufstellung des Instrumentes die ablenkende Kraft vermehrt oder vermindert. Dieser Einflufs ist aber so gering, dafs er in den meisten Fällen vernachlässigt werden kann.

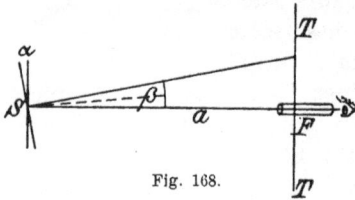

Die Ablesung des die Stromstärke bestimmenden Winkels geschieht entweder durch Zeiger, die sich über einer Kreisteilung bewegen, oder durch Spiegelung. Das erste ist der Fall bei grofsen Winkeln — also insbesondere bei Torsionsapparaten — und wenn es sich um geringere Genauigkeit handelt, das zweite — die sogenannte Poggendorffsche Spiegelablesung — ist notwendig bei kleinen Winkeln und grofser Genauigkeit. Zu dieser Methode dient ein mit der Magnetnadel fest verbundener Spiegel S (Fig. 168), ein Fernrohr F und eine Skala T. Die beiden letzteren werden gegenüber dem Spiegel so aufgestellt, dafs infolge der Reflexion der Lichtstrahlen das Bild der Skala sichtbar wird, wenn man durch

Fig. 168.

das Fernrohr auf den Spiegel hinsieht. Man erkennt aus der Figur, wenn α der Ablenkungswinkel des Magnetes und des mit ihm verbundenen Spiegels und β der Winkel zwischen einfallendem und reflektiertem Strahle ist, dafs $\beta = 2\,\alpha$. Man liest also im Fernrohr den doppelten Ablenkungswinkel ab, wodurch auch die Genauigkeit verdoppelt wird. Ist die Skala T geradlinig, so sind die abgelesenen Skalenteile nur dann dem Winkel proportional, wenn derselbe nicht zu grofs ist. Im anderen Falle mufs man dann die Winkel aus der Formel

$$\alpha = \frac{28 \cdot 65}{a}\, n\left(1 - \frac{n^2}{3\,a^2} + \frac{1}{5}\frac{n^4}{a^4}\right) \text{ Grade}$$

berechnen, wobei n die Anzahl der abgelesenen Skalenteile und a den Abstand des Spiegels von der Skala — beide im gleichen Längenmafs ausgedrückt — bedeuten. In den meisten Fällen kann das letzte Glied in der Klammer dieser Formel vernachlässigt werden. Bequemer als diese subjektive Art der Spiegelablesung ist die objektive. Bei dieser tritt an Stelle des Fernrohres ein Lichtspalt oder der helleuchtende Faden einer Glühlampe. In den Gang der Lichtstrahlen wird eine Sammellinse gestellt und diese entwirft bei gleichzeitiger Reflexion am Spiegel ein reelles Bild des Lichtspaltes oder des Lampenfadens auf der Skala. Die Linse wird überflüssig, wenn man statt des ebenen Spiegels einen Hohlspiegel am Magnet anbringt, der ein reelles Bild der Lichtquelle auf die Skala wirft. In diesem Falle ist aber die Entfernung der Skala nicht mehr beliebig, sondern von der Brennweite des Spiegels abhängig.

181. Das Quadranten-Elektrometer.

Dieses von W. Thomson erfundene Instrument ist das zuverlässigste von allen, die zur Messung von Potentialdifferenzen oder Spannungen dienen und insbesondere bei Wechselströmen von grofsem Werte, weil es unabhängig von der Periodenzahl und der Stromkurve ist. Es besteht im wesentlichen aus einer flachen, cylindrischen Metallbüchse, die durch zwei aufeinander senkrechte Axenschnitte in 4 Quadranten geteilt ist (Fig. 169). In der Mitte derselben schwebt an einem feinen Drahte eine dünne Platte aus Aluminium in Form einer Lemniskate. Je zwei Quadranten I und III, II und IV, also die gegenüberliegenden, sind mit einander durch Drähte verbunden. Die Lemniskate wird mittels ihres

Aufhängedrahtes mit einer Elektrizitätsquelle von konstanter
Spannung verbunden und erhält so eine konstante Ladung. Verbindet man nun die Quadrantenpaare mit zwei Punkten, deren

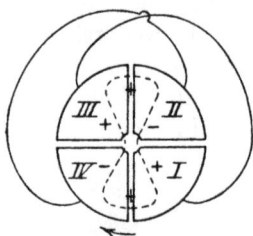

Fig. 169.

Potential- oder Spannungsdifferenz gemessen werden soll, z. B. mit den Polen
einer galvanischen Zelle, so erhält das
eine eine positive, das andere eine negative Ladung. Die Lemniskate wird also
von dem einen angezogen, von dem
anderen abgestofsen und erfährt so eine
Drehung, bis die Torsion des Aufhängedrahtes den elektrischen Kräften das
Gleichgewicht hält. Das ist die gewöhn-
liche Art der Verwendung des Quadranten-Elektrometers.

Behandelt man das Problem ganz allgemein mathematisch
und bezeichnet mit v das Potential der Ladung der Lemniskate,
mit v_1 und v_2 das Potential der beiden Quadrantenpaare, so ist
der Drehungswinkel α der Lemniskate

$$\alpha = c\ (v_1 - v_2) \left[v - \frac{v_1 + v_2}{2} \right]$$

wobei c ein Proportionalitätsfaktor ist.

Daraus ergeben sich folgende 3 Arten der Verwendung dieses
Instrumentes.

1. Ist v sehr grofs gegenüber $v_1 + v_2$, so kann man schreiben

$$\alpha = c\,v\,(v_1 - v_2) = c'\,(v_1 - v_2) = c'\,E.$$

Unter dieser Voraussetzung ist also der Ausschlagswinkel proportional der Potentialdifferenz jener Punkte, die mit den Quadrantenpaaren verbunden sind. Da der neue Proportionalitätsfaktor $c' = c\,v$ ist, so sind die Ausschlagswinkel um so gröfser
und das Instrument ist um so empfindlicher, je gröfser das
Potential v der Lemniskate ist. In allen Fällen aber mufs es so
grofs sein, dafs $v_1 + v_2$ dagegen klein ist. Man genügt dieser Bedingung, wenn man die Lemniskate mit einem Pol einer Zamboni-
schen Säule (§ 53) verbindet, deren anderer zur Erde abgeleitet
ist. Da die Quadranten manchmal schon vor der Messung eine
kleine Ladung besitzen, so mufs man, um den Nullpunkt der Einstellung zu finden, beide Paare mit einander, oder was auf dasselbe hinauskommt, mit der Erde verbinden. Häufig verbindet
man von vornherein das eine Paar mit der Erde und erhält so

das in Fig. 170 dargestellte Schaltungsschema, bei welchem P_1 und P_2 die Klemmen einer Zelle oder irgend zwei Punkte einer Leitung bedeuten, deren Spannungsunterschied gemessen werden soll. Zur Bestimmung des Proportionalitätsfaktors c' mufs man dieselbe Messung an einem Normalelemente, dessen elektromotorische Kraft E_1 bekannt ist, ausführen. Erhält man dabei einen Ausschlag α_1, so ist

$$\frac{E}{E_1} = \frac{\alpha}{\alpha_1}$$

2. Ist $v_1 = -v_2$, so erhält man aus der allgemeinen Gleichung

$$\alpha = 2\,c\,v_1\,v = c'\,v.$$

Der Ausschlagswinkel ist also proportional dem Potential der Lemniskate, wenn die beiden Quadrantenpaare gleich grofses, aber entgegengesetztes Potential haben. Dies erreicht man dadurch, dafs man sie mit dem positiven und negativen Pole einer konstanten Batterie (Ladungssäule) verbindet, die aus einer geraden

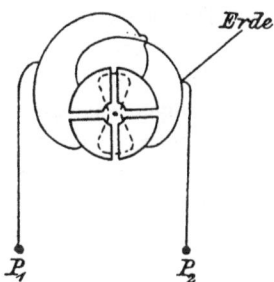

Fig. 170.

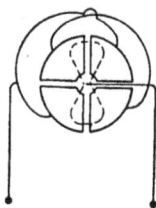

Fig. 171.

Anzahl von Elementen gebildet wird. Die Mitte dieser Batterie verbindet man mit der Erde. Der Proportionalitätsfaktor c' mufs natürlich wieder durch eine Messung an einer bekannten $\mathfrak{E}\,\mathfrak{M}\,\mathfrak{K}$ eliminiert werden.

3. Eine dritte Art der Schaltung erhält man, wenn $v = v_1$ ist. Dies ist der Fall, wenn man die Lemniskate mit einem Quadrantenpaare verbindet (Fig. 171). Dann ergibt sich aus der allgemeinen Gleichung

$$\alpha = c\,(v_1 - v_2)\,\frac{v_1 - v_2}{2} = c'\,(v_1 - v_2)^2 = c'\,E^2.$$

Der Ausschlagswinkel ist jetzt proportional dem Quadrate der Potentialdifferenz; es ändert sich also der Sinn der Drehung nicht, wenn die Potentialdifferenz E ihr Vorzeichen

wechselt, da das Quadrat immer positiv ist. Man kann also bei
dieser Schaltung die Spannungsdifferenzen von Wechselströmen
messen. Zur Eliminierung des Proportionalitätsfaktors kann man
eine konstante $\mathfrak{EMK}$ E_1 verwenden, für welche $\alpha_1 = c' E_1^2$ ist.
Dann ist also

$$E = E_1 \sqrt{\frac{\alpha}{\alpha_1}}.$$

Die Wechselstromspannung E^2 ist durch die in § 113 gegebene Definition bestimmt; es ist der Mittelwert aus der Summe
der Quadrate der Augenblickswerte.

Der Vorteil des Quadranten-Elektrometers gegenüber den
anderen Instrumenten zur Spannungsmessung liegt darin, daſs
man keinen Strom durchzuleiten braucht, da der Ausschlag durch
elektrostatische Anziehung und Abstoſsung erfolgt. Man ist also
gänzlich unabhängig von der Widerstandsänderung der Stromwindungen infolge Joulescher Wärme. Die Messung mit diesem
Apparate ist freilich schwieriger und umständlicher als mit jedem

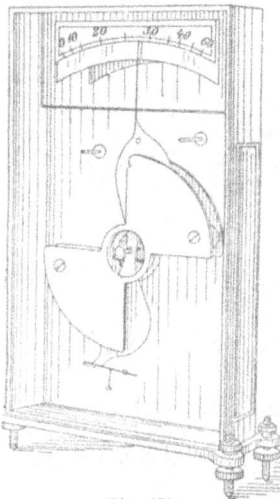

anderen, so daſs es wohl nur bei sehr
genauen Messungen, insbesondere bei
der Aichung anderer Instrumente, verwendet wird. Auch muſs die Isolierung
eine viel sorgfältigere sein, als bei den
galvanometrischen Spannungsmessern.

182. W. Thomsons Spannungszeiger für hohe Spannungen.

Dieses Instrument beruht auf dem
gleichen Prinzipe wie das vorige, besitzt aber nur ein Quadrantenpaar
(Fig. 172) und zwar in vertikaler Anordnung. Die Lemniskate ist zwischen
Spitzen drehbar und besitzt oben einen
Zeiger, der auf einer Skala einspielt,
und unten einen Haken, an welchen

Fig. 172.

ein kleines Gewicht angehängt wird. Das Quadrantenpaar wird
mit dem einen, die Lemniskate mit dem anderen der beiden
Punkte verbunden, deren Potentialdifferenz gemessen werden soll.
Alsdann wird letztere zwischen die Quadranten hineingezogen

bis das unten angehängte Gewichtchen das Gleichgewicht hält. Das Meſsbereich kann durch Anhängung verschiedener Gewichtchen verändert werden.

183. Galvanometrische Spannungsmessung.

Jedes für schwache Ströme genügend empfindliche Galvanometer kann zur Spannungsmessung verwendet werden. Es sei z. B. die 𝔈𝔐𝔎 E einer Stromquelle zu messen, deren innerer Widerstand w_i ist. Schlieſst man nun den Stromkreis desselben durch ein Galvanometer und einen groſsen Widerstand, so ist die Stromstärke

$$i = \frac{E}{w_i + W}.$$

wobei W den gesamten Widerstand des äuſseren Stromkreises bedeutet. Ersetzt man dann die Stromquelle durch eine andere von bekannter 𝔈𝔐𝔎 E', deren innerer Widerstand w_i' ist, so ist jetzt die Stromstärke

$$i' = \frac{E'}{w_i' + W}.$$

Wenn nun W so groſs ist, daſs w_i und w_i' dagegen verschwindend klein sind, so gilt

$$\frac{i}{i'} = \frac{E}{E'}.$$

Sind die Ausschlagswinkel α und α' des Galvanometers proportional den Stromstärken i und i', so gilt weiter

$$\frac{\alpha}{\alpha'} = \frac{E}{E'},$$

d. h. die Ausschläge sind proportional den Spannungen. Dasselbe gilt, wenn man die Potentialdifferenz zwischen zwei Punkten eines vom Strome durchflossenen Leiters bestimmen will. Man hat einfach die Enden des Galvanometerzweiges mit dem Zusatzwiderstand an diese Punkte anzulegen. In manchen Fällen besitzt schon das Galvanometer selbst einen so groſsen Widerstand, daſs gegen diesen der Widerstand des Stromkreises verschwindend klein ist; dann ist der Zusatzwiderstand unnötig. Aus dem Gesagten folgt unmittelbar, daſs zur Messung einer Klemmenspannung der Galvanometerzweig an die betreffenden Klemmen anzulegen ist und so einen Nebenschluſs zum Hauptstrom bildet (Fig. 171), während ein Apparat zur Messung der Strom-

stärken in den Stromkreis selbst eingeschaltet werden muſs. Bei
der praktischen Verwendung eines elektrischen Stromes ist es nun
wesentlich, daſs die Meſsinstrumente selbst nur einen verschwindend kleinen Teil der Gesamtleistung verbrauchen. Daraus folgt
für einen Spannungsmesser, daſs die Strom-
stärke im Nebenschluſs verschwindend klein
sein muſs gegen die im Hauptstrom. Es muſs
also auch aus diesem Grunde der Widerstand
des Spannungs-Nebenschlusses groſs sein. Andererseits folgt daraus für einen Strommesser,
daſs sein Widerstand verschwindend klein sein
muſs gegenüber dem Gesamtwiderstande des
Hauptstromes; denn sonst würde in ihm ein
nicht unbedeutender Energieverlust durch
Stromwärme stattfinden. Oder mit anderen Worten: der Spannungsabfall im Strommesser muſs sehr klein sein.

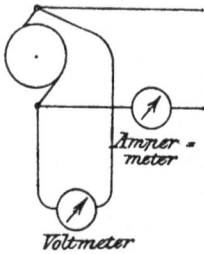
Fig. 173.

Aus dem oben Gesagten folgt ferner, daſs der Widerstand
des Spannungs-Nebenschlusses konstant sein muſs; das ist aber
nur bis zu einem gewissen Grade erreichbar, da eine wenn auch
geringe Erwärmung desselben unvermeidlich ist. Infolgedessen
nimmt der Widerstand zu (§ 30). Bei einer genauen Messung hat
man auf diesen Umstand zu achten. Insbesondere muſs man
Spannungsmesser, deren Skalen ein für alle Mal auf direkte Ablesung geaicht werden sollen, im warmen Zustande aichen, wenn sie
dauernd eingeschaltet bleiben, hingegen im kalten Zustande, wenn
sie nur auf die Dauer einer Ablesung eingeschaltet werden. Man
kann den daraus entstehenden Fehler sehr klein machen, wenn
man für eine genügende Abkühlung der Stromwindungen und des
Zusatzwiderstandes Sorge trägt.

Wie schon eingangs erwähnt wurde, eignet sich jedes empfindliche Galvanometer zur Spannungsmessung nach diesem Prinzipe,
insbesondere also jedes Spiegelgalvanometer, wenn man ein Normalelement (§ 51) von bekannter E M K zur Vergleichung hat. Man
kann aber auch Instrumente mit geaichter Skala zur unmittelbaren
Ablesung der Spannung, also Voltmeter, herstellen. Durch Aus-
wechslung des Zusatzwiderstandes erhält man verschiedene Meſs-
bereiche.

Das Torsionsgalvanometer von Siemens & Halske (§ 175) z. B.,
das einen Widerstand von 1 Ohm besitzt, ist so eingerichtet, daſs

ohne Zusatzwiderstand 1 Grad Ausschlag eine Spannungsdifferenz von 0,001 Volt bedeutet. Schaltet man 9 Ohm dazu, so ist der Gesamtwiderstand 10 Ohm, und dann bedeutet 1 Grad 0,01 Volt. Schaltet man 99 Ohm ein, so ist der Gesamtwiderstand 100, und dann bedeutet 1 Grad 0,1 Volt u. s. f.

Als Voltmeter mit direkt ablesbarer Spannung sind die Weston-Instrumente nach dem in § 174 geschilderten Prinzipe sehr beliebt.

In den beiden folgenden Abschnitten kommen zwei Gruppen von Meſsinstrumenten zur Beschreibung, deren Prinzip für Strom- und Spannungsmesser geeignet ist, nur daſs nach dem Voraus- gehenden erstere einen verhältnismäſsig kleinen, letztere einen verhältnismäſsig groſsen Widerstand besitzen müssen.

184. Hitzdraht-Instrumente.

Sendet man einen Strom durch einen Draht, so dehnt sich dieser proportional der in ihm entwickelten Jouleschen Wärme aus. Da letztere durch $A = a J^2 w t$ gegeben ist, so ist die Längen- ausdehnung proportional dem Quadrate der Stromstärke und zwar gleichgültig ob Wechselstrom oder Gleichstrom. Es handelt sich nun bloſs darum, die Längenausdehnung auf einen Zeiger zu übertragen. Bei den Instrumenten von Hartmann & Braun geschieht dies auf die in Fig. 174 dargestellte Art. $A B$ ist der vom Strome durchflossene Draht. An diesen ist bei C ein anderer angelöthet, der bei D be- festigt ist. An diesen wiederum

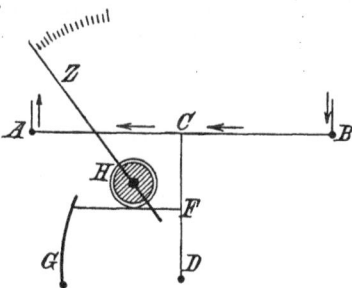

Fig. 174.

ist ein dritter bei F angelöthet, der einmal um das Röllchen H geschlungen und mit dem anderen Ende an der Feder G befestigt ist. Letztere befindet sich im gespannten Zustande und bewegt sich daher nach links, wenn sich der Draht $A B$ infolge der Er- wärmung ausdehnt. Dabei muſs sich das Röllchen H und der an ihm befestigte Zeiger Z drehen, der auf einer empirisch geaichten Skala einspielt.

Da die im Draht entwickelte Wärme mit der Zeit wächst, so ist die Ausdehnung des Drahtes erst von dem Augenblick an eine

bestimmte, wo die ausgestrahlte Wärme gleich der entwickelten
ist. Erst von da an behält der Draht eine bestimmte, dem Qua·
drate der Stromstärke proportionale Temperatur und daher auch
eine bestimmte Ausdehnung. Damit nun diese Zeit nicht zu lange
dauert, muſs die Oberfläche des Drahtes sehr groſs sein gegenüber
seinem Querschnitt; es kann also nur ein sehr dünner Draht verwendet werden. Dadurch ist aber auch ein groſser Widerstand
bedingt, so daſs diese Anordnung zunächst nur als Spannungsmesser verwendet werden kann.

Um als Strommesser geeignet zu sein, muſs man den Hitz·
draht $A\,B$ als Nebenschluſs zu einem dicken Drahte oder einem
Blechstreifen W legen, durch den
der zu messende Strom flieſst.
Es ist also die in § 178 erläuterte
Messung mit Nebenschluſs. Da
aber die Potentialdifferenz zwischen den Punkten $P\,P'$ (Fig. 175),
an welche der Nebenschluſs angelegt ist, nur klein ist, so würde

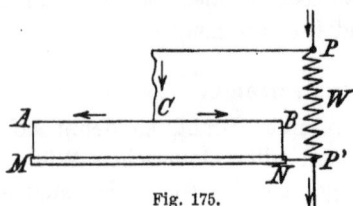
Fig. 175.

der Widerstand des Hitzdrahtes $A\,B$ zu groſs sein, um genügend
Strom zu seiner Erwärmung durchzulassen. Daher führen Hartmann & Braun den Strom des Nebenschlusses durch ein sehr
dünnes, lockeres Silberband dem Hitzdrahte in der Mitte zu, so
daſs er sich hier teilt und dann in der Schiene $M\,N$ wieder vereinigt. Durch die Parallelschaltung des Hitzdrahtes von der Mitte
aus wird dem Strome nur der vierte Teil des Widerstandes ge-
boten, so daſs jetzt genug Strom da ist, um den Draht hinreichend
zu erwärmen.

185. Strom- und Spannungsmesser,
beruhend auf der Anziehung oder Ablenkung weicher Eisen-
körper im Felde des Stromes.

Die einfachste Art solcher Instrumente beruht darauf, daſs
ein Eisenkern in das Innere eines vom Strome durchflossenen
Solenoides hineingezogen wird. Bei dem Feder-Stromzeiger von
Kohlrausch (Fig. 176) besteht der Eisenkern aus einer Röhre
von dünnem Eisenblech, der an einer Spiralfeder hängt. An der
Röhre befindet sich ein Zeiger Z, der auf einer Skala einspielt. In
das Innere der Röhre ragt ein glatter Messingstab hinein, der ihr

die Führung gibt. Fig. 177 zeigt die Ausführung von **Hartmann & Braun.** Bei dem System D o b r o w o l s k y (Allgemeine Elektrizitäts-Gesellschaft) besteht der Eisenkern aus einem dünnen Drahte, der an dem Hebelarm B aufgehängt ist (Fig. 178). Dieser ist an der Axe A befestigt, die aufserdem noch zwei andere Hebelarme besitzt mit kleinen Gegengewichtchen. Letztere halten der

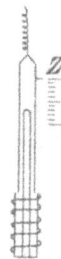

Fig. 176.

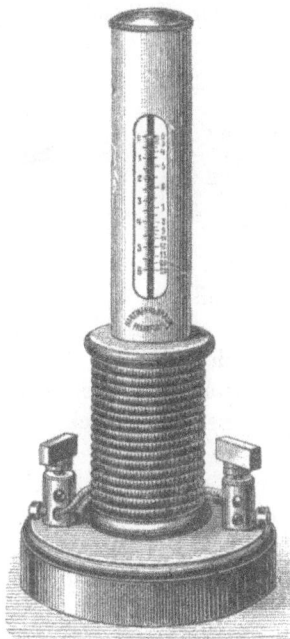

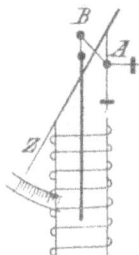

Fig. 177. Fig. 178.

Anziehung des Eisendrahtes durch das Solenoid das Gleichgewicht. An der Axe ist endlich noch der Zeiger Z befestigt. Bei den Apparaten von S i e m e n s & H a l s k e (Fig. 179) hat der Eisenkern die Form eines Kreisbogens, der in das Solenoid S hineinragt. Der Anziehung wird durch ein Gegengewichtchen oder durch eine Spiralfeder das Gleichgewicht gehalten.

Eine andere Art von Strom- und Spannungszeigern beruht auf der gleichartigen Magnetisierung zweier Eisenstücke im Innern eines Solenoides. Fig. 180 zeigt dieses Prinzip in der Anordnung von D r e x l e r (Egger & Co.). F und F' sind die beiden Eisenstücke, von denen das erstere fest, das andere aber um die Axe A,

die noch den Zeiger Z trägt, drehbar ist. Durch den Strom
werden sie so magnetisiert, dafs die gleichnamigen Enden nebeneinander liegen und F' infolgedessen abgestofsen wird. Als Gegenkraft dient das Gewicht des Stückes F' selbst.

Bei dem System Uppenborn befinden sich im Innern der
Spule zwei konaxiale Cylindermantelstücke aus Eisenblech. Das
innere ist beweglich und steht in der Nullstellung gegen das

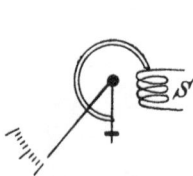 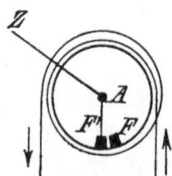 

Fig. 179.   Fig. 180.   Fig. 181.

andere etwas nach links verschoben (Fig. 181). Durch den
Strom werden sie so magnetisiert, dafs die auf derselben Seite
liegenden Kanten gleichnamig sind, so dafs eine noch weitere
Verschiebung gegen einander stattfindet.

Bei dem System Hummel (Schuckert & Co.) befindet sich
im Innern der Spule ein cylindrisches Eisenblech, das um die
Axe A drehbar ist (Fig. 182).

Das magnetische Feld der Spule ist nun bestrebt, das Eisenblech näher an die innere Wand der Spule zu ziehen, was gelingt,

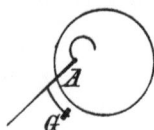 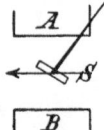 weil die Axe A exzentrisch ist. Als
Gegenkraft dient das mit dem Zeiger
verbundene Gewichtchen G, sowie das
Gewicht des Zeigers selbst.

Fig. 182.   Fig. 183.

Eine andere Art von solchen
Instrumenten beruht auf dem Be-
streben länglicher Eisenkörper, sich mit ihrer Längsaxe in die
Richtung der Kraftlinien zu stellen. Ist $A B$ der Querschnitt einer
Spule (Fig. 183), so haben die Kraftlinien die durch den Pfeil
angedeutete Richtung. Das Eisenstück S sucht sich nun in diese
Richtung einzustellen.

186. Die Aichung der Mefsinstrumente.

Alle praktischen Messungen von Stromstärke und Spannung
beruhen auf der Vergleichung mit bekannten Strömen oder elektromotorischen Kräften, sei es dafs dies jedesmal geschieht, oder

daß ein Instrument ein für alle Mal mit einer geaichten Skala versehen wird.

Bei der Vergleichung von Stromstärken geht man entweder von der in einer Zersetzungszelle ausgeschiedenen Menge eines Jons aus (§ 171) oder von einer gegebenen 𝔈𝔐𝔎 und einem gegebenen Widerstande, deren Richtigkeit von der physikalisch-technischen Reichsanstalt beglaubigt ist, und berechnet daraus nach dem Ohmschen Gesetze die Stromstärke.

Als Normalelemente von konstanter 𝔈𝔐𝔎 dienen die in § 51 beschriebenen von L. Clark. Mit Hilfe dieser kann man Spannungen entweder direkt oder durch das Kompensations-verfahren vergleichen. Das erstere ist gestattet bei hochempfind-lichen Galvanometern, bei denen man einen so großen Widerstand vorschalten kann, daß dem Normalelemente kein zu starker Strom entnommen wird, der die Konstanz der 𝔈𝔐𝔎 durch Polarisation gefährden würde. Am besten thut man, wenn man zum direkten Anschluß an Nor-malelemente nur das Quadranten-Elektrometer verwendet, das demselben gar keinen Strom entnimmt, und sonst nur das Kompensationsverfahren an-wendet. Mittels des Quadranten Elektro-meters kann man freilich nur 𝔈𝔐𝔎

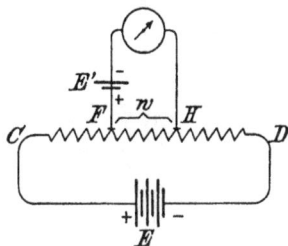

Fig 184

von nicht zu großem Unterschiede vergleichen; man hilft sich dann dadurch, daß man die Zellen einer Sammlerbatterie gruppen-weise vergleicht und diese dann hintereinander schaltet.

Für alle Zwecke und sehr weite Grenzen ausreichend ist das Kompensationsverfahren, wenn man den dazu gehörigen Apparat nach F e u ß n e r besitzt. Das Prinzip dieses Verfahrens ist folgen-des. Man schließt die zu messende Spannung E (in Fig. 184 ist es eine Batterie) durch einen bekannten veränderlichen Wider-stand W (zwischen C und D). An zwei Stellen F und H des-selben legt man Drähte an, die mit dem Normalelement E' und einem empfindlichen Galvanometer einen Stromkreis bilden. E und E' sind so geschaltet, daß die gleichnamigen Pole auf derselben Seite liegen, so daß sie in den Galvanometern einander entgegen wirken. Durch Verschieben der Kontakte F und H kann man den dazwischen liegenden Widerstand w so verändern, daß die

Klemmenspannung zwischen diesen Punkten gleich ist der ℰ𝔐𝔎 E'
des Normalelementes. Dann geht kein Strom durch das Galvanometer — sein Ausschlag ist Null. Es verhält sich nun W zu w
wie die zu messende ℰ𝔐𝔎 E zu der des Normalelementes E', also

$$\frac{E}{E'} = \frac{W}{w}.$$

Hat man einen Spannungsmesser zu aichen, so schliefst man
ihn an die Punkte $C\,D$ an. Fig. 185 zeigt die Einrichtung des
Feufsnerschen Apparates. Hiebei besteht der Widerstand W aus
$W_1 + W_2 + W_3 + W_4$. Die Schalthebel k_1 und k_2 stellen die veränderlichen Kontakte F und H vor. Aufserdem ist noch der

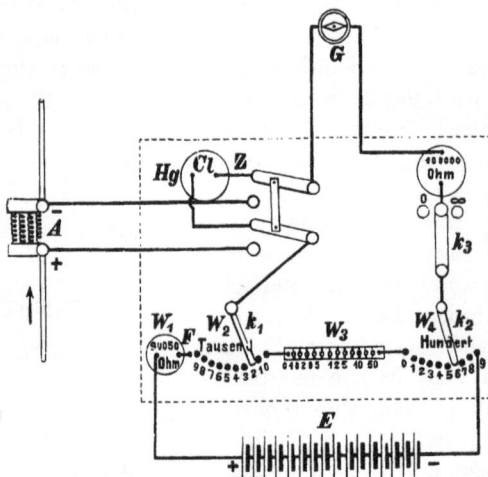

Fig. 185.

Widerstand W_3 durch Stöpselung veränderlich, so dafs man den
zwischen F und H liegenden Widerstand w in weiten Grenzen
verändern kann. Cl bedeutet das Clark-Element. Um zu verhindern,
dafs durch letzteres ein zu starker Strom geht, bevor die Kontakte k_1 k_2 richtig gestellt sind, wird noch ein grofser Widerstand
von etwa 100000 Ohm eingeschaltet. Hat man k_1 und k_2 angenähert so gestellt, dafs das Galvanometer keinen Ausschlag zeigt,
so legt man den Hebel k_3 auf 0. Nun ist der Galvanometerkreis
direkt geschlossen, und man kann die genaue Einstellung vor-
nehmen. k_3 kann endlich auch auf einen dritten Knopf ∞ gelegt
werden, wodurch der Stromkreis unterbrochen wird.

Um beliebig grofse Spannungen (bis 1400 Volt) zu messen, verwendet man E als Mefsbatterie. Es sei z. B. die Klemmenspannung E'' (bei A) eines durch den Pfeil angedeuteten Stromes mit E' zu vergleichen. Dann schaltet man jene statt des Normalelementes Cl mittels des in Fig. 185 ersichtlichen Doppelschalthebels ein und verfährt in der vorher beschriebenen Weise. Es sei w'' der Widerstand zwischen k_1 und k_2, bei welchem die Nullstellung des Galvanometers erreicht wird. Dann legt man den Doppelschalthebel um auf Cl (wie es die Figur zeigt) und stellt wieder ein. Der Widerstand zwischen k_1 und k_2 sei nun w'. Dann ist

$$\frac{E''}{E'} = \frac{w''}{w'}.$$

Auf diese Weise kann man einen Spannungsmesser, den man bei A einschaltet, sehr genau und doch rasch mit dem Normalelement vergleichen. Verschiedene Werte der Spannung stellt man dadurch her, dafs man entweder die bei A eingeschalteten Widerstände oder die Stromstärke verändert. Sind diese Widerstände von hinreichender Genauigkeit, also Normalwiderstände, so erhält man aus dem Ohmschen Gesetze die Stromstärke und kann demnach auch einen hier eingeschalteten Strommesser aichen.

187. Messung eines kurz dauernden Stromes oder einer Elektrizitätsmenge.

Geht ein kurz dauernder Strom (Stromstofs) durch ein Galvanometer, so bewirkt dieser natürlich keine dauernde Ablenkung der Nadel, sondern nur einen einmaligen Ausschlag. Diesen kann man nicht proportional der Stromstärke annehmen, da eine bestimmte konstante Stromstärke überhaupt nicht vorhanden ist, sondern eine von Null bis zu einem Maximum ansteigende und dann wieder bis Null abfallende. Es herrscht also in jedem Zeitelemente dt eine andere Stromstärke und die Nadel erhält infolgedessen eine Reihe von Stöfsen, die sich, wenn die Schwingungsdauer der Nadel grofs ist gegen die gesamte Stromdauer, summieren und einen bestimmten einmaligen Ausschlag erzeugen. Man nennt ein solches Galvanometer ein **ballistisches**. Dieser Ausschlag ist proportional der Summe aller Stromstärken, das ist $\int i\,d\,t$. Diese Summe ist aber nichts anderes als die von dem kurz

dauernden Strome gelieferte Elektrizitätsmenge q (§ 26). Hat dieselbe einen Ausschlag α verursacht, so ist

$$q = c\,\alpha,$$

wobei c ein Proportionalitätsfaktor ist, der experimentell dadurch
bestimmt werden kann, dafs man eine bekannte Elektrizitätsmenge
durch dasselbe Galvanometer schickt. Diese erhält man am geeignetsten, wenn man die Entladung eines Kondensators von
bekannter Kapazität C, der mit einem bekannten Potential P
geladen ist, durch das Galvanometer gehen läfst. Die Elektrizitätsmenge dieser Entladung ist nach § 19

$$Q = C\,P.$$

Die Konstante c läfst sich auch berechnen [1]); sie ist

$$c = c'\frac{\tau}{\pi},$$

wobei c' den Reduktionsfaktor des Galvanometers (§ 173) und τ
die Schwingungsdauer der Galvanometernadel bedeutet. Dabei
ist aber vorausgesetzt, dafs das Galvanometer keine merkliche
Dämpfung hat. Ist dies der Fall, so kommt das Dämpfungs-
verhältnis k in Betracht, und man müfs die strenge Formel

$$q = c'\frac{\tau}{\pi}\,\alpha\,.\,k^{\frac{1}{\pi}\,\text{arc tg}\,\frac{\pi}{\lambda}}$$

benützen. Dabei ist $\lambda = \log \text{nat}\,k$. Ist nämlich eine Dämpfung
vorhanden, so ist, wenn die Galvanometernadel schwingt, jeder
Ausschlagswinkel kleiner als der vorhergehende. Sind nun α_1 und
α_2 zwei aufeinander folgende Ausschläge, so ist $k = \dfrac{\alpha_1}{\alpha_2}$. Man hat
also vorher dieses Verhältnis zu bestimmen. Erweist es sich
kleiner als 1·2, so kann man auch die einfachere Formel

$$q = c'\frac{\tau}{\pi}\,\alpha\,\sqrt{k}$$

benützen.

In den beiden letzten Formeln hat man den Ausschlagswinkel
α nicht durch Winkelgrade, sondern durch Bogengrade auszudrücken; d. h. man hat die abgelesenen Skalenteile durch den
doppelten Abstand vom Spiegel des Galvanometers zu dividieren.

---

[1]) Siehe K o h l r a u s c h, Leitfaden der praktischen Physik.

Um also auf diese Weise die Kapazität eines Kondensators zu bestimmen, ladet man ihn durch Anschlufs an eine Elektrizitäts-quelle von konstanter $\mathfrak{E}\,\mathfrak{M}\,\mathfrak{K}$ E. Dann ist

$$C = \frac{Q}{E} = \frac{c'}{E}\,\frac{\tau}{\pi}\,\alpha\,\sqrt{k}.$$

Durch eine zweite Messung kann man E und c' eliminieren. Man schliefst nämlich dieselbe $\mathfrak{E}\,\mathfrak{M}\,\mathfrak{K}$ durch das Galvanometer und einen grofsen Widerstand W. Dann ist

$$\frac{E}{W} = J = c'\,\alpha',$$

wenn α' der dabei erhaltene Ausschlag ist. Es ist dann

$$C = \frac{\tau}{W\,\pi}\,\frac{\alpha}{\alpha'}\,\sqrt{k}.$$

In W ist natürlich auch der Widerstand des Galvanometers inbegriffen.

Über Kapazitätsmessung mittels Wechselstrom vergl. § 195.

Widerstandsmessung.

188. Allgemeines.

Absolute Widerstandsmessungen kommen in der Praxis nicht vor, sondern nur Vergleichungen mit bekannten Widerständen, die man heute mit einer für alle Zwecke hinreichenden Genauig-keit und von der physikalisch-technischen Reichsanstalt beglaubigt, käuflich erhält. Man kann zwar eine Messung ohne Vergleichung dadurch ausführen, dafs man durch den unbekannten Widerstand einen Strom schickt, dessen Stärke und Klemmenspannung mifst und daraus mit Hilfe des Ohmschen Gesetzes den Widerstand berechnet. Das setzt aber sorgfältig geaichte Strom- und Spannungs-messer voraus, die in der Regel viel schwieriger zu erhalten sind als ein richtiger Vergleichswiderstand und aufserdem viel mehr störenden Einflüssen ausgesetzt sind. Man macht daher viel häufiger das Umgekehrte und aicht die Mefsinstrumente mit Hilfe richtiger Widerstände.

Bei allen Messungen mit Vergleichswiderständen hat man darauf zu achten, welche Stromstärke man durch sie senden darf. Übersteigt man die zulässige Grenze, so können sie durch zu grofse Wärmeentwicklung zerstört werden, oder es wird die

Genauigkeit der Messung beeinträchtigt, da mit zunehmender Temperatur der Widerstand zunimmt. Um dies zu vermeiden, verfertigt man Widerstände für grofse Stromstärken aus dünnen Blechstreifen, um eine möglichst grofse Abkühlungsfläche zu erhalten. In neuerer Zeit verwendet man Metalllegierungen, deren Temperaturkoëffizient innerhalb gewisser Grenzen verschwindend klein ist. Man setzt sie auch in Ölbäder, die durch fliefsendes Wasser gekühlt werden. Wo diese Bedingung der Unabhängigkeit nicht erfüllt ist, mufs man die Temperatur im Widerstandskasten messen und darnach eine Korrektur berechnen, zu welchem Zwecke der Temperaturkoëffizient in der Regel schon vom Fabrikanten angegeben wird.

Bei kleinen Widerständen, die durch Stöpselung ein- und ausgeschaltet werden, hat man darauf zu sehen, dafs die Stöpsel immer blank sind, da sonst beträchtliche Übergangswiderstände auftreten können.

189. Widerstandsmessung durch Vertauschung, Isolationsmessung.

Man schliefst den Stromkreis einer konstanten Elektrizitätsquelle durch den zu messenden Widerstand und ein Galvanometer

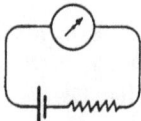

Fig. 186.

(Fig. 186) und liest den Ausschlagswinkel ab. Dann ersetzt man den unbekannten Widerstand durch einen bekannten, der verändert werden kann, und schaltet von diesem solange Widerstand ein, bis man denselben Ausschlag erhält wie vorhin. Man hat also jetzt den unbekannten Widerstand durch einen bekannten ersetzt, und daher ist jener gleich diesem.

Wie man sofort einsieht, ist die Richtigkeit der Messung davon abhängig, ob die E M K der Elektrizitätsquelle während der Messung konstant geblieben ist.

Die Messung von Isolationswiderständen geschieht in der Regel nach dieser Methode. Hat man z. B. den Isolationswiderstand eines Kabels zu messen, so legt man es in einen Bottich mit Wasser und läfst die Enden herausragen. . Den Mefsstromkreis verbindet man mit einem von diesen und dem Wasser und erhält so einen Ausschlag im Galvanometer. Hat man nicht genug Vergleichswiderstände, um mittels dieser den gleichen Ausschlag zu erreichen, so kann man den Isolationswiderstand berechnen, da sich die Ausschläge umgekehrt verhalten wie die Widerstände.

190. Die Wheatstonesche Brücke.

Bei dieser Methode der Widerstandsmessung ist man unabhängig von einer etwaigen Änderung des Mefsstromes. Fig. 187
zeigt die Schaltung dieser Methode. Der Strom einer Mefsbatterie
teilt sich bei P_1 und P_2 in zwei Zweige
mit den Stromstärken i_1 und i_2.

In jedem von diesem fällt das Potential von dem Werte P_1 auf P_2 ab.
Es mufs also zwei Punkte geben —
etwa A_1 und A_2 — die gleichen Potentialwert P besitzen. Verbindet man sie
durch ein Galvanometer, so zeigt dieses
keinen Ausschlag, da zwischen Punk-

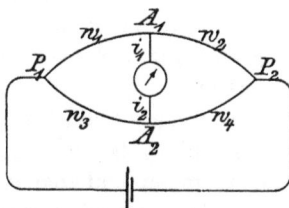

Fig. 187.

ten gleichen Potentiales kein Strom entsteht. Die Punkte
P_1, P_2, A_1, A_2 bestimmen 4 Abschnitte mit den Widerständen w_1,
w_2, w_3, w_4. Es bestehen dann nach dem Ohmschen Gesetze
folgende Gleichungen

$$P_1 - P = i_1\, w_1 \qquad\qquad P - P_2 = i_1\, w_2$$
$$P_1 - P = i_2\, w_3 \qquad\qquad P - P_2 = i_2\, w_4.$$

Daraus ist

$$i_1\, w_1 = i_2\, w_3 \qquad\qquad i_1\, w_2 = i_2\, w_4.$$

Daraus folgt weiter

$$w_1 : w_2 = w_3 : w_4.$$

Sind nun 3 von diesen Widerständen bekannt, so kann man
den vierten daraus berechnen.

Am einfachsten gestaltet sich die Messung, wenn $w_1 = w_2$ ist;
dann ist $w_3 = w_4$.

Ist also z. B. w_3 der unbekannte Widerstand und w_4 ein bekannter, der beliebig verändert werden kann, so hat man diesen
so lange zu verändern, bis das Galvanometer keinen Ausschlag
mehr zeigt. Um diese Abgleichung genau durchführen zu können,
verfertigt man insbesondere bei kleinen Widerständen den Zweig
$w_1\, w_2$ aus einem gleichmäfsig dicken, etwa 1 m langen Draht, den
man über einer in Millimeter geteilten Schiene ausspannt. Der
Punkt A_1 besteht aus einem Gleitkontakt, den man so lange ver-
schiebt, bis das Galvanometer keinen Ausschlag zeigt. Sind die
Längen der Drahtabschnitte zu beiden Seiten von A_1 l_1 und l_2,
so gilt jetzt

$$w_3 : w_4 = l_1 : l_2.$$

Die Widerstandsmessung ist also jetzt auf eine Längenmessung zurückgeführt. Je länger der Draht ist, desto genauer ist die Messung. Man darf ferner mit dem Gleitkontakt nicht zu nahe an ein Ende des Drahtes kommen, wenn man Fehler vermeiden will. Zu dem Zwecke muſs man den Vergleichswiderstand w_4 so wählen, daſs er nicht zu sehr verschieden ist von dem zu messenden w_3. Fig. 188 zeigt eine solche Meſseinrichtung von Hartmann & Braun.

Wie man sieht, ist die Schaltung in Bezug auf die Punkte $P_1 P_2$ und $A_1 A_2$ symmetrisch; man kann daher Meſsbatterie und Galvanometer miteinander vertauschen, ohne daſs dadurch die Meſsbedingung geändert würde. Beim Messen des Widerstandes

Fig. 188.

einer Magnetwicklung hat man darauf zu achten, daſs der Elektromagnet, der ja durch den Meſsstrom erregt wird, die Nadel des Galvanometers nicht beeinfluſst. Man erkennt dies, indem man den Strom durch die Brücke gehen läſst, den Kontakt bei A_1 oder A_2 aber abhebt; wenn jetzt die Nadel einen Ausschlag gibt, so rührt er von äuſseren magnetischen Einflüssen her. Man muſs dann den Magnet weit weg stellen, oder seinen magnetischen Kreis durch einen Anker kurzschlieſsen, oder seinen Einfluſs auf die Nadel durch einen Richtmagnet ausgleichen.

So ausgezeichnet als diese Methode zur Messung gröſserer Widerstände ist, so ungeeignet ist sie für sehr kleine, da dabei auch die Widerstände der Verbindungsdrähte und der Kontaktstellen mitgemessen werden. Man mufs dann die folgende Methode anwenden.

191. Messung sehr kleiner Widerstände.

Es sei z. B. der spezifische Widerstand eines verhältnismäfsig kurzen und dicken Drahtes zu messen. Dann schaltet man diesen und einen bekannten Widerstand w von ungefähr gleicher Gröfse hintereinander in den Stromkreis einer konstanten Stromquelle (Fig. 189). Auf dem Drahte bezeichnet man sich in bestimmtem Abstande zwei Stellen A B — der Widerstand zwischen ihnen sei x — und legt an diese die Enden eines Galvanometers mit grofsem Widerstande an. Der Ausschlag desselben ist proportional der Potentialdifferenz zwischen A B. Dann legt man das Galvanometer an die Enden C D des bekannten Widerstandes und erhält nun einen Ausschlag proportional

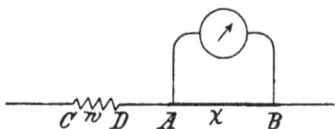

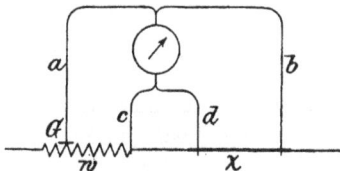

Fig 189   Fig 190

dieser Potentialdifferenz. War die Stromstärke dieselbe, so stehen die Ausschläge in Proportion mit den Widerständen x und w. Wie man sieht, hängt aber dabei die Richtigkeit der Messung von der Konstanz der Mefsbatterie ab.

Von diesem Übelstande wird man frei bei der Thomsonschen Brücke, die auf dem gleichen Prinzipe beruht. Sind x und w wieder die zu vergleichenden Widerstände (Fig. 190), so verbindet man alle 4 Punkte so mit dem Galvanometer, dafs die Spannungen an den beiden Widerständen gleichzeitig, aber im entgegengesetzten Sinne auf die Galvanometernadel wirken. Sie zeigt daher auf Null, sobald man durch Verschieben eines Gleitkontaktes G $w = x$ gemacht hat. Mit dem letzteren ist ein Zeiger verbunden, der unmittelbar den Widerstand auf einer geaichten Teilung anzeigt. Besitzen die Zuleitungen zum Galvanometer Widerstände von nicht zu vernachlässigender Gröfse, so mufs $a = b$ und $c = d$ sein.

Bei der von Siemens & Halske ausgeführten Anordnung dieser Meſsbrücke können diese Widerstände verändert werden; es muſs aber immer $\dfrac{a}{c} = \dfrac{b}{d}$ sein. Ist dieses Verhältnis z. B. 10, so sind die abgelesenen Zahlen mit 10 zu multiplizieren.

192. Widerstandsmessung von Elektrolyten und galvanischen Zellen.

Zur Messung des Widerstandes eines Elektrolyten ist die Wheatstonesche Brücke am geeignetsten. Man darf aber als. Meſsstrom keinen Gleichstrom verwenden, sondern nur einen Wechselstrom, weil ersterer eine Zersetzung einleitet und gleichzeitig mit dieser eine Polarisation (§ 48) eintritt, die bekanntlich in einer entgegengesetzt gerichteten E M K besteht. Dieselbe würde sich bei der Messung wie ein erhöhter Widerstand bemerkbar machen. Bei einem Wechselstrom oder auch schon bei dem Strome eines Funkeninduktors fällt dies weg, weil so wie der Strom auch die Polarisation eine wechselnde ist, deren Resultierende Null ist. Jetzt kann man aber kein gewöhnliches Gleichstromgalvanometer verwenden, sondern nur ein hochempfindliches Dynamometer oder aber ein Telephon. Dieses wird nämlich von einem Wechselstrom zum Tönen gebracht, und man stellt nun in der Wheatstoneschen Brücke auf das Verschwinden dieses Tones ein. Sind die Vergleichswiderstände nicht vollständig frei von Selbstinduktion, so verstummt es niemals gänzlich, und man stellt dann auf das Minimum der Tonstärke ein. Den zu messenden Elektrolyten gibt man in Röhren von bekanntem Querschnitt und führt den Strom durch Elektroden aus Platin oder platiniertem Silber zu, deren Abstand leicht gemessen werden kann, so daſs man aus dem gemessenen Widerstand leicht den spezifischen berechnen kann. Sind die Gefäſse für die Elektrolyten nicht direkt ausmeſsbar, so aicht man sie durch eine Messung mit einem Elektrolyten, dessen spezifischer Widerstand bekannt ist.

In gleicher Weise miſst man die inneren Widerstände galvanischer Zellen. Kennt man ihre E M K, so kann man eine rasche Messung in der Weise machen, daſs man die Zelle durch einen bekannten Widerstand w und einen Strommesser schlieſst; dann erhält man aus dem Ohmschen Gesetze $J = \dfrac{E}{w + x}$ den inneren

Widerstand x. Kennt man E nicht, so macht man noch eine zweite Messung mit einem anderen Widerstande und hat dann zwei Gleichungen, aus denen man E und x berechnen kann.

193. Messung der elektrischen Leistung.

Die Leistung eines elektrischen Stromes in einem Leitungsdrahte oder Apparate ist bestimmt durch $J^2 w$ oder EJ bei Gleichstrom und durch $J^2 w$ oder $EJ \cos \varphi$ bei Wechselstrom, wobei w den Widerstand des Drahtes oder Apparates und E die Klemmenspannung zwischen den betreffenden Klemmen bedeutet. Der erste Ausdruck $J^2 w$ gibt uns immer die in Wärme umgesetzte Leistung und zwar in Watt, wenn J in Amper und w in Ohm ausgedrückt werden. EJ beziehungsweise $EJ \cos \varphi$ hingegen geben uns die g e s a m t e Leistung, wenn in einem Apparate aufser der Wärme auch noch eine mechanische oder chemische Leistung statt-

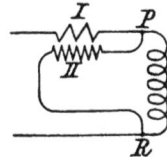

Fig. 191.

findet. Die letztere äufsert sich in einer im Apparate erzeugten elektromotorischen Gegen-kraft, die in der an seinen Klemmen gemessenen Spannung enthalten ist. Die mechanische oder chemische Leistung allein ist also $EJ - J^2 w$ be-ziehungsweise $EJ \cos \varphi - J^2 w$. Kennt man die einzelnen Gröfsen, so kann man daraus die Leistungen be-rechnen.

Es gibt aber auch Apparate, die in jedem Augenblicke die Multiplikation der Stromstärke und Spannung mechanisch aus-führen und die Leistung direkt anzeigen. Sie sind insbesondere für Wechselströme wichtig, da zur Benutzung der obigen Formel die Kenntnis von φ notwendig ist, dessen Bestimmung aber eine umständliche Messung notwendig macht.

Solche Leistungsmesser oder Wattmeter sind im wesent-lichen nichts anderes als Elektrodynamometer (§ 176), deren eine Spule aus wenig Windungen dicken Drahtes, und deren andere aus vielen Windungen dünnen Drahtes besteht. Die erste (Fig. 191), die in den Hauptstrom eingeschaltet wird, ist fest, während die zweite als Nebenschlufs an die Klemmen PR, zwischen denen die Leistung gemessen werden soll, angelegt wird und beweglich ist. Die Kraft, mit der diese gedreht wird, ist proportional dem Pro-dukte der in beiden Spulen herrschenden Stromstärken, also JJ', wenn J' die Stromstärke in der Nebenschlufsspule bedeutet. Besitzt

nun der Nebenschlufs einen so grofsen Widerstand, dafs der
des Hauptstromes zwischen P und R dagegen verschwindet, so
besteht nach § 183 zwischen J' und E derselbe Proportionalitätsfaktor für alle beliebigen Ströme. Die Drehung der beweglichen
Spule ist demnach proportional JE. Bedeutet also α den Winkel,
um den der Torsionsknopf K (Fig. 162) bei Gleichstrom gedreht
werden mufs, um die Spule wieder auf Null zu bringen, so ist

$$E\,J = k\,\alpha \;\text{Watt,}$$

wobei k die Wattmeterkonstante ist, die durch eine Aichung experimentell bestimmt werden mufs.

Für die Anwendung auf Wechselströme haben wir noch eine
besondere Untersuchung durchzuführen.

Die während einer Periode vom Strome geleistete Arbeit ist

$$V = \int_0^\tau e\,i\,dt \;=\; E\,J\cos\varphi.$$

Die ablenkende Kraft des Dynamometers ist aber proportional
$\int i\,i'\,dt$, also gleich $k\,\alpha$, wenn α den Torsionswinkel und k den
Proportionalitätsfaktor bedeutet. Ist die Klemmenspannung zwi-
schen PR von der Form

$$e = \mathfrak{E}\sin p\,t,$$

so ist
$$i = \mathfrak{J}\sin(p\,t - \varphi)$$

und
$$i' = \mathfrak{J}'\sin(p\,t - \varphi').$$

Dann ist
$$k\,\alpha = \int i\,i'\,dt = J\,J'\cos(\varphi - \varphi'),$$

wobei J und J' die gemessenen Werte bedeuten. Nun ist aber
nach § 108

$$J' = \frac{E\cos\varphi'}{w'},$$

wenn w' den Widerstand des Nebenschlusses bedeutet; es ist also
weiter

$$k\,\alpha = \frac{E\,J\cos\varphi'\cos(\varphi - \varphi')}{w'}.$$

Und die Leistung ist

$$V = k\,\alpha\,w'\,\frac{\cos\varphi}{\cos\varphi'\cos(\varphi - \varphi')} = k\,\alpha\,w'\,\frac{1 + \operatorname{tg}\varphi'^2}{1 + \operatorname{tg}\varphi\operatorname{tg}\varphi'}.$$

Dieser komplizierte Ausdruck vereinfacht sich, wenn

$$\operatorname{tg}\varphi = \operatorname{tg}\varphi'$$
oder wenn $\operatorname{tg}\varphi' = 0$ ist.

Dann wird der Bruch gleich 1, und es ist

$$V = k\, u\, w'.$$

Der letzten Bedingung kann man sehr nahe kommen, wenn tg $\varphi' = \dfrac{p\,L'}{w'}$ sehr klein ist. Nun ist w' als Widerstand des Nebenschlusses schon an und für sich sehr groſs; es ist also nur noch L' klein zu machen. Dies ist in dem Wattmeter von Blathy dadurch erreicht, daſs die bewegliche Spule aus möglichst wenig Windungen besteht, während der übrige Teil des notwendigen Widerstandes aus einem induktionsfreien Vorschaltwiderstande besteht. Die Wattmeterkonstante k muſs mittels eines Gleichstromes von bekannter Leistung experimentell bestimmt werden.

Um einen Begriff von dem aus der Selbstinduktion entspringenden Fehler zu bekommen, nehmen wir folgendes Beispiel. Bei einem der Blathyschen Wattmeter ist $w' = 1000$ und die Selbstinduktion $L' = 0{,}02$. Es ist dann für $p = 300$

$$\text{tg } \varphi' = 6 : 1000 = 0{,}006.$$

Hat der Hauptstrom eine Phasenverschiebung von 45^0, so ist tg $\varphi = 1$ und der Korrektionsfaktor

$$\frac{1 + \text{tg } \varphi'^2}{1 + \text{tg } \varphi \,\text{tg } \varphi'} = 1{,}000036 : 1{,}006 = 0{,}995 = 1 - 0{,}005.$$

Man begeht also bei Vernachlässigung des Korrektionsgliedes 0,005 einen Fehler von 0,5%, was gewiſs noch zulässig ist.

Wechselstrommessung.

194. Strom- und Spannungsmessung.

Es wurden schon im Vorhergehenden an verschiedenen Stellen Bemerkungen über die Messung von Wechselströmen eingeflochten. Zusammenfassend sei nun folgendes nochmals festgestellt.

Die auf der Wechselwirkung zwischen Magneten und Strömen beruhenden Meſsinstrumente sind für Wechselströme unbrauchbar. Hingegen sind die auf elektrodynamischer und auf Wärme-Wirkung beruhenden für Wechselströme ebensogut verwendbar wie für Gleichströme. Endlich lassen sich auch die auf der Anziehung oder Abstoſsung weicher Eisenkörper (§ 185) beruhenden benutzen. Sie bedürfen aber einer besonderen Aichung, da bei Wechselströmen auſser der magnetischen Abstoſsung noch zwei andere Einflüsse sich bemerkbar machen. Der eine besteht darin, daſs

im Eisenkörper Wirbelströme induziert werden, so daſs also noch
eine elektrodynamische Wirkung zwischen diesen und dem zu
messenden Strome hinzukommt. Der andere ist die Hysteresis,
durch welche die Magnetisierung des Eisenkörpers beeinfluſst
wird. Da beide Erscheinungen von der Periodenzahl des Stromes
abhängen, so folgt, daſs bei derartigen Meſsapparaten die Aichung
nur für eine bestimmte Periodenzahl gelten kann.

Als Spannungsmesser ist auſserdem noch das Quadranten-
Elektrometer mit der in § 181 unter 3 angegebenen Schaltung
sehr gut verwendbar. Auch das Dynamometer läſst sich als
Spannungsmesser ausführen, wobei viele Windungen dünnen
Drahtes zur Anwendung kommen. Diese beiden, sowie die Hitzdraht-Instrumente (§ 184) und Stromdynamometer sind diejenigen,
die allein zur Aichung anderer Instrumente verwendbar sind, da
sie eine direkte Vergleichung mit Gleichstrom ermöglichen. Man
kann daher bei diesen von Normalelementen und Normalwider-
ständen — wenn sie induktionsfrei sind — ausgehen. Das Kompensationsverfahren ist bei Wechselströmen nicht verwendbar,
sondern bloſs direkte Vergleichung.

Die Wechselstrommeſsapparate geben die Mittelwerte der
Summe der Quadrate an, die wir in § 113 als gemessene Werte
bezeichnet haben, und die in Bezug auf die Leistung dem konstanten Werte eines Gleichstromes gleichkommen.

195. Scheinbarer Widerstand, Selbstinduktion, Kapazität.

Die Bestimmung des scheinbaren Widerstandes

$$W_s = \sqrt{w^2 + p^2 L^2}$$

eines von Wechselstrom durchflossenen Leiters PR (Fig. 192) geschieht am einfachsten in der Weise, daſs man mittels eines Wechsel-

strommessers A die Stromstärke J und
mittels eines Wechselstromspannungs-
messers V die Spannung E miſst; dann ist

$$\sqrt{w^2 + p^2 L^2} = \frac{E}{J}.$$

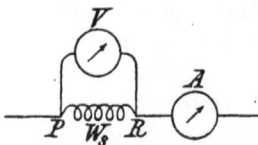
Fig. 192.

Bestimmt man nun mittels Gleichstrom
den Widerstand w und kennt man die Periodenzahl n des Wechselstromes, so findet man daraus den Koëffizienten der Selbstinduktion L.

Mit Hilfe eines Quadranten-Elektrometers kann man in sehr einfacher Weise einen scheinbaren Widerstand W_s mit einem bekannten Ohmschen Widerstand W vergleichen. Zu dem Zwecke schaltet man sie hintereinander in einen Wechselstromkreis und verbindet die Punkte $P_1 P_3$ mit den beiden Quadrantenpaaren (Fig. 193) und den Punkt P_2 mit der Lemniskate. Sind die Potentialdifferenzen an den Enden der Widerstände einander gleich, also $P_1 - P_2 = P_2 - P_3$, so erfährt diese keine Ablenkung, wenn sie vorher symmetrisch zu den Quadranten stand. Da

$$P_1 - P_2 = JW \qquad P_2 - P_3 = JW_s$$

ist, wobei J die Stärke des die Widerstände durchflieſsenden Stromes bedeutet, so folgt

$$W = W_s = \sqrt{w^2 + p^2 L^2}.$$

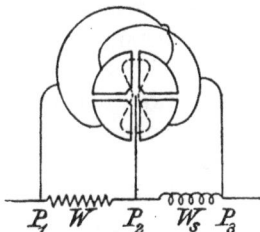

Fig. 193.

Man hat also den induktionsfreien Widerstand so lange zu verändern, bis sich die Lemniskate wieder in der Ruhelage befindet. Daſs die Ruhelage mit der symmetrischen Stellung identisch ist, ist von Wichtigkeit; man überzeugt sich davon, indem man vorher zwischen $P_1 P_2 P_3$ zwei genau gleiche Ohmsche Widerstände einschaltet; dann darf die Nadel beim Stromschlieſsen aus der Ruhelage nicht abweichen. Thut sie dies, so hat man an der Aufhängung der Nadel so lange zu drehen, bis die wirklich symmetrische Stellung erreicht ist. Unter W_s ist ein scheinbarer Widerstand im allgemeinsten Sinne zu verstehen, also auch der

Ausdruck $\sqrt{w^2 + p^2 \left(L - \dfrac{1}{p^2 C} \right)^2}$, wenn C die Kapazität eines

mit Widerstand und Selbstinduktion hintereinander geschalteten Kondensators bedeutet (§ 137), oder auch der Ausdruck $\dfrac{1}{pC}$, wenn

ein Kondensator allein eingeschaltet ist (§ 134). Ist p bekannt, so erhält man daraus die Kapazität eines Kondensators durch Vergleich mit einem Widerstande. Man kann natürlich auf diese Weise auch zwei beliebige scheinbare Widerstände W_s und $W_s{}'$ mit einander vergleichen, also z. B. zwei Kondensatoren C und C'. Es ist dann bei Nullstellung der Lemniskate $C = C'$. Kann die Kapazität derselben nicht geändert werden, so kann man die Gleichheit durch einen bekannten induktionsfreien Widerstand w,

17*

den man mit dem kleineren Kondensator hintereinander schaltet, erreichen; es ist dann

$$\frac{1}{p\,C'} = \sqrt{w^2 + \frac{1}{p^2\,C^2}}.$$

In manchen Fällen wird es sich empfehlen, den Punkt P_2 mit der Erde zu verbinden.[1])

Eine rasche, wenn auch weniger genaue Vergleichung kann man auch mit jedem Wechselstromspannungsmesser nach der in § 191 beschriebenen Methode durchführen, indem man ihn einmal an die Klemmen $P_1\,P_2$ und ein zweites Mal an $P_2\,P_3$ anlegt. Die scheinbaren Widerstände verhalten sich dann so wie die Spannungen.

Auch die Wheatstonesche Brücke kann man zur Vergleichung eines scheinbaren Widerstandes mit einem Ohmschen oder zweier scheinbarer untereinander verwenden, wenn nur die übrigen induktionsfrei sind. Natürlich muß man dann statt eines gewöhnlichen Galvanometers ein hochempfindliches Dynamometer benutzen.

Ob ein Widerstand induktionsfrei ist, erkennt man in folgender Weise. Man sendet durch ihn einen Gleichstrom und dann einen Wechselstrom von derselben Stärke und mißt in beiden Fällen die Klemmenspannung. Ist sie gleich, so ist der Widerstand frei von Selbstinduktion. Ist dies nicht der Fall, so erhält man bei Wechselstrom eine höhere Spannung, weil

$$J\sqrt{w^2 + p^2 L^2} > Jw$$

ist. Die Figuren 194 und 195 stellen zwei induktionsfreie Widerstände dar. Der Strom geht, wie man sieht, zur Hälfte in der einen, zur Hälfte in der anderen Richtung; daher ist die gesamte Selbstinduktion Null.

Bei der Bestimmung des scheinbaren Widerstandes einer Spule mit Eisenkern hat man zu beachten, daß die Selbstinduktion L von der magnetischen Durchlässigkeit μ abhängt (§ 96). Da diese nicht konstant ist, sondern sich nach einem noch unbekannten

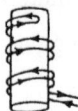

Fig. 194.   Fig. 195.

---

[1]) Benischke, Experimentaluntersuchungen über Dielektrika Sitz.-Ber. der Wiener Akademie 102, II a. 1893.

Gesetze mit der Gröfse der magnetischen Induktion ändert (§ 76), so folgt, dafs μ und daher auch L von der Stromstärke abhängen. Die Messung des scheinbaren Widerstandes hat demnach nur dann einen Wert, wenn sie bei derselben Stromstärke beziehungsweise derselben Klemmenspannung erfolgt, wie sie beim praktischen Gebrauch der Spule vorhanden ist.

Wirkt eine Spule induzierend auf einen zweiten Stromkreis, wie dies bei den Umformern und den auf Induktion beruhenden Wechselstrom- und Drehstrommotoren der Fall ist, so ist der scheinbare Widerstand nur dann von Bedeutung, wenn der sekundäre Stromkreis unterbrochen ist; ist er aber geschlossen, so ist der ä q u i v a l e n t e scheinbare Widerstand mafsgebend und der kann nur nach der ersten Methode aus Spannung und Stromstärke ermittelt werden. Da er nach § 119 von Widerstand und Selbstinduktion des sekundären Kreises abhängt, so gehört zu jeder Stromstärke ein anderer Wert desselben.

Dasselbe gilt für eine Spule mit nur einer Wickelung, wenn Hysteresis und Wirbelströme nicht so gering sind, dafs sie vernachlässigt werden können.

196. Bestimmung der gegenseitigen Induktion.

Die Bestimmung der gegenseitigen Induktion kann durch zwei Messungen bei unterbrochenem sekundärem Stromkreise geschehen und zwar durch Messung des primären Stromes und der sekundären Klemmenspannung. In diesem Falle ist nämlich $i' = 0$ und $\dfrac{di'}{dt} = 0$, und daher ist die sekundäre Klemmenspannung identisch mit der durch gegenseitige Induktion induzierten $\mathfrak{E}\,\mathfrak{M}\,\mathfrak{K}$, und der gröfste Wert derselben ist nach § 119

$$\mathfrak{K}' = p\,M\,\mathfrak{J}.$$

Oder wenn wir auf die gemessenen Werte K' und J übergehen, so ist

$$M = \frac{K'}{p\,J}.$$

Dieser Wert ist konstant für alle Stromstärken bei derselben Klemmenspannung, da die magnetische Induktion im Kern des Umformers als konstant angesehen werden kann, wenn die normale Belastung nicht zu sehr überschritten wird und die Kraftlinienstreuung nicht allzu grofs ist.

Zur Bestimmung von M kann man auch die in § 93 gegebene
Definition verwenden, wonach JM die Anzahl der Kraftlinien ist,
die vom primären Stromkreise ausgehen und den sekundären
treffen. Hat man diese gemessen (vergl. § 201), so muſs man
noch durch J dividieren und mit der sekundären Windungszahl
N' multiplizieren, so daſs

$$M = \frac{N' Z}{J} \text{ ist.}$$

Wenn man genau zusieht, so findet man, daſs diese Formel
mit der vorigen in enger Beziehung steht, weil $K' = p N' Z$ ist,
aber es ist bei dieser Methode die Messung der sekundären
Klemmenspannung vermieden, die bei Motoren mit kurzgeschlos-
sener Ankerwickelung überhaupt unmöglich ist.[1])

197. Die Bestimmung von Phasenunterschieden.

Um die Phasenverschiebung zwischen Strom und Spannung
eines Wechselstromes zu bestimmen, verwendet man ein Wattmeter mit einem Nebenschluſs, dessen Selbstinduktion verschwindend klein ist, und miſst mit diesem die Leistung des Stromes

$$V = E J \cos \varphi.$$

Miſst man gleichzeitig die Stromstärke J und die Klemmenspannung E, so ist

$$\cos \varphi = \frac{V}{E J}.$$

Man kann φ aber auch aus tg $\varphi = \dfrac{p L}{w}$ berechnen, wenn w

und der scheinbare Widerstand bekannt sind; denn aus diesem
erhält man den induktiven Widerstand $p L$. Dies geht aber nicht
mehr, wenn der betreffende Strom
auf einen anderen induzierend
wirkt; denn dann ist tg $\varphi = \dfrac{p \lambda}{\varrho}$
(§ 119).

Um den Phasenunterschied
zwischen zwei verschiedenen
Strömen $i_1 = \mathfrak{J}_1 \sin p t$ und $i_2 = \mathfrak{J}_2 \sin (p t - \chi)$ zu messen, sind
drei Stromdynamometer I, II, III notwendig (Fig. 196). In I und

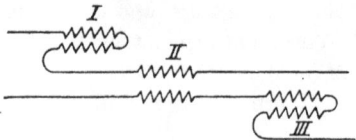

Fig. 196.

---

[1]) Das J bedeutet hier den Magnetisierungsstrom, wie aus dem
Ursprung der Formeln sofort klar wird, und dieser ist — bis auf kleine
in Hysteresis und Wirbelströmen begründete Unterschiede — gleich dem
Leerlaufstrom, beziehungsweise dem Strom bei Stillstand.

III läfst man den Strom die beiden Spulen hintereinander durchfliefsen. In II trennt man die beiden Spulen und sendet durch
jede einen Strom. Sind $\alpha\,\beta\,\gamma$ die Torsionswinkel und $a\,b\,c$ die
Konstanten der drei Instrumente, so ist

$$J_1{}^2 = a\,\alpha,$$
$$J_2{}^2 = b\,\beta,$$
$$J_1 J_2 \cos\chi = c\,\gamma.$$

Daraus folgt

$$\cos\chi^2 = \frac{c^2\,\gamma^2}{a\,b\,\alpha\,\beta}.$$

198. Die Bestimmung der Periodenzahl eines Wechselstromes.

Die Periodenzahl n eines Wechselstromes ermittelt man am einfachsten durch Zählung der Umdrehungen der den Strom erzeugenden Maschine. Besitzt sie m Pole und macht sie u Umdrehungen
in einer Sekunde, so ist die Polwechselzahl ($2\,n$) gleich dem Produkte beider, weil jedem Vorübergange einer Ankerwindung vor
einem Pole ein Richtungswechsel des Stromes entspricht. Es
ist also

$$2\,n = m\,u \text{ oder } n = \frac{m\,u}{2}.$$

Ist man nicht in der Lage, die Umdrehungszahl der Maschine
zählen zu können, z. B. in einem Laboratorium, das weit von derselben entfernt ist, so kann man die
Polwechselzahl auf folgende Weise
ermitteln.

Auf einem Eisenstativ T (Fig. 197)
steht eine Mariottesche Flasche;
ihm gegenüber ist ein Elektromagnet M befestigt, der von dem betreffenden Wechselstrome erregt wird.
Der Eisenstab des Statives wird nun
bei jedem Strommaximum angezogen und erfährt so periodische
Erschütterungen, welche bewirken,

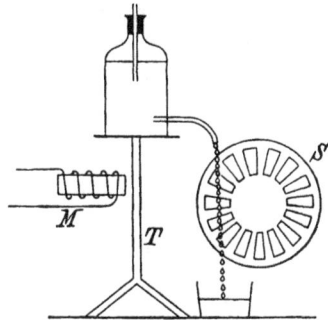

Fig 197

dafs der aus der Mariotteschen Flasche fliefsende Wasserstrahl
periodisch zerrissen wird, also sich in Tropfen auflöst. Es fallen
daher in einer Sekunde ebenso viele Tropfen, als die Polwechselzahl
des Stromes beträgt. Betrachtet man diesen in Tropfen aufgelösten

Wasserstrahl durch eine stroboskopische Scheibe S, so ist es leicht, dieselbe mit der Hand so zu drehen, dafs der Wasserstrahl aus still stehenden Tropfen zu bestehen scheint. Das ist dann der Fall, wenn die Ausschnitte der Scheibe sich ebenso schnell bewegen, als die fallenden Tropfen. Ist u die Umdrehungszahl der Scheibe, wenn dies erreicht ist, und m die Anzahl der Löcher in der Scheibe, so ist ebenso wie früher

$$2\,n = m\,u \text{ oder } n = \frac{m\,u}{2}.$$

Die Umdrehungszahl 'der Scheibe kann man entweder mittels eines Tourenzählers zählen, oder man stellt einen Quecksilberkontakt dazu, der bei jeder Umdrehung einmal den Strom eines Morseschreibers oder dergleichen schliefst, und so durch Punkte auf einem Papierstreifen die Umdrehungen verzeichnet.

Mit dieser Methode wurde im physikalischen Institute der Universität Innsbruck die Periodenzahl des dortigen Elektrizitätswerkes bis auf $1/6$ % genau bestimmt.[1])

Magnetische Messungen.

199. Bestimmung der Feldstärke.

Um die Stärke $\mathfrak{H}$ eines magnetischen Feldes mit einem anderen zu vergleichen, benützt man eine an einem Kokonfaden aufgehängte Magnetnadel und versetzt sie in beiden Feldern in Schwingungen. Ist T das Trägheitsmoment 'und $\mathfrak{M}$ das magnetische Moment der Nadel, so macht sie in dem Felde $\mathfrak{H}$ in einer Zeiteinheit n Schwingungen, und diese sind

$$n = \frac{1}{2\,\pi} \sqrt{\frac{\mathfrak{M}\cdot\mathfrak{H}}{T}},$$

in einem anderen Felde $\mathfrak{H}'$ macht sie

$$n' = \frac{1}{2\,\pi} \sqrt{\frac{\mathfrak{M}\,\mathfrak{H}'}{T}} \text{ Schwingungen,}$$

es ist also $\qquad\qquad n^2 : n'^2 = \mathfrak{H} : \mathfrak{H}'.$

Um die Stärke eines Feldes direkt zu messen, verwendet man ein ballistisches Galvanometer, das an die Enden einer Draht-

---

[1]) Th. Wulf, Über die Bestimmung der Frequenz von Wechselströmen. Sitzungs-Berichte der Wiener Akademie der Wissenschaften 104 (II a). 1895.

schleife (Fig. 198) angeschlossen ist.　Diese stellt man in dem zu
messenden Felde so auf, daſs sie von den Kraftlinien senkrecht
getroffen wird.　Nach § 101 ist die in ihr induzierte ℰ 𝔐 ℜ gleich
der Änderung der Kraftlinienzahl.　Ist die Anzahl der die Stromschleife treffenden Z und entfernt man die
Drahtschleife durch eine rasche Bewegung aus
dem Felde bis an eine Stelle, wo es Null ist, so
ist die Änderung der diese Schleife treffenden

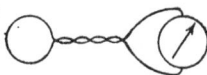

Fig. 198.

Kraftlinien Z.　Demnach ist auch die ℰ 𝔐 ℜ gleich Z und die gesamte
dabei induzierte Elektrizitätsmenge $q = \int i\,dt = \dfrac{Z}{w}$, wenn w der
Widerstand im Meſsstromkreise ist.　Daraus ist $Z = q\,w$, wobei
sich q aus dem in § 187 Gesagten ergibt.

Anstatt die Stromschleife aus dem Felde zu entfernen, kann
man sie auch um 90° drehen.　Dabei kommt sie in eine Stellung,
bei der sie von keinen Kraftlinien getroffen wird, so daſs die
Änderung derselben auch Z ist.　Noch besser ist es, wenn man
die Schleife um 180° dreht; dabei werden sämtliche Z Kraftlinien
zweimal geschnitten, ohne daſs sich die Richtung des induzierten
Stromes ändert (§ 103).　Man erhält so den doppelten Ausschlag
im Galvanometer und muſs dann natürlich auch durch 2 dividieren.

Noch besser ist es, wenn das magnetische Feld von einem
Strome herrührt, der geöffnet und geschlossen werden kann; denn
in beiden Fällen ist die Änderung der Kraftlinienzahl gleich Z.
Das Öffnen oder Schlieſsen oder Umkehren des Stromes ist des-
wegen von besonderem Vorteile, weil man dabei die Drahtschleife
feststellen kann.　Mit dieser Methode erhält man auch die Kraftlinienzahl in einem Elektromagneten, wenn man die Drahtschleife
um denselben herumlegt und den Magnetisierungsstrom umkehrt.

Manchmal besteht die Drahtschleife aus mehreren Windungen;
dann hat man durch die Anzahl derselben zu dividieren.

Um aus der Kraftlinienzahl Z die Feldstärke ℌ oder die
magnetische Induktion 𝔅 zu erhalten, hat man durch die Fläche
der Schleife zu dividieren.

Da die Kraftlinienanzahl gewöhnlich im absoluten Maſse angegeben wird, so hat man q und w durch absolute Einheiten auszudrücken.

Eine dritte Methode zur Messung magnetischer Felder beruht
auf der Thatsache, daſs Wismut unter dem Einflusse des

Magnetismus seinen Leitungswiderstand vergröfsert. Bezeichnen wir mit w_o seinen gewöhnlichen Widerstand und mit w seinen Widerstand im magnetischen Felde $\mathfrak{H}$, so ist die Änderung des Widerstandes

$$\frac{w - w_o}{w_o} = \varDelta.$$

Dann ist die Stärke des betreffenden magnetischen Feldes

$$\mathfrak{H} = a \sqrt{\varDelta (\varDelta + b)},$$

wobei a und b zwei konstante Faktoren sind, die experimentell ermittelt werden müssen. Hartmann & Braun verfertigen für diese

Fig. 199.

Methode Spiralen aus dünnem Wismutdraht (Fig. 199), die so in das magnetische Feld zu bringen sind, dafs die Fläche der Spirale von den Kraftlinien senkrecht getroffen wird. Die Widerstandsänderung $\varDelta$ wird am besten mittels der Wheatstoneschen Brücke gemessen, und statt der oben angegebenen Formel verwendet man am besten eine nach einem bekannten magnetischen Felde angefertigte Kurve, welche die zu den verschiedenen Widerstandsänderungen gehörigen Feldstärken direkt abzulesen gestattet.

200. Die Bestimmung der magnetischen Eigenschaften des Eisens.

Von besonderer Wichtigkeit für die Elektrotechnik ist die Prüfung von Eisensorten in Bezug auf ihre magnetische Durchlässigkeit (§ 76) oder die Feststellung der Induktionskurve in ihrer Abhängigkeit von der magnetisierenden Kraft (Fig. 48), oder von den Amperwindungen pro Längeneinheit (Fig. 61). Für einen geschlossenen Eisenkern sind diese Bestimmungen sehr einfach,

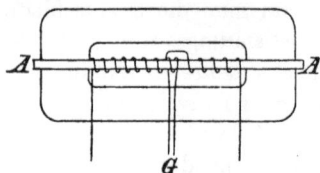

Fig. 200.

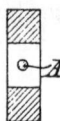

wenn man seine Dimensionen, die Windungszahl und die Stromstärke kennt und die Kraftlinienzahl nach der zweiten der vorhergehenden Methoden mifst. Ist aber das Eisen nicht geschlossen, so entstehen freie Pole, deren entmagnetisierender Einflufs die Induktion vermindert. Man beseitigt dieselbe, indem man das zu prüfende Eisen in Form eines Stabes in ein Schlufsjoch von weichem Eisen einspannt, dessen Dimensionen so reichlich sind, dafs alle Kraftlinien in diesem verlaufen können. Fig. 200 zeigt

den Querschnitt durch eine solche Anordnung. *A* ist der Eisenstab, der die Magnetisierungsspule und eine oder mehrere Windungen des Mefsdrahtes trägt, der zum Galvanometer *G* führt.
Notiert man die Stromstärken in der Magnetisierungsspule und die
dazu gehörigen Ausschläge des Galvanometers beim Umkehren des
Stromes durch einen Stromwender und ersetzt dann den zu prü-
fenden Eisenstab durch einen anderen gleich grofsen, dessen
magnetische Eigenschaften bekannt sind, so verhalten sich die
Galvanometerausschläge bei derselben Stromstärke wie die magnetischen Eigenschaften der beiden Stäbe. Man kann also aus den
bekannten Kurven für die Durchlässigkeit oder die Induktion

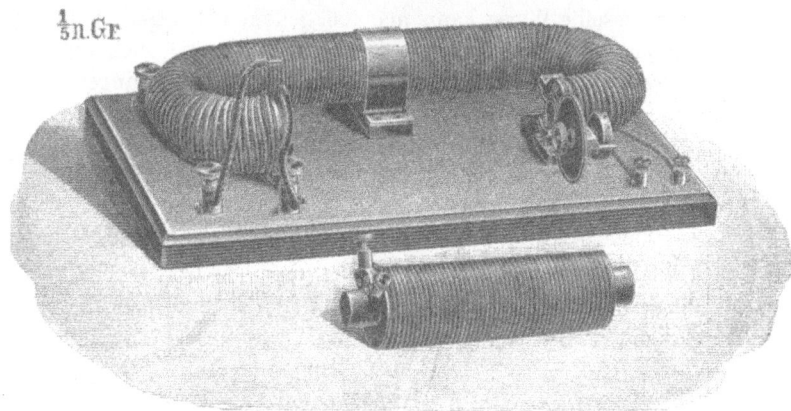

Fig. 201.

eines Normaleisenstabes die entsprechenden Kurven für einen
anderen erhalten. Hat man noch keine bekannten Kurven, so
mufs man sie nach der im Vorigen angegebenen Methode aus den
Ausschlägen des ballistischen Galvanometers und den Dimensionen
des Stabes berechnen.

Hartmann & Braun verfertigen einen ähnlichen Apparat
(Fig. 201), bei dem das Schlufsjoch hufeisenförmig ist und in
welches der Normalstab oder der zu prüfende eingesetzt wird. An
einem Ende aber bleibt ein schmaler Luftzwischenraum, in welchen
die im Vorigen beschriebene Wismutspirale eingeführt werden kann.

201. Die Messung periodisch wechselnder magnetischer Felder.

Die Eisenkerne von Wechselstromapparaten bestehen in der
Regel aus Eisenblech. Man verfertigt also zum Zwecke ihrer

Untersuchung ein Bündel aus Blechstreifen und schliefst dieses wie im
Vorigen durch ein Joch, das jetzt auch aus Eisenblech bestehen mufs.

Durch die Magnetisierungsspule schickt man einen Wechselstrom und mifst die in den Windungen des Mefsdrahtes induzierte
𝔈 𝔐 𝔎 durch ein hochempfindliches Dynamometer oder Wechsel-
stromvoltmeter und erhält nun sofort die Kraftlinienzahl aus der
Gleichung (§ 130) $\mathfrak{E} = p\,N\,\mathfrak{Z}$,
wobei 𝔈 und 𝔍 die gröfsten Werte der Spannung beziehungsweise
der Kraftlinienzahl bedeuten. Für letztere ist dieser Wert und
nicht etwa ein Mittelwert von Bedeutung, da von ihm der
Sättigungsgrad und der Verlust durch Hysteresis abhängt.

Auf dieselbe Weise kann man bei jedem beliebigen Wechselstromapparate die vorhandenen Kraftlinien messen: Man legt um
den betreffenden Querschnitt eine oder mehrere Windungen und
mifst die in diesen induzierte 𝔈 𝔐 𝔎. Bei einem Umformer erhält
man, wie schon in § 146 erwähnt wurde, die Kraftlinienzahl sofort
aus der Klemmenspannung des unterbrochenen sekundären Stromkreises.

202. Bestimmung der magnetischen Streuung.

Um die Verteilung der Kraftlinien eines Elektromagnetes oder
die magnetische Streuung zu messen, legt man eine oder mehrere
Windungen herum und liest die Ausschläge eines Galvanometers

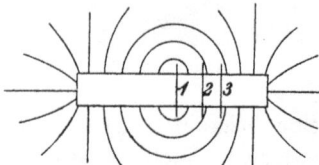

Fig. 202.

ab, wenn sich die Windungen an
verschiedenen Stellen 1, 2, 3 u. s. w.
(Fig. 202) befinden. Verhalten sich z. B.
die den Stellungen 1 und 2 entsprechenden Ausschläge beim Umkehren
des Stromes wie 10 zu 9, so weifs man,
dafs zwischen 1 und 2 ein Zehntel

aller Kraftlinien aus dem Eisen in die Luft übertritt. Auf diese
Weise kann man die ganze Verteilung der Kraftlinien ermitteln.
Macht man aufserdem ein Bild des magnetischen Feldes durch
Eisenfeilspäne, so hat man auch die Gestalt des Feldes.

In gleicher Weise verfährt man bei einer Dynamomaschine.
Man legt eine Drahtwindung um den Anker und verschiedene
Stellen der Polschuhe und Feldmagnete und bestimmt die Gal-
vanometerausschläge beim Wenden des Stromes.

Bei Wechselstromapparaten mifst man einfach die im Mefsdrahte
induzierte 𝔈 𝔐 𝔎.

Sachregister.

Amper 28. 217.

Ampère'sche Regel 54.

Amperwindungen 63.

Anode 42.

Anzahl der Kraftlinien 9.

Äquivalente Selbstinduktion 127.

Äquivalenter Widerstand 127.

Arbeit, elektrische 37. 218.

Arbeit, mechanische 213.

Arbeitswert zweier Ströme 95.

Astasierung 224.

Aufnahmevermögen 69.

Ballistisches Galvanometer 247.

Blitzableiter 194.

Blitzschutzvorrichtungen 195.

Bogenlicht 39.

Bolometer 30.

Bunsen'sche Zelle 49.

Charakteristik, magnetische 86.

Chromsäure-Tauchzelle 49.

Clark-Element 50.

Coulomb 217.

Coulomb'sches Gesetz 2.

Dämpfung, elektrodynamische 140.
227.

Daniell'sche Zelle 49.

Dauermagnete 72.

Deklinationswinkel 13.

Diamagnetische Stoffe 69.

Dielektrikum 24.

Dielektrizitätskonstante 24. 41.

Differentialgalvanometer 227.

Drosselspule 132.

Dreieck-Schaltung 206.

Durchlässigkeit, magnetische 69.

Dyn 213.

Dynamometer 230.

Eigenschwingung 169.

Einheiten, praktische 216.

Eisenverluste 79. 188.

Elektrische Induktion 100.

Elektrizitätsmenge 215. 217.

Elektrodynamometer 230.

Elektrolyse 42.

Elektrolyt 41.

Elektromagnete 91.

Elektromagnete für Wechselstrom
145.

Elektromagnetisches Mafssystem
215.

Elektromotorische Kraft 26.

Elektromotorische Nutzkraft 113.

Elektrostatisches Mafssystem 214.
Entladungen 168.
Erdmagnetismus 14.
Erg 213.
Erzwungene Schwingung 169.

Farad 217.
Feldstärke 3.
Ferromagnetische Stoffe 70.
Flächendichte 15.
Fleming'sches Gesetz 103.
Flüssigkeitsdämpfung 227.
Franklin'sche Tafel 25.
Frequenz 108.
Funken-Induktor 101.

Galvanometer 224.
Galvanometer, ballistisches 247.
Glühlicht 38.
Grundeinheiten 212.

Hitzdraht-Instrumente 241.
Homogenes Feld 7.
Hysteresis 75. 78. 187.
Hysteresis-Strom 149.

Induktion, elektrische 100.
Induktion, magnetische 64. 68.
Induktionskurve 73.
Induktiver Widerstand 113.
Inklinationswinkel 13.
Jonen 42.
Joule'sches Gesetz 38.
Isolationsmessung 250.

Kalorie 213.
Kathode 42.
Kapazität 20. 164.
Kilogrammeter 213.
Kilowatt 218.
Kirchhoff'sche Gesetze 34.
Klemmenspannung 32.
Koëffizient der gegenseitigen In-
  duktion 95.

Koëffizient der Selbstinduktion 97.
Koërzitivkraft 71.
Kompensationsapparat 245.
Kompensationsmagnet 225.
Kondensator 21.
Kondensator-Umformer 172.
Kraftfeld 3.
Kraftlinien 3.
Kraftlinienstreuung 84.
Kraftlinienzahl 9.
Kraft, magnetomotorische 82.
Kreis, magnetischer 81.
Kritische Temperatur 81.
Kupferverluste 188.

Ladungsenergie 163.
Ladungssäulen 51.
Leclanché-Zelle 49.
Leerlaufstrom 182. 186.
Lenz'sches Gesetz 103.
Leistung 214.
Leistung, elektrische 37. 218.
Leistungsfaktor 150.
Leitungsvermögen, elektrisches 29.
Leitungsvermögen, magnetisches 83.
Leitungswiderstand 29.
Luftdämpfung 227.
Leydnerflasche 25.

Mafseinheiten 212.
Magnetische Charakteristik 86.
    »   Induktion 64.
    »   Messungen 264.
    »   Platte 60.
    »   Sättigung 70.
    »   Schale 60.
    »   Schirmwirkung 67. 141.
    »   Streuung 84. 186.
    »   Tragkraft 92.
    »   Verzögerung 76.
Magnetischer Kreis 81.
    »   Widerstand 83.

Magnetisches Leitungsvermögen 83.
» Mafssystem 214.
» Moment 12.
Magnetisierende Kraft 70.
Magnetisierungsarbeit 77. 153.
Magnetisierungsformeln 77.
Magnetisierungskurve 70.
Magnetisierungsstärke 64.
Magnetisierungsstrom 146.
Magnetomotorische Kraft 82.
Magnetismus, remanenter 71.
Mechanische Einheiten 212.
Mehrphasentriebmaschinen 203.
Mikrofarad 219.

Nebeneinanderschaltung 36.
Niveauflächen 19.
Normalelemente 50.
Null-Leiter 206.
Nutzkraft, elektromotorische 113.
Nutzstrom 146.
Nutzloser Strom 146.

Ohm 28. 217.
Ohm'sches Gesetz 27. 32.

Parallelschaltung 36.
Paramagnetische Stoffe 69.
Periodenzahl 108. 218.
Permeabilität 69.
Phasenverschiebung 108. 111.
Phasenspannung 207.
Plattenkondensator 23.
Polabstand 13.
Polarisation 46.
Polstärke 13.
Potential 16.
Potentialunterschied 25.
Polwechselzahl 108.
Praktische Einheiten 216.

Quadranten-Elektrometer 235.

Reduktionsfaktor 224.
Remanenter Magnetismus 71.

Sammler 53.
Sättigung, magnetische 70.
Smee-Element 27. 48.
Scheinbarer Widerstand 111.
Schirmwirkung, elektrodynamische 141. 156.
Schirmwirkung, magnetische 67.
Schwingung, erzwungene 169.
Schwingungsdauer 107.
Schwingungszahl 108.
Selbstinduktion 97. 107.
Selbstinduktion, äquivalente 127.
Selbstregulierung eines Umformers 182.
Solenoïd 57. 62.
Spannungsabfall 32.
Spannungsverlust 32.
Sternschaltung 206.
Stromstärke 27.
Stromwage 231.
Stromwärme 38.
Streuungskoëffizient 84.
Susceptibilität 69.

Tangentenbussole 223.
Temperaturkoëffizient 29.
Thomson'sche Brücke 253.
Torsionsgalvanometer 229.
Tragkraft, magnetische 92.
Trägheit 122.
Trocken-Elemente 50.

Umformer 172. 175.
Umsetzungsverhältnis 177. 186.

Verbindungswärme 51.
Verzögerung, magnetische 76.
Volt 28. 217.
Volta'sche Zelle 48.
Voltameter 221.
Voltamper 218.
Voltcoulomb 218.

Wärme-Äquivalent 214.
Wasserzersetzung 43.
Watt 218.
Wattloser Strom 146.
Wattmeter 255.
Wattstunde 219.
Wechselstromelektromagnete 145.
Weston-Galvanometer 229.
Wheatstone'sche Brücke 251.
Widerstand, äquivalenter 127.

Widerstand, elektrischer 29.
   »   induktiver 113.
   »   magnetischer 83.
   »   scheinbarer 111. 158.
Widerstandsmessung 249.
Wirbelströme 137. 187.
Wirkungsgrad 182.

Zambonische Säule 51.
Zeitkonstante 124.